海军院校重点建设教材

飞机空气动力学

主　编　柳文林　康小伟
副主编　郭卫刚　胡家林

北京航空航天大学出版社

内 容 简 介

本书是海军院校重点建设教材,主要介绍海军飞行学员必须掌握的专业基础知识,重点介绍与飞行实践紧密相关的内容。全书共 8 章,主要内容包括绪论、低速和高速气流特性、飞机的低速和高速空气动力特性、螺旋桨的空气动力特性、典型飞机气动布局、空气动力学实验原理和方法等。

本书可作为海军飞行学员的专业教材,也可供相关航空专业工程技术人员参考。

图书在版编目(CIP)数据

飞机空气动力学 / 柳文林,康小伟主编. --北京 :
北京航空航天大学出版社,2022.11
ISBN 978 - 7 - 5124 - 3876 - 7

Ⅰ. ①飞… Ⅱ. ①柳… ②康… Ⅲ. ①飞机—空气动
力学 Ⅳ. ①V211.4

中国版本图书馆 CIP 数据核字(2022)第 162301 号

飞机空气动力学

主 编 柳文林 康小伟
副主编 郭卫刚 胡家林
策划编辑 董 瑞 责任编辑 董 瑞

*

北京航空航天大学出版社出版发行

北京市海淀区学院路 37 号(邮编 100191) http://www.buaapress.com.cn
发行部电话:(010)82317024 传真:(010)82328026
读者信箱:goodtextbook@126.com 邮购电话:(010)82316936
北京建宏印刷有限公司印装 各地书店经销

*

开本:787×1 092 1/16 印张:15 字数:365 千字
2022 年 11 月第 1 版 2024 年 10 月第 5 次印刷 印数:4 001~5 000 册
ISBN 978 - 7 - 5124 - 3876 - 7 定价:56.00 元

序　言

本书是海军院校重点建设教材，全书共 8 章，内容与飞行实践紧密相关，是海军飞行学员必须掌握的专业基础知识。主要内容包括低速和高速气流特性、飞机的低速和高速空气动力特性、螺旋桨的空气动力特性、典型飞机气动布局、空气动力学实验原理和方法等。

本书主要围绕飞机空气动力的产生原因及其变化规律展开，注重基础理论的物理概念和基本原理的讲解，强调理论的工程应用。本书以飞机空气动力特性分析为主线，以飞机的飞行操纵原理和方法为牵引，由低速到高速、由翼型（二维）到飞机（三维）、由原理到实践和应用，各主要部分循序渐进、既相对独立又紧密衔接，是一本实用性和可读性强的教材。各章内容广度和深度适中，既避免了内容过细、过深的现象，又避免了内容不完整、不系统的倾向，各个部分的知识点相互匹配。本书特别重视理论与工程应用的结合，坚持高等工程教育思想，有计划地介绍了一些航空新技术的发展，以激发学生的学习兴趣。譬如，章后的"扩展阅读"，内容贴近飞行实际，有利于增强读者对飞行理论知识的理解和掌握；书中"典型飞机的气动布局"引用近年来国内外战斗机外形气动布局实例，详细解释了鸭式飞机、隐身飞机等的现代气动布局特点和机理，具有较强的前瞻性，能够开阔读者眼界。同时，本书注重思政元素的有效融入，在每章开篇都介绍了一些军民航优秀飞行员有关飞行职业、自主学习、职业自律等的经验总结和感悟心得，这都对初学者了解飞行职业、理解飞机空气动力学理论对于飞行职业的支撑具有积极的作用。

本书使用对象主要是海军飞行学员，也可供相关航空专业工程技术人员参考。

本书是作者多年第一线飞机空气动力学教学经验的总结，继承和发扬了多年来海军飞机空气动力学教师的集体智慧和经验，深信读者研读之后，定能获益良多。故本人非常高兴为之作序，并郑重推荐给广大读者。

空气动力学、飞行器气动布局设计领域首席科学传播专家
空气动力学教学指导组组长
北京航空航天大学陆士嘉实验室主任

刘沛清

2022 年 5 月

前　言

空气动力学是一门理论与实际紧密结合的专业基础课。近年来随着高校教学改革的持续深化,许多专业基础课的课堂授课学时被压缩,空气动力学课程也不例外。随着我国军用和民用航空的快速发展,飞行人才培养数量和质量需求不断提升,作为飞行人才培养的一门重要专业基础课,空气动力学的教学内容需要适时地进行调整,以适应新时代飞行人才的培养需求。

国内出版的"空气动力学"相关教材较多,这些教材的使用对象多为工程类专业的学生,包括航空航天和非航空航天领域中所有涉及空气运动的专业。任何一本教材当其侧重某些教学方面的时候,便可能忽略另外一些方面,已公开出版的工程类专业学生使用的空气动力学教材虽然理论严谨、编写质量高,但对于飞行学员培养而言针对性不强,与飞行人才培养后续专业课程教学内容衔接不够紧密。飞行学员从掌握飞行技能来讲属于技术应用型人才,在培养过程中要避免航空理论课程力学化和工程化倾向,因此在教材的编写上是以飞机空气动力的产生原因及其变化规律为基础,注重空气动力学基础理论与航空飞行实际相结合,回答和解决飞行实际中的空气动力学问题。

本教材紧贴飞行人才培养需求,主要内容与飞行实际紧密相关,是飞行学员必须掌握的专业基础知识。考虑到学员未来飞行实践的需要,主要围绕飞机空气动力的产生原因及其变化规律展开讲解,注重基础理论的系统性,强调物理概念和基本原理,对于学员在飞行实践中理解和掌握飞行技术动作、提高技战术水平和保证飞行安全具有重要意义。本书每章都有小结,并附有复习思考题,供读者复习。另外每章都给出相应的扩展阅读资料,希望能激发学员的学习兴趣,拓展知识面。

本教材是课程组的集体劳动成果,海军航空大学柳文林、康小伟担任主编,郭卫刚、胡家林担任副主编,王强、王平、张保雷等参与编写,康小伟进行了绘图工作。全书由白勇特级飞行员、韩维教授、徐彦军教授审稿。

本教材在编写过程中,参阅了大量国内外书籍和文献资料,对这些材料的编著者致以崇高的敬意。

本教材获得"海军院校重点建设教材"项目资助,在编写过程中得到海军航空大学各级领导的大力支持和指导,有关专家提出了许多宝贵意见和建议,在此表示衷心感谢。

限于编者水平,书中的疏误和不妥之处,欢迎读者批评指正。

编　者
2021 年 12 月

目　　录

戴明盟毫不避讳作为舰载战斗机飞行员的自豪,始终认为舰载战斗机飞行员本质上是会飞的舰员,他们的根在远海大洋,与其他军兵种的飞行员相比,要吃更多的苦,经历更多的危险![1]

永远对未知世界保持好奇心,并孜孜不倦去探求结果。[2]

——"航母战斗机英雄试飞员"、航母着舰第一人戴明盟谈舰载战斗机飞行员职业和学习

第 1 章　绪　论

自 1903 年 12 月 17 日美国的莱特兄弟首次将有动力、重于空气、可持续操控飞行的飞机送上蓝天以来,航空科学技术飞速发展,飞机技术也以惊人的速度发展。莱特兄弟第一次试飞飞行距离为 36 m,留空时间 12 s,现今不论军用飞机还是民用飞机飞行时间和飞行距离早已今非昔比。飞机技术的发展不是一蹴而就,而是经过了一代代航空人的不懈努力才艰难前行的。在飞机的发展历程中,空气动力、学飞行力学等理论为飞机的发展做出了巨大贡献,航空工业的发展始终有赖于空气动力学的进步。空气动力学新概念、新理论的提出,可以使航空技术获得新的甚至是革命性的发展。

本章主要介绍空气动力学的研究对象及其分类,简述空气动力学的发展概况和研究方法,并说明空气动力学与航空飞行实践的紧密联系。通过本章学习,读者可以了解空气动力学与航空技术发展以及飞行实践的关系,理解空气动力学课程在专业学习中的作用。

1.1　空气动力学的研究对象及其分类

1.1.1　空气动力学的研究对象

空气动力学源于流体力学,而流体力学是物理学的一个分支。流体力学研究的是流体(包括液体和气体)中的作用力和流体的运动规律。空气动力学是研究物体和空气之间有相对运动时,即物体在空气中运动或物体不动而空气流过物体时,空气的运动规律及作用力(空气内部的和空气对物体的)所遵循的规律。比如说,一架飞机飞行的时候,受到的空气给予的升力是多大? 阻力是多大? 一个太空舱返回地球进入大气层后,与空气的摩擦而产生热量,那么它

① 戴明盟:航母追光者[OL].(2019-04-17). http://big5.news.cn/gate/big5/www.xinhuanet.com/politics/2019-04/17/c_1124377866.htm.

② 沙志亮.刀尖上的舞者[M].太原:希望出版社,2017.

表面的热通量是多少？温度是多少？等等,这些都是空气动力学要解决的问题。传统意义上的空气动力学是指飞行器的空气动力学,尤其是指普通飞机的空气动力学。

　　本书所讲的空气动力学研究的是飞机在大气中飞行时空气的流动规律或其上所受空气动力(简称气动力)的变化规律,也就是说飞机在空中运动,受到重力、推力和气动力的共同作用,飞机的运动以及运动姿态和轨迹变化是依靠控制措施来改变气动力和相应的力矩以及推力来实现的。因此,要想飞机飞得好,需要研究空气动力学。对于飞机设计者而言,空气动力学主要研究"飞机与流动空气接触部位的形状设计——使得飞机在大范围内(不同的速度、高度等)都有理想的气动力和力矩"。对于飞行员而言,空气动力学主要研究"空气流经飞机时,作用在飞机上的空气动力的大小及其变化规律,以及如何通过控制气动力来控制飞机的运动"。

1.1.2　空气动力学的分类

　　空气动力学的研究可以按照研究对象和空气介质的运动速度进行分类。

　　按研究对象进行分类的情况如图1-1-1所示。其中以飞行器(航空器、航天器、导弹和火箭)为研究对象的称为飞行器空气动力学。除了飞行器空气动力学之外,现代工业还有许多方面需要应用空气动力学的原理进行研究分析,逐渐形成了工业空气动力学。工业空气动力学要处理的问题范围非常广,例如涡轮机、轴流式压气机、离心式压气机等叶片机中的气动力问题、高速交通工具的阻力问题、建筑物中的暖气通风问题、高大建筑物的风压问题等。与工农业生产密切相关的气象问题也有很大一部分是气流-风的问题。

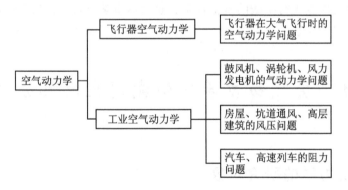

图1-1-1　按研究对象进行分类

　　按气流速度进行分类的情况如图1-1-2所示。研究低速(小于声速的30%)问题的称为低速空气动力学,研究高速(大于等于声速的30%)问题的称为高速空气动力学。在高速范围内,研究飞行速度低于声速的80%的问题称为亚声速空气动力学,飞行速度在声速的80%至1.4倍的问题则称为跨声速空气动力学,而研究飞行速度超过1.4倍声速的称为超声速空气动力学。有人把高速空气动力学,尤其是超声速部分又称为气体动力学。有些试验性飞机的速度达到了7倍声速以上,洲际导弹和宇宙飞船重返大气时,其飞行速度甚至能达到30倍声速,这类飞行则称为高超声速飞行。一般规定,飞行速度大于1.4倍声速且小于5倍声速的飞行称为超声速飞行；飞行速度大于 5 倍声速的飞行称为高超声速飞行。在高超声速条件下，会出现一般超声速飞行所没有的新问题，研究这方面问题的学科则称为高超声速空气动力学。

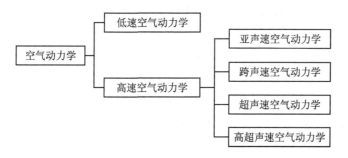

图 1-1-2 按气流速度进行分类

本书限于常规飞行器即普通飞机的空气动力学，包括低速空气动力学、亚声速空气动力学和超声速空气动力学等方面的基础知识。对于高超声速空气动力学，本书不作介绍。

1.2 空气动力学的发展概况和研究方法

1.2.1 空气动力学的发展概况

空气动力学是流体力学的主要分支学科。

古希腊伟大的数学家、力学家阿基米德于公元前 300 年发现了浮力定律，这之后的 1 000 多年里，流体力学几乎没有任何重大进展。

18 世纪是流体力学的创建阶段，随着牛顿运动定理和微积分方法的建立，流体力学和空气动力学逐步迈入理性研究和持续发展阶段。一批著名数学家（如欧拉、伯努利、达朗贝尔、拉格朗日、拉普拉斯等）建立了描述无黏性流体运动的理论流体力学。伯努利（Bernoulli）在 1738 年出版的《流体动力学》一书中，建立了不可压流体的压强、高度和速度之间的关系，即伯努利公式。欧拉（Euler）在 1755 年建立了理想流体运动的基本方程组，奠定了连续介质力学的基础。达朗贝尔（D'Alembert）提出了著名的达朗贝尔原理，"达朗贝尔疑题"就是他在 1744 年提出的。拉格朗日（Lagrange）改善了欧拉、达朗贝尔的方法，并发展了流体力学的解析方法。关于研究气流对物体的作用力，最早的是牛顿（Newton）于 1726 年提出关于流体对斜板的作用力公式，它实际上是在碰撞理论的基础上提出来的，没有考虑流体的流动性。

19 世纪是流体力学基础理论全面发展的阶段。泊松（Poisson）于 1826 年解决了一个空间流动——关于绕球的无旋流动问题。拉普拉斯（Laplace）于 1827 年提出了著名的拉普拉斯方程。兰金（Rankine）提出理想不可压流体运动的位函数和流函数，分别满足拉普拉斯方程，并于 1868 年提出将直匀流叠加到源（汇）、偶极子等流动上，以构成所谓奇点法。亥姆霍兹（Helmholtz）创立了旋涡运动理论。

　　19世纪形成了流体力学的两个重要分支:黏性流体动力学和空气-气体动力学。法国工程师纳维(L. Navier)从分子相互作用的某一假设出发,于1826年导出黏性流体的运动方程。爱尔兰数学家斯托克斯(G. Stokes)于1845年也独立地导出了黏性流体的运动方程,现在被称为N-S方程。空气-气体动力学是在流体力学、热力学和声学等学科的基础上发展而来的,其基本方程组出现在1850年前后。兰金(Rankine)于1870年,许贡纽(Hugoniot)于1887年分别提出了激波前后气体压强、速度和温度之间的关系。

　　19世纪末,理论与实验流体力学开始结合,英国物理学家雷诺(Reynolds)在1876—1882年研究黏性流体在小直径圆管中的流动情况时,发现了流体运动的两种基本流态(层流和湍流);1895年,雷诺导出了雷诺平均N-S方程。

　　现代意义上的流体力学形成于20世纪初,以德国科学家普朗特(L. Prandtl)创立的边界层理论为标志。普朗特开创了边界层理论和有限翼展升力线理论,被称为近代流体力学和空气动力学的奠基人。1918—1919年,普朗特提出了大展弦比机翼的升力线理论。1925年,阿克莱特(Ackeret)导出翼型的超声速线化理论。1939年,戈泰特(Gothert)提出了亚声速三维机翼的相似法则。1944年,冯·卡门(von Karman)和钱学森采用速度图法研究和导出了比普朗特-葛劳握(Glauert)法则更为精确的亚声速相似定律公式。1946年,钱学森首先提出高超声速相似律。

　　无黏空气动力学发展的同时,黏性流体力学也得到了迅猛的发展。1904年,普朗特首先提出划时代的边界层理论,从而使无黏流动和黏性流动科学地协调起来,在数学理论和工程实践之间架起了桥梁。1906年,俄国数学家和空气动力学家儒可夫斯基(Joukowski)引入了环量的概念,发表了著名的升力定理,奠定了二维机翼理论的基础。1921年,波尔豪森(Pohlhausen)将普朗特的边界层微分方程通过积分,得到边界层动量方程,该方程用于解决不可压有逆压梯度的黏性流动。1925年,普朗特又提出了实用的边界层混合长理论;1938年,冯·卡门和钱学森采用边界层动量方程解决了可压流平板边界层问题;1945,林家翘发展了边界层稳定性理论,并在1955年发表了著名的"流体动力学稳定性理论"。

　　到20世纪初,随着第一架飞机的出现和航空事业的兴起,空气动力学从流体力学中发展出来并形成了一个新的分支,创建了空气动力学完整的科学体系,并得到了蓬勃的发展,同时极大地推动了航空航天事业的发展。

　　空气动力学是众多应用科学和工程技术的基础。由于空气动力学的发展,人类研制出3倍声速的战斗机、超声速的民航客机和载客达550人以上的超大型民航客机;使重量超过300 t、面积达半个足球场的大型民航客机,依靠空气的支托像鸟一样飞行成为可能,创造了人类技术史上的奇迹。利用超高速气体动力学、物理化学流体力学和稀薄气体力学的研究成果,人类制造出航天飞机,建立了太空站,实现了人类登月的梦想。

1.2.2　空气动力学的研究方法

　　如同其他学科的研究方法一样,空气动力学的研究方法有实验研究、理论分析和数值计算等方法,如图1-2-1所示。这几种方法并不相互排斥,而是相互补充,从而达到理论指导实践、实践验证理论的目的。通过这些方法的综合运用,寻求最佳的飞行器气动布局形式,确定整个飞行范围内作用在飞行器的力和力矩,以得到其最终性能,并保证飞行器操纵的稳定性。

图 1-2-1 空气动力学的研究方法

1. 理论分析方法

理论分析方法的主要步骤是:建立简化的数学模型,即根据流动问题的特点,作出一定的假定,对一般的流体力学方程组和初始条件与边界条件进行适当的简化;用数学分析方法求解初值问题或边值问题,得到该数学问题的分析解;选取适当的算例,将分析解的计算结果与其他方法得到的相应结果进行比较,以检验简化模型的合理性。

理论分析方法的优点是:明确地给出了各种物理量与流动参量之间的关系,可以揭示流体运动的本质特性和变化规律,具有较好的普适性。它的缺点是:由于数学发展水平的限制和理论模型抽象的简化,能获得分析解的问题有限,无法满足研究复杂的实际问题的需要。

2. 实验研究方法

到目前为止,能够完全用理论分析方法解决的实际流动问题仍然有限,大量工程中的复杂流动问题依然要通过实验或实验与理论相结合的方法来解决。空气动力学进行实验研究的主要步骤是:在相似理论的指导下,首先建立模型实验装置,然后用实验设备观察流动现象;其次用流体测量仪器测量模型实验中的流动参数;最后处理和分析实验数据并将它归纳为经验公式。主要的研究手段是依靠风洞、水洞、激波管以及测试设备进行模拟实验或飞行实验。测量技术有:热线、激光测速;粒子图像、迹线测速;高速摄影、全息照相;压力、密度和温度测量等。现代测量技术在计算机、光学和图像处理技术的配合下,在提高空间分辨率、测量精度和实时测量方面已取得长足进步,为研究复杂流场的精细结构提供了有效手段。

实验研究方法的优点是:能够直接解决工程实际中的复杂问题,能够发现流动中的新现象和新原理,其结果可以作为检验其他方法是否正确的依据。它的缺点是:对不同情况,须作不同的实验,费钱费时,所得结果的普适性较差。

3. 数值计算方法

自 20 世纪 70 年代以来,随着大型高速计算机的出现,以及一系列有效的近似计算方法(例如有限差分方法、有限元素法和有限体积法等)的发展,计算流体力学(Computational Fluid Dynamics,CFD)数值计算方法在空气动力学研究方法中的作用和地位不断提高。数值计算方法的主要步骤是:首先,对一般的流体力学方程组结合初始条件和边界条件进行必要的简化或改写;其次,选用适当的数值方法,对简化或改写后的初值问题或边值问题进行离散;再次,编制程序,选取算例,进行计算;最后,将计算结果与实验或理论解析结果进行比较。常用的数值计算方法有:有限差分法、有限元法、有限体积法、边界元法、谱分析法等。数值计算方法已成为流体力学现代分析手段中发展最快的方法之一。目前,商业化的大型工程计算软件已成为研究和计算工程流动问题的有力工具。

数值计算方法的优点是:能够计算理论分析方法无法求解的流动问题,能够模拟多种工况的流动问题,比实验研究方法省时省钱。它的缺点是:毕竟是一种近似求解方法,它的结果仍应与实验结果或其他理论分析结果进行比较,适用范围受数学模型的正确性、计算精度和计算机性能的限制。

以上介绍的三种研究方法各有利弊,只有将它们结合起来才能适应现代空气动力学研究和工程应用的需要。学习空气动力学必须注意理论与实践相结合,在掌握空气动力学基本理论和基本实验技能的基础上,要善于观察、勤于动手、积极思考。

1.3　空气动力学与航空飞行实践

空气动力学研究是航空航天科学技术研究的重要组成部分,这门学科产生之初便与飞机以及航空飞行实践结下了不解之缘。

空气之于飞机,正如水之于船。船依靠水的静浮力即可漂浮于水面,而飞机仅仅依靠空气的静浮力无法漂浮于空中,必须与空气相对运动产生克服自身重力的力(这个力称之为升力)才能升空飞行。空气是无处不在的,对人类的日常生活至关重要,人可以几天不吃东西、不喝水,却一刻也离不开空气。空气有重量、有弹性、有黏性、可压缩,与飞机产生相对运动时,既可产生升力也能产生阻力等空气动力,进而产生使飞机飞行姿态发生改变的各种力矩(俯仰力矩、偏航力矩、滚转力矩等)。

空气动力学概念的出现与发展可以追溯到早期人类模仿鸟类飞行的许多探索和试验。如何克服自身重力"飞起来"是人类实现飞行梦想必须解决的问题。通过对鸟类飞行原理的研究和无数飞行爱好者前赴后继、舍命式的飞行冒险,意大利著名艺术家科学家达·芬奇(L. da Vinci)首先意识到仅靠人力本身是无法飞起来的,需要按照鸟的飞行原理建造飞行机器,同时要研究鸟的飞行环境(空气)。

19 世纪初,英国人 G·凯利(George Cayley)在仔细研究了鸟类飞行之后,认识到鸟翼的功能可分为升举和推进两部分。G·凯利提出了重于空气的航空器理论,阐明了利用固定机翼产生升力以及利用不同翼面控制飞机的设计概念。为了验证其理论的有效性,他制造了第一架滑翔机进行试飞,确立了现代飞机的基本构形。他的重要著作《关于空中的航行》为后来航空器的研制提供了重要的理论基础和飞行经验。他指出"飞行的全部问题是给一块平板提供动力,使其在空气中产生升力并支持一定的重量"。这是飞机走向成功的关键一步,并使人们摒弃了扑翼飞行方式而转入滑翔飞行实践。通过滑翔飞行,G·凯利初步确定了飞机的基本布局,包括机翼、机身、保持飞机稳定与操纵的水平尾翼(简称平尾)和垂直尾翼(简称垂尾)。使得平板(机翼)产生足以托举起飞机重量的托举力(升力)的办法是采用顺气流方向为上表面凸起、下表面凹陷的弯曲剖面形式(翼型),这使平板变为了曲板。当气流流过这种曲板时会形成上下表面压强差,从而产生升力。1891—1896 年期间,德国的李林达尔对鸟类的飞行进行了大量、仔细的研究,制造了弓形翼剖面的滑翔机,并且进行了 2 000 多次的飞行试验,解决了滑翔机的飞行稳定性和操纵性问题,积累了大量的飞行数据。

此时的航空技术研究正由盲目冒险向实验科学转变。在这个过程中,航空研究者利用简单的实验装置获得了大量关于机翼升力和阻力的测量数据,并建立了半定量的升力公式。19 世纪后期,出现了专门用于气动研究的风洞,使得空气动力学实验研究手段发生了革命性变化。在前人的研究成果和有关气动数据实验数据的基础上并结合自己不断地探索研究,莱特兄弟在 20 世纪初终于研制成功世界上第一架飞机,开创了航空新纪元。他们成功的秘诀是将空气动力学实验研究与飞机设计实践完美结合,其中最为关键的是有效解决了飞机的空气动力稳定和操纵问题。

第一架飞机诞生后的十几年,在世界范围内掀起了空前的航空热。但是这一时期的所有进展都是在空气动力学理论大大落后于航空实践的情况下取得的,这一阶段的飞机技术的发展具有很强的经验色彩。在早期从事飞机研制的人大多不具备很高的科学素养。他们重视通过实验测量升力和阻力,但不理解升力产生的本质;他们重视设计飞机,但对飞机的稳定和操纵认识和关心不够。空气动力学理论的滞后影响飞机性能的迅速提高,也限制了飞机早日投入使用。

航空理论研究工作早在飞机诞生以前就已悄悄开始。有趣的是,对空气动力学理论发展做出过开创性贡献的却是一些不太相信飞机能够研制成功的科学家。同样有趣的是,升力理论的突破口是关于网球飘球现象的研究。开尔文、亥姆霍兹、瑞利等著名科学家在这一研究过程中,建立起了环流等概念和原理,解释了网球飘球的所谓马格努效应。在他们的研究成果的基础上,20 世纪初完整的机翼升力理论终于诞生。与此同时,机翼理论、边界层理论、阻力理论、稳定理论相继出现,不但完善了空气动力学,而且在指导飞机设计中发挥了巨大作用。随着各国空气动力学研究机构的创建,空气动力学理论和实践研究成果逐步成为提高飞机性能、促进航空发展的决定性因素之一。飞机升阻比特性的改善,飞行性能的提高,稳定性、操纵性和安全性的改善都与气动研究成果的运用紧密相关。升力理论、阻力理论和稳定理论成为指导飞行器设计、提高飞机性能的关键因素。从此,飞机研制从个人的经验性行为变成理论、实践和设计密切结合的技术和工业门类。航空技术走上了真正科学的发展道路。

第一次世界大战爆发后,尚处"幼年"的飞机便投入了战场。虽然它并没有对战争进程产生很大影响,但它无可比拟的优越性却充分显示出来了。20 世纪二三十年代,伴随着飞机应用领域的迅速扩大及新技术、新材料和新思想的广泛运用,飞机的发展进入了一个重要的历史时期。20 世纪 30 年代后期,军用飞机和民用飞机都取得了革命性的进步。第二次世界大战导致航空技术的第二次大发展。军用飞机数量剧增,性能不断提升,空军发展成为一支对战争全局有着重要影响的军种;同时,民用航空在全球范围内确立了牢固地位,对国际交往和商业发展产生了巨大影响。地球正因为高速航空运输的实现而"变小",社会面貌和结构都发生了深刻变革。

人们经常将空气动力学发展分成低速、超声速和高超声速阶段。这些阶段既是自身的逻辑发展步骤,又与航空技术的实际历程相吻合。空气是由多种气体组成的混合物,有质量、有黏性、可压缩,流经物体(例如飞机机翼)表面时,既可产生有用的升力,又可产生阻力。此外,物体的空气动力特性还随物体大小、形状、运动状态和环境的变化而变化。如果将这些因素都考虑进去,理论分析研究将是不可能的。19 世纪建立的描述连续介质运动的基本方程组(N-S方程)至今也没得出数学解析解。因此,只有对实际问题进行一定的简化处理,才有可能获得解决问题的方法。升力理论的建立忽略了空气的黏性和可压缩性。边界层理论进一步到黏性,但仍忽略了可压缩性。整个低速阶段都将空气看作不可压缩的连续流体,这种近似处理产生的误差不大,可以满足需要。

　　随着飞行速度的提高,当达到声速的 30% 以上时,空气可压缩效应变得显著起来,在不可压缩假设下的计算结果必须修正。在接近声速时,可压缩效应上升为主导因素,还会出现激波、波阻等一系列新现象。在高速空气动力学理论和实验研究的过程中,科学家们提出了推迟激波来临、降低波阻的方法,使飞机突破声障成为可能。除了后掠翼概念的提出,20 世纪 50 年代又出现了超临界机翼概念、面积律理论、高速翼设计、变后掠翼思想。这些成果连同喷气发动机技术、材料技术和结构技术,为实用超声速时代的到来做出了巨大贡献。

　　随着飞机速度的进一步提高,还会出现空气动力加热现象,即所谓的热障。当进入高超声速阶段并达到超高空时,空气会出现离解,这时不能再当做连续介质来处理。

　　航空技术发展的总体目标是飞得更高、速度更快、航程更远。但不同用途的飞机具体性能要求也不同。战斗机在要求高、快、远的同时,根据航空作战思想的变化越来越强调高机动性能和短距离起降性能;轰炸机在高载重、大航程的前提下,也向超声速方向发展。干线客机的要求与轰炸机有相似之处,但更强调经济性和安全性。空气动力学家和飞机设计师基于这些困难的、常常是相互矛盾的要求,作了大量不懈努力,提出了许多新思想、新理论、新概念和新方法,在一定程度上满足了这些要求。例如,各种增升装置大大改善了飞机升阻比特性;变后掠机翼解决了作战机高低速性能不能兼顾的矛盾,提高了起降性能;层流机翼和超临界翼型降低了飞机阻力,提高了飞机性能;主动控制技术提高了战斗机的机动性,改善了飞行品质,削弱了失速、颤振等不利影响;先进翼型和翼梢装置降低了诱导阻力,提高了民用飞机的经济性。目前气动一体化设计思想方兴未艾,气动/推进一体化、气动/控制一体化、气动/隐身一体化技术在未来作战飞机设计中将发挥关键作用,成为研制具有超高机动性、超声速巡航性能、隐身性能飞机的重要手段。

　　由于种种因素的限制,理论分析、求解和计算结果不能准确反映空气动力的实际情况,因而不能满足飞机设计的需要。各种气动实验装置是空气动力学发展和飞机研制不可或缺的手段。风洞自发明之日起,一直是最重要的空气动力学实验工具,它本身也获得了迅速发展。低速风洞朝着越来越大的方向发展,目前已能适应全尺寸飞机的实验要求。高速风洞在不断提高马赫数的同时,实验段尺寸也在逐渐增大,实验时间逐步延长。低温风洞的出现使实验雷诺数越来越接近实际飞行环境的雷诺数。风洞既是飞行器设计的基本工具,也是检验气动设计新思想的主要手段。随着计算机技术的发展,计算空气动力学应运而生。它借助计算机,采用数值方法求解满足初、边值条件的空气动力学基本方程组,从而实现对流场的模拟仿真,不仅可以对给定外形的飞行器进行空气动力特性分析,而且还可以按照预定的气动特性要求设计飞行器的外形,对理论研究和设计实践都具有十分重要的意义。计算空气动力学使飞行器设计过程发生了根本性变革。空气动力学理论研究、实验研究和数值计算优势互补,并称为指导飞行器设计的三大手段。

空气动力学研究成果和飞机设计思想对航空工业的发展产生了巨大的积极影响。如果按照空气流动的流型考虑,低速、超声速和高超声速各阶段都利用了同样一种流型,即附着流型。无论是低速飞机还是超声速飞机,它们的机翼产生升力的机制是相同的。根据空气流动的基本流型划分,除传统的附着流型外,还有脱体流型和激波流型。这种划分一般人看起来比较陌生,但更能反映升力产生的本质不同。在附着流型下,升力是由围绕机翼的附着涡产生的,翼尖处的自由涡则产生诱导阻力。因此飞机设计的基本思想是"扬附着涡,抑自由涡"。20 世纪50 年代设计超声速客机的过程中,一方面在附着流型指导下无法设计出满足要求的超声速客机,一方面在脱体涡的理论和实验研究上有了重大突破。这方面的探索和研究导致利用脱体流型这一全新流型的出现,使飞机设计思想发生了一场革命。脱体流型使空气动力学完成了一次流型上的飞跃,并推动了实用超声速客机的诞生。脱体涡升力后来成功地用于高性能战斗机上,边条翼和鸭式翼就是利用涡升力的气动部件,对提高飞机机动性十分有利,成为第三代和第四代超声速战斗机设计的基本特征。

现有的细长翼、边条翼和鸭式翼都没有充分有效地利用脱体涡升力,脱体流型的潜力尚未发挥出来。在利用脱体涡升力方面,人的智慧和努力还远远不及昆虫与生俱来的本领。虽然人对鸟类和昆虫飞行的研究经历了几个世纪,飞机的发明和发展在一些方面也得到飞行动物的启示,但它们飞行的许多奥秘至今仍未得到揭示,许多现象人们只知其然而不知其所以然,揭开鸟类的飞行秘密仍是科学家孜孜以求的研究课题。人们通过大量的研究发现,鸟类翅膀的扇扑运动和昆虫的振翅运动是高度复杂的,其周围的气流运动具有高度非线性和非定常的特点,它们极为灵活有效地利用了脱体涡升力。如果能进一步弄清它们是如何利用涡升力并将其应用于飞机设计中的,则航空技术将取得新的革命性发展。显而易见的两大前景是:一是在保持现有飞机性能不变的情况下,大大提高飞机的起降性能、灵活性、安全性和适应性;二是使人力飞机以全新的面貌出现并达到实用化。

激波流型目前还处在理论探索和有限的实验阶段。在迄今为止全部的高速飞行器设计中,空气动力学理论家和设计师都在想方设法推迟甚至避免激波的到来,削弱激波强度从而降低激波阻力。在航空工程界为削弱或消除激波而不懈努力的时候,利用激波产生高升力的思想悄悄产生了。1959 年英国人诺维勒首次提出利用激波产生升力的思想。20 世纪 60 年代,许多空气动力学家就利用激波升力进行了理论和实验探索,形成了乘波飞机概念。乘波飞机原理非常简单,但研制乘波飞机难度极大。20 世纪 80 年代后期对跨大气层飞行器(空天飞机)研究的兴起,导致乘波飞机研究与实验热潮悄然兴起。进入 20 世纪 90 年代,乘波飞机已由理论研究转向设计、试验甚至试飞研究,工程界和军界也加入到研究行列中来,使乘波飞机研究呈现出欣欣向荣的局面。乘波飞机最适于高超声速飞行,巡航飞行速度段约为声速的4~8 倍,最大可达 12 倍。乘波飞机的巨大应用潜力是不言而喻的,可作为高超声速洲际民航机使用,也可作为单级或两级入轨空天飞机。乘波飞机将使飞机设计和航空技术发生一场深刻的革命。

　　飞机的种类、形状和用途千差万别,但任何一架飞机都有六个基本特征:提供足够的升力,具有较高的气动效率(升阻比),产生足够的推进力,具有良好的稳定性能,具有满意的操纵与控制能力,具有满意的全机受力受热特征。这些特征在很大程度上取决于空气动力学因素,因而航空工业的发展始终有赖于空气动力学的进步。空气动力学新概念、新理论的提出,引起飞机设计新思想、新方法的产生,可以使航空技术获得新的甚至是革命性的发展。空气动力学研究需要创造性的新思想、新观念、完美的实验手段、先进的计算技术、不断发展的理论工具以及巨额的投资。空气动力学的研究十分艰巨,发展前景十分光明,航空技术也有着美好的未来。航空技术的进步,各种飞机的不断涌现,使人类社会发生了深刻的变革。在未来,航空事业对政治、经济、军事、科技、文化和社会将产生更加广泛而深远的影响。

本章小结

　　空气动力学源于流体力学,是流体力学的一个重要分支,研究的是物体和空气之间发生相对运动时,空气的运动规律及作用力所遵循的规律。空气动力学的发展经历了从低速到高速、从简单模仿到形成完整科学体系的历程。作为一门学科,空气动力学在产生之初便与航空结下不解之缘,其设计思想和研究成果对航空工业的发展产生了巨大的积极影响。

思考题

1. 高速空气动力学中,以什么速度作为划界速度? 是如何划界的?
2. 空气动力学的研究方法有哪几种?
3. 空气的可压缩效应在什么条件下不能再被忽略? 它会引起哪些现象?
4. 在空气动力学的研究中,飞机具有哪六个基本特征?

我热爱试飞,也努力地延续着我自己的飞行梦想。多年来,我有两个习惯,一个是常年坚持锻炼、科学饮食,从事试飞20多年我没有因为身体原因影响过一次飞行,也从来没有出现过像头疼脑热这样的小毛病,我的体重变化也控制在一斤以内;还有一个就是每次飞行,我都要做一个详细的清单,把这次飞行"飞什么""怎么飞""可能会出现什么情况,该如何处理"一一列出来,同时把一些最关键的点写在卡片上带上飞机,以备关键的时候能够提醒和帮助我,所以从来没有报废过一个科研架次。飞行真的成了我生命中最重要的部分。[①]

——"八一勋章"和"英雄试飞员"荣誉称号获得者李中华谈自律飞行习惯

第 2 章　低速气流特性

飞机之所以能在空中飞行,并能根据飞行员或自动驾驶装置来操纵、控制完成各种飞行动作,依靠的是空气给飞机的作用力,这些作用力是飞机与空气有相对运动时产生的,称为空气动力。要弄清空气动力产生的原因及其变化规律,首先要掌握气流特性。

气流是指流动的空气。通常规定,气流速度小于声速的30%时(声速的概念见本书第4章)称为低速气流,大于声速的30%时称为高速气流。本章将介绍低速气流的一些基础知识,包括气流的基本概念、一维定常流动的基本方程和低速边界层等。

2.1　气流的基本概念

研究气流特性时,必须对描述气流的一些基本概念有所了解,这是因为实际问题很复杂,运用数学工具进行分析计算十分困难,因而常常需要在物理上假设一些前提,并建立已为实验所证实的诸多基本概念和一些合理的模型,以便在分析过程中作直观的探讨,进而近似地分析和研究所要解决的实际问题。本节所述有关气流的基本概念主要包括连续介质、流场、定常流动、非定常流动、流线、流管和流谱等。

2.1.1　连续介质假设

众所周知,空气实际上是由大量微小的空气分子组成的;空气分子之间存在间隙,每个空气分子都在不断地作无规则的热运动。在分子热运动过程中,空气分子两次碰撞之间所走过的平均路程,称为空气分子的平均自由程。分析分子运动的最基本方法是运用运动定律分析

---

① 中央电视台. 开讲啦[OL]. (2017-10-01). https://tv.cctv.com/2017/10/01/VIDE5ouY98rtZSUmBvdnO8JH171001.shtml.

每一个分子的运动规律,然后用统计方法求得大量分子微观量的平均值,这种研究方法是统计力学所采用的方法,不过它对于实际计算过程显得过于繁琐。

目前,世界上现役的战斗机活动的高度范围主要在大气的对流层,而这个范围内的空气十分稠密,所包含的空气质量约占整个大气质量的四分之三。在标准大气(标准大气状态参数随高度的变化见附录1)状况下,空气的分子密度约为 2.7×10^{19} 个/cm^3,空气分子的平均自由程约为 7.0×10^{-8} m。显然,在目前一般飞机飞行的高度范围内,空气分子的平均自由程与飞机的特征长度(表示飞机尺寸大小的有代表性的长度,如飞机两翼尖之间的距离或机翼弦长)相比,是极其微小的。在这样的条件下,空气作用在物体表面的力,就是大量空气分子不断撞击物体表面的结果,空气动力是大量空气分子共同作用的统计平均结果,而不是由个别分子的具体运动决定的。空气动力学的任务是研究空气和飞机的相互作用,研究的是空气的宏观运动规律,所以在空气动力学领域,一般都抛开无规则的分子运动,不考虑空气的微观结构,用一种简化的模型来代替空气的真实微观结构,只从宏观上研究空气微团对飞机的作用力。

空气微团是指含有较多空气分子的很小一团空气,与飞行器特征尺寸相比是微不足道的;同时它还要包含足够多的空气分子,要使空气密度的统计平均值有确切的意义。空气微团所表现出来的特性不是每个分子的行为,而是空气的总体属性。需要说明的是,今后本书所讲的空气的运动速度是指空气微团质心的宏观运动速度,这有别于空气分子的热运动速度概念;空间某一点的密度则是指质心与该点重合的空气微团的密度。

有了空气微团的概念,就可以把空气看成是由空气微团组成的没有间隙的连续体,这就是连续介质假设。由连续介质假设所带来的最大简化是:不必研究大量分子的瞬间状态,而只要研究描述空气宏观状态的物理量,如压强(p)、密度(ρ)、温度(T)、速度(V)等就行了。有了这个假设,就可以把空气的 p、ρ、T、V 等状态参数看作是空间坐标及时间的连续函数,因而在分析研究空气动力学问题时,就可以广泛地应用数学上有关连续函数的解析方法。

2.1.2 流场、定常流动和非定常流动

1. 流 场

气体(例如空气)和液体(例如水)都是流体。流体运动都是在一定的空间内进行的,通常把运动流体所占据的空间称为流场。

在研究流体流动规律或流体与物体间的相互作用力时,通常只选取物体附近的一定范围的空间作为研究对象,所讨论的流场通常在这个范围内。如前所述,采用连续介质假设后,研究空气流动的最小单位为空气微团,广义地讲,研究流体运动的最小单位即为流体微团。在研究流体的运动时,不看具体某一流体微团如何运动,而是通过分析流场中每一个固定空间点处的流体微团的 p、ρ、T、V 等状态参数随时间(t)的变化,以及研究由某一空间点转到另一个空间点时这些状态参数的变化,从而得到流体的运动规律,这种研究流体运动的方法称为欧拉法;反之,如果是研究流场中某一指定微团的 p、ρ、T、V 等状态参数随时间的变化,这种方法称为拉格朗日方法。运用拉格朗日方法研究流体运动时,在数学上往往会碰到很多困难,所以

在空气动力学中一般都采用欧拉法。

流场中每一固定点的位置可以用空间直角坐标(x,y,z)来确定,流动规律用不同瞬时(t)各点流体的状态参数描述。这样,流体的状态参数都是坐标和时间的函数,即

$$p = f_1(x,y,z,t)$$
$$\rho = f_2(x,y,z,t)$$
$$T = f_3(x,y,z,t)$$
$$V_x = f_4(x,y,z,t) \qquad (2-1-1)$$
$$V_y = f_5(x,y,z,t)$$
$$V_z = f_6(x,y,z,t)$$
$$\vdots$$

式中,V_x为速度$\boldsymbol{V}$[①] 在x轴方向上的分量;V_y为速度$\boldsymbol{V}$在y轴方向上的分量;V_z为分别为速度$\boldsymbol{V}$在z轴方向上的分量。

2. 定常流动与非定常流动

式$(2-1-1)$中的 4 个自变量(x,y,z,t)中空间变量和时间变量的物理意义不同。就时间变量来讲,流场中流体的流动有定常流动和非定常流动两种形式。

流场中,任一固定点处的速度、压强、温度、密度等状态参数都不随着时间的变化而变化的流动,称为定常流动;反之,如果气流状态参数随着时间变化,则是非定常流动。

如图$2-1-1$所示,平坦河面中间各点处水流的状态参数都不随着时间的变化而变化,这些区域的流动是定常流动;而桥墩后面的漩涡区的流动,则是非定常流动。

图 2 - 1 - 1 河水流过桥墩时的情形

对于定常流动,状态参数与时间变量无关,仅是空间坐标的函数,即

---

① 在不引起误解的情况下,本书的矢量优先用白斜字体,以符合大多数专业人员的阅读习惯。

$$p = f_1(x,y,z)$$
$$\rho = f_2(x,y,z)$$
$$T = f_3(x,y,z) \qquad\qquad (2-1-2)$$
$$V_x = f_4(x,y,z)$$
$$\vdots$$

对于非定常流动,各状态参数不仅是空间位置的函数,同时还是时间的函数,其函数关系式见式(2-1-1)。

几何学中用"维"表示空间独立而互相正交的方位数,通常的空间有三维,平面或曲面有二维,直线或曲线只有一维。对于流体流动,如果流体在流动中的状态参数是三个空间坐标的函数,这样的流动称为三维流动或空间流动,简称三维流;如果是两个空间坐标的函数,就称为二维流动或平面流动,简称二维流;如果仅是一个空间坐标的函数则称为一维流动,简称一维流。

2.1.3 流线、流管和流谱

1. 流 线

流线是为直观描述流场中流体的流动情况而定义的,其定义与物理学中的磁感应线类似。流线是流场中的这样一条曲线,在给定的某一时刻,曲线上任何一点处的切线都和该点上流体微团的速度方向一致,如图2-1-2所示。

流线的概念为研究流体的运动提供了很大方便,因为通过流场中的所有流线可以把流场中各点处的流体微团的速度方向很清楚地表示出来。不过要正确地运用流线的概念去研究流体的运动,应该注意:

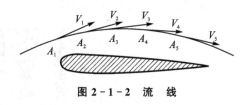

图 2-1-2 流 线

① 因为空间每一点在任意一个瞬间都只能有一个速度方向,所以不能有两条流线同时通过同一点,即两条流线不能相交。

② 在定常流动中,流线的形状和位置不随时间的变化而变化,迹线(任何一个流体微团在流场中的运动轨迹)与流线是重合的;而在非定常流动中,流线的形状和位置随时间变化,迹线与流线不重合。

通常,画若干条流线来显示整个流场在某一瞬时的流动情况。

2. 流 管

由通过流场中任意一个非流线的闭合曲线 C 上各点的流线围成的管子称为流管。图2-1-3为流管三维立体示意图,在二维剖面图中,流管管壁的剖面图为两条相邻的流线。

因为流管的侧表面是由流线组成的,根据流线的定义,流线上各点处的流体微团没有法向分速,两条流线不能相交,所以流管表面各点的速度方向始终与流管表面相切;而在定常流动

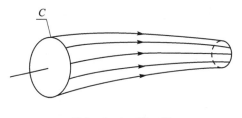

图 2-1-3　流　管

中,流管的形状是不随时间改变的,因此在流管以内或以外的流体微团只能始终保持在流管以内或以外流动,流体微团不能穿越流管表面。这样,虽然流管只是假想的管子,但它却像真正的固体管壁一样,把流管内外的流体流动完全分隔开。

3. 流　谱

包含流线和涡流等能反映流体流动全貌的图形称为流线谱(简称流谱)。流谱是对流体流过固体物体时流动全貌的记录。为了研究空气的流动情形,1871 年世界上建成了第一座风洞。目前风洞的种类很多,分类标准也不唯一。按实验段气流的速度可将风洞分为低速风洞和高速风洞(包括亚声速风洞、跨声速风洞、超声速风洞、高超声速风洞和高焓高超声速风洞等)两大类。图 2-1-4 所示是一座简易的直流式低速烟风洞,它用风扇驱动气流,实验用模型安装在实验段,在实验段前方的稳定段装有一排烟管,通过观察实验时与空气密度接近的烟流随空气流动,就可以直接看到空气流过机翼剖面或其他物体剖面时的流谱。实验中空气相对于物体剖面的流动是二维流,其流谱是二维流谱,也称为剖面流谱。

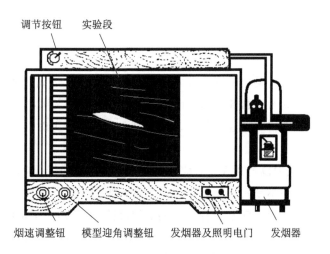

调节按钮　实验段

烟速调整钮　模型迎角调整钮　发烟器及照明电门　发烟器

图 2-1-4　烟风洞

图 2-1-5 所示为根据烟风洞实验结果记录的几个典型物体的剖面流谱。仔细观察一下,这些流谱有哪些共同点和不同点?

观察流谱的形状时,主要观察流管剖面面积大小变化情况、涡流区的大小以及涡流区与物体间的相对位置等。

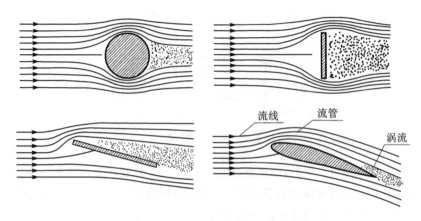

图 2-1-5　几个典型物体的剖面流谱

实验结果表明：

① 在低速气流中，流谱的形状取决于两点：一是物体的剖面形状，二是物体与气流的相对位置关系。在低速范围内，流谱形状不随气流速度的大小变化而变化。

② 流谱剖面中，两条相邻流线可以看作是一个流管的管壁，两条流线中间的空气就好像顺着管子流动一样。物体表面凸起的地方，相邻两条流线间的距离减小，说明流管变细；气流受到阻挡和顺气流方向物面收缩的区域，如物体剖面的前部和机翼上表面后部，流管变粗。

空气流过固体物体时通常会产生涡流（汽车和轮船行驶时其后面的涡流都是典型的例子）。涡流区的大小和相对位置取决于物体的剖面形状和物体在相对气流中与远前方相对气流方向的位置关系。

2.1.4　运动的转换

由前述可知，研究定常流动要比研究非定常流动简单得多。运动转换的目的在于：选取适当的坐标系，变非定常流动为定常流动，从而使流动问题的处理得到简化。运动转换的理论依据是运动的相对性原理，即将一等速直线运动加到某一运动物体上时，物体上受到的作用力保持不变。

考虑一个在静止空气中以速度 V_∞ 向前运动的机翼，其流动情况如图 2-1-6(a)所示。机翼运动时，其头部（前缘）不断排开空气，尾部（后缘）则不断吸入空气，对于以地面为参考系的观察者而言，任一空间点处气流参数都是时间 t 的函数，流动是非定常的。根据运动相对性原理，如果在图 2-1-6(b)所示的机翼运动中，同时选择一个与机翼运动速度大小相等、方向相同的参考系，则机翼和空气之间互相作用及相对运动的状态不变。此时机翼相对静止，而空气则以速度 V_∞ 流向机翼，这相当于观察者置身于固定在机翼上的坐标系，该坐标系中任何一点的气流参数与时间 t 无关，因而流动是定常的。

这种将物体在静止空气中运动转换为空气流过静止物体的流动方法称为运动转换。

通过运动转换，可以将非定常流动变为定常流动，进行解析处理时，就少了一个变量 t，从而使问题得到简化，而作用在物体上的空气动力却仍保持不变。空气动力学研究中最主要的实验设备——风洞,就是根据运动的相对性原理设计的,以后各章节也将主要研究空气流过相对静止物体的情况。

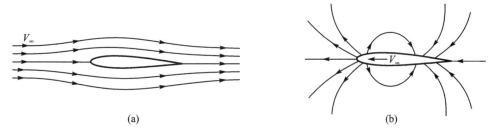

图 2 - 1 - 6　定常流动和运动转换

2.2　一维定常流动的基本方程

所谓一维定常流动,就是指垂直于流动方向的各个流管截面上,流动参数(p、ρ、T、V 等)都均匀一致且不随时间变化。在一维定常流动中,通常取流管各截面的中心点连接而成的曲线作为坐标(见图 2 - 2 - 1),记这个坐标为 s,则在一维定常流动中,流体的状态参数仅仅是 s 的函数:$p = p(s)$,$\rho = \rho(s)$,$V = V(s)$,$T = T(s)$,……

一维定常流动是一种最简单的理想化流动模型。流体在空间内的实际流动一般都不是真正的一维流动,但可以将整个流场划分成许多流管,在每一个十分细小的流管中,流体的流动就可以近似看成是一维的。另外,严格地讲,在同一坐标 s 对应的截面上的各状态参数也不均一,但对于截面上的不同参数,可以通过采用取平均值的方法,将实际流动当作一维流来近似处理。

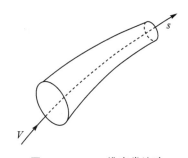

图 2 - 2 - 1　一维定常流动

本节将推导出一维定常流动的两个基本方程,并说明其物理意义、使用条件及其实际应用。这两个方程建立了气流各状态参数(如流管截面积 A、流速 V 和压强 p 等)之间的数量关系,根据这些关系就有可能从理论上来研究和计算一些基本的低速气流特性问题。

2.2.1　连续方程

连续方程是把质量守恒定律应用于运动流体所得到的数学关系式,故又称之为质量方程,是空气动力学中最基本和最常用的方程之一。

1. 连续方程的表达式

在图 2 - 2 - 2 所示的一维流管中,任取两个垂直于管轴 s 的截面 $a - b$ 和 $c - d$ 构成区域

$abcd$，选取这一控制体为研究对象。气流由截面 $a-b$ 流入，由截面 $c-d$ 流出。设截面 $a-b$ 的面积、流速、空气密度分别为 A_1、V_1、ρ_1；截面 $c-d$ 的面积、流速、空气密度分别为 A_2、V_2、ρ_2，则单位时间内经 $a-b$ 截面流入的空气质量为 $\rho_1 A_1 V_1$，经截面 $c-d$ 流出的空气质量为 $\rho_2 A_2 V_2$。

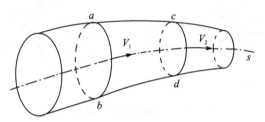

图 2 - 2 - 2　空气在流管中流动

单位时间内流入的空气质量 $\rho_1 A_1 V_1$ 和流出的空气质量 $\rho_2 A_2 V_2$ 之间是什么关系呢？

由于把流体作为连续介质来看待，即流体连续充满它所在的空间；而且对于定常流动，流场中任意一固定点的空气密度不随时间变化，根据物理学中的质量守恒定律可知，单位时间内流入截面 $a-b$ 和流出截面 $c-d$ 的空气质量应该相等，即

$$\rho_1 V_1 A_1 = \rho_2 V_2 A_2 \qquad (2-2-1)$$

因为 $abcd$ 控制体是任意选取的，所以对于一维定常流动，沿同一流管任意截面上恒有

$$\rho V A = \dot{m} \qquad (2-2-2)$$

式（2-2-2）即为一维定常流动的连续方程。式中，$\dot{m}$ 是常数，称为质量流量，kg/s，表示单位时间流过同一流管任一截面的空气质量。

在低速气流中，空气密度基本不随流速变化。这种密度不随流速变化的气流称为不可压缩气流或非压缩气流。如果将整个流场中各处的空气密度（ρ）都看作是常数，那么，沿流管恒有

$$V_1 A_1 = V_2 A_2 = C \qquad (2-2-3)$$

式中，C 为常数，表示单位时间内流过同一流管任一截面的空气体积，m^3/s。

2. 连续方程的物理意义

式（2-2-2）是一维定常流动的连续方程，其物理意义是：在一维定常流动中，单位时间内通过同一流管任一截面的流体质量都相等。而式（2-2-3）是不可压缩流体的一维定常流动的连续方程，其物理意义是：在不可压缩的一维定常流动中，单位时间内通过同一流管任一截面的流体体积都相等。

式（2-2-3）还说明，在不可压缩的一维定常流动中，同一流管各截面上的流速与截面积成反比，即流管粗的地方流速慢，流管细的地方流速快。这种现象在日常生活中也常常可以遇到，如穿堂风比院子里的风大，河水在河道窄的地方比在河道宽的地方流得快。

3. 连续方程的使用条件

从连续方程的推导过程可以看出，尽管式（2-2-2）和式（2-2-3）都被称为一维定常流

动的连续方程,但式(2-2-3)仅适用于不可压缩流体,而式(2-2-2)对于可压缩和不可压缩流体都适用,就是说它也适用于密度随流速变化的流体。

推导方程时,对流体有无黏性未加限制,因而既适用于理想流体(忽略黏性作用的流体),也适用于黏性流体。有关理想流体和黏性流体将在 2.3 节中介绍。

2.2.2　伯努利方程

伯努利定理是瑞士物理学家丹尼尔·伯努利(Daniel Bernoulli)在 1738 年首先提出的,以后又由多名科学家做了发展和推广。伯努利方程是伯努利定理的数学表达式,是空气动力学中又一个重要方程。

1. 伯努利方程的表达式

在定常流动的流场中取一微细流管,设流管轴线 s 的正向与流动方向一致。如图 2-2-3(a)所示,沿流管轴线任取一微段 ds。图 2-2-3(b)是微段 ds 的正视图,设截面 $a-a$ 的面积、压强和速度分别是 A、p、V;截面 $b-b$ 的面积、压强和速度分别 $A+dA$、$p+dp$、$V+dV$。

沿 s 方向,对微段 ds 使用动量定理。规定沿 s 轴正向为正,则微段 ds 在 s 轴方向所受外力有:

① 截面 $a-a$ 上沿 s 轴正向的压力 pA。

② 截面 $b-b$ 上沿 s 轴正向的压力 $-(p+dp)(A+dA)$。

③ 微段侧表面所受的压力在 s 轴上的投影。微段侧表面的压强的平均值为 $[p+(p+dp)]/2$,记微段的侧面积为 $A_{侧}$,则侧表面受到的压力为

$$\frac{1}{2}[p+(p+dp)]A_{侧} = \left(p+\frac{1}{2}dp\right)A_{侧}$$

该作用力在 s 轴线上的投影为 $(p+dp/2)A_{侧}\sin\theta$,式中 θ 为微段侧面 $a-b$ 与 s 轴的夹角(为了简化,近似认为微段侧面各处的 θ 都相等),而式中的 $A_{侧}\sin\theta$ 就是微段侧面积在截面 $b-b$ 上的投影,其大小就等于 dA。所以,侧表面所受的压力在 s 轴上的投影为

$$\left(p+\frac{1}{2}dp\right)A_{侧}\sin\theta_{侧} = \left(p+\frac{1}{2}dp\right)dA$$

④ 微段流体重力在 s 轴方向的投影。对于不可压缩流体来说,密度 ρ 是常数,故微段 ds 的质量可表示为

$$\rho \cdot \frac{1}{2}[A+(A+dA)]ds = \rho\left(A+\frac{1}{2}dA\right)ds$$

微段流体的重力为 $\rho g(A+dA/2)ds$,设重力方向与 s 轴向的夹角是 ϕ(见图 2-2-3(b)),则重力在 s 轴向的投影为 $-\rho g(A+dA/2)ds \cdot \cos\phi$。记轴线 s 的铅垂高度为 h,则微段 ds 的铅垂高度为 dh,则有 $ds\cos\phi = dh$。故微段重力在 s 轴方向的投影为

$$-\rho g\left(A+\frac{1}{2}dA\right)dh$$

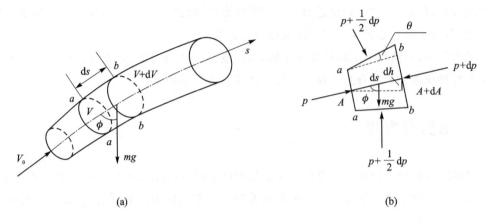

图 2 - 2 - 3　流体微段上的作用力

若不考虑流体的黏性,可忽略微段侧表面所受的摩擦力,则微段 $\mathrm{d}s$ 在 s 轴方向所受合力为

$$pA - (p + \mathrm{d}p)(A + \mathrm{d}A) + \left(p + \frac{1}{2}\mathrm{d}p\right)\mathrm{d}A - \rho g\left(A + \frac{1}{2}\mathrm{d}A\right)\mathrm{d}h$$

略去微量的平方项,整理可得微段 $\mathrm{d}s$ 所受的合外力为

$$-A\mathrm{d}p - \rho g A\,\mathrm{d}h$$

微段 $\mathrm{d}s$ 所受的合外力在 $\mathrm{d}t$ 时间内产生的冲量为

$$(-A\mathrm{d}p - \rho g A\,\mathrm{d}h)\mathrm{d}t$$

根据连续方程,在 $\mathrm{d}t$ 时间内流入截面 $a - a$ 和流出截面 $b - b$ 的流体质量都为 $\rho A V \cdot \mathrm{d}t$,则流入截面 $a - a$ 的流体动量为 $\rho A V \cdot \mathrm{d}t \cdot V$,流出截面 $b - b$ 的流体动量为 $\rho A V \cdot \mathrm{d}t \cdot (V + \mathrm{d}V)$,则动量增量为

$$\mathrm{d}(mV) = \rho A V \cdot \mathrm{d}t \cdot (V + \mathrm{d}V) - \rho A V \cdot \mathrm{d}t \cdot V = \rho A V \cdot \mathrm{d}t \cdot \mathrm{d}V$$

根据动量定理有

$$(-A\mathrm{d}p - \rho g A\,\mathrm{d}h)\mathrm{d}t = \rho A V \cdot \mathrm{d}t \cdot \mathrm{d}V$$

整理后得

$$\mathrm{d}p + \rho V\mathrm{d}V + \rho g\,\mathrm{d}h = 0 \qquad\qquad (2 - 2 - 4)$$

即微分形式的连续方程。对于密度 ρ 是常数的不可压缩流体来说,式(2 - 2 - 4)可积分为

$$p + \frac{1}{2}\rho V^2 + \rho g h = C(\text{常数}) \qquad\qquad (2 - 2 - 5)$$

式(2 - 2 - 5)称为伯努利方程,其中的 p、ρ、V 等是流管中同一截面处的参数,常数 C 是针对同一流管而言的。

对于气体(如空气)来说,当流动高度变化不大时,重力的影响一般可以略去。所以,气体的伯努利方程通常写为

$$p + \frac{1}{2}\rho V^2 = C(\text{常数}) \qquad\qquad (2 - 2 - 6)$$

2. 伯努利方程的物理意义

伯努利方程是根据物理学中的动量定理推导而来的,但反映了流体的能量关系。

伯努利方程(2-2-5)中的第一项 p 是压强,习惯上又称静压或压力。当空气分子撞击物体表面时它们将被弹回,根据牛顿第二运动定律,作用在该物体表面的力应等于这些被弹回的分子的动量对时间的变化率,也就是说这个力等于每秒钟撞击该表面并由该表面弹回的全部分子的动量变化量。实验证明,不管入射角度如何,分子之间以及分子与物体表面之间的碰撞都是弹性的,从而动量的平均变化是一个垂直于表面的向量,因此,作用在物体表面的空气压力指向并垂直于该表面。而压强是物体表面单位面积上所承受的压力,所以静压的方向也是指向且垂直物体表面的。由于不论空气是运动的还是相对静止的,空气分子总是在不停地作热运动,所以静压是指运动或静止的空气垂直作用在物体表面单位面积上的压力。由于流体的重量密度与高度的乘积($\rho g h$)等于压强(p),则 $p/\rho g$ 就是流体在垂直压力管中的上升高度。所以,压强 p 是一种尚未表现出来的势能,应用于空气时,p 是单位体积空气所具有的势能,常称为压力能。

伯努利方程中的第二项 $\rho V^2/2$,称为动压,代表单位体积空气具有的动能,与静压(p)有着相同的量纲。动压是蕴藏在气流内部的一种能量,只有当气流流速减慢时,动压才会转化为静压,使静压升高,以压力能的形式表现出来。动压常用符号 q 表示。

式(2-2-5)中的第三项 $\rho g h$ 是单位体积流体所具有的重力势能。对于气流来说,考虑飞机周围的流场时单位体积空气所具有的重力势能相对于其动压和静压来说很小,常常忽略不计。

对于气体,静压与动压之和就是单位体积空气的总机械能,常称之为全压或总压(用符号"p_0"表示)。于是,气体的伯努利方程(2-2-6)式又可写为

$$p + \frac{1}{2}\rho V^2 = p_0 \qquad\qquad (2-2-7)$$

伯努利方程表明:空气在低速一维定常流动中,同一流管的各个截面上,静压与动压之和(全压)都相等,这个结论被称为伯努利定理。

由于低速时认为空气密度不变,由伯努利方程(2-2-5)可知:在同一流管中,流速快的地方,压力(p)小;流速慢的地方,压力(p)大。因此,伯努利方程就是机械能守恒定律在气体低速定常流动中的表达式,故又称之为低速气流的能量方程。

根据伯努利方程的结论:低速一维定常流动中同一流管的各处全压相等。通常认为,当流场高度变化不大时,同一时刻全流场各处的全压都相等。要注意的是:飞行中的全压不变是有条件的。当飞行高度和飞行速度一定时,全流场的全压是一个不变的数值;当飞行高度或飞行速度改变时,由于 p、ρ、V 变化,全压值通常是要变化的。但只要来流定常,也就是远前方来流的 p、ρ、V 不随时间变化,则全流场中各处的全压就是相同的,即各个地方的静压与动压之和相等。如图 2-2-4 所示,1、2、3 等点的静压与动压之和都相等,即

$$p_1 + \frac{1}{2}\rho V_1^2 = p_2 + \frac{1}{2}\rho V_2^2 = p_3 + \frac{1}{2}\rho V_3^2 = p_\infty + \frac{1}{2}\rho V_\infty^2$$

当飞行速度(V_∞)变化或飞行高度(ρ 和 p_∞)变化时,全压数值变化,但1、2、3 等点的全压仍相等,只是变化后的全压等于一个不同的数值。

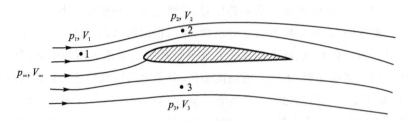

图 2 - 2 - 4   定常流场中各点全压都相等

3. 伯努利方程的应用

伯努利方程是在一维定常流动条件下推导出来的,没有考虑空气流动过程中密度的变化和黏性力的作用。因此,这一方程仅适用于不可压缩理想流体的一维定常流动。总之,伯努利方程反映了不可压理想流体一维定常流动的速度和压强的关系。

综合连续方程和伯努利方程,可得到如下结论:在低速气流中,空气定常地流过一根粗细不同的流管时,流管细的地方,流速快,压力小;流管粗的地方,流速慢,压力大,这就是低速气流的主要特性。这一特性是分析飞机低速飞行时空气动力产生和变化的基本依据。

伯努利方程的应用十分广泛,空速管就是一例。飞机的飞行速度是由安装在飞机上空速管、空速表系统测量和指示的,其基本组成和工作原理如图 2 - 2 - 5 所示。空速管的侧壁上有一排小孔,用来感受大气压力(静压),称为静压孔,通过导管与空速表内的开口膜盒外部相通;空速管前端的孔用来感受全压,称为全压孔,通过导管与空速表内的开口膜盒内腔相通。膜盒内外的压力差即全压和静压之差$(p_0 - p)$,也即动压 $q(\rho V^2 / 2)$。

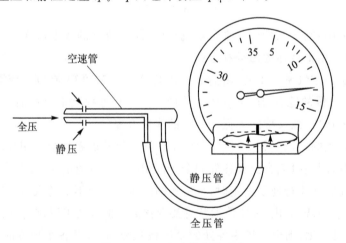

图 2 - 2 - 5   空速管和空速表

当飞机在海平面上飞行时,开口膜盒内外的压力差为

$$p_0 - p = \frac{1}{2}\rho_0 V^2$$

式中,ρ_0 为海平面的标准大气密度。

在此压力差的作用下,膜盒膨胀并带动空速表宽针转动指示飞行速度,称为表速($V_{表}$)。

由于宽针指示的刻度是按海平面高度上空气密度 ρ_0 及动压 q 之间的关系刻度的,即

$$V_{表} = \sqrt{\frac{2(p_0 - p)}{\rho_0}}$$

因此在海平面情况下,表速直接反映了飞行速度 V 的大小,即 $V_{表} = V$。但是随着飞机高度增加,空气密度下降,宽针指示的速度与飞行速度之间就会出现越来越大的差异。

空速表中还有一根细指针,细指针除了受到开口膜盒感受的动压控制之外,还受到一个真空膜盒的控制,真空膜盒起着补偿空气密度随高度变化的作用,因此细指针指示的就是飞行真速($V_{真}$)。

如果飞行高度为 H,大气密度为 ρ_H,则有

$$q = \frac{1}{2}\rho_H V_{真}^2 = \frac{1}{2}\rho_0 V_{表}^2$$

忽略仪表存在的各种误差,真速和表速的换算关系为

$$V_{真} = V_{表}\sqrt{\frac{\rho_0}{\rho_H}} \qquad\qquad (2-2-8)$$

由此可以看出,表速 $V_{表}$ 一般并不是飞机的真正飞行速度,而只是反映了动压的大小,表速相同,说明动压相等。而 $V_{真}$ 则反映了飞机的真实飞行速度,一般随飞行高度 H 改变。在海平面飞行,$V_{真} = V_{表}$,高度升高,$V_{真} > V_{表}$。

2.3　低速边界层

1904 年,德国空气动力学家普朗特(Ludwig Prandtl)提出了边界层的概念。边界层概念的提出为解释空气动力中的摩擦阻力和压差阻力的产生原因奠定了理论基础。

有黏性的实际流体沿着物体表面流动时,必然会出现一些与理想流体不同的现象和规律。例如,在紧挨着物体表面,会出现一个黏性力作用不可忽略的空气薄层,该空气薄层所在的区域就是边界层。本节将介绍空气的黏性、低速边界层内的流动现象和规律,以便对空气贴近飞机表面的流动情形有一个最基本的认识。

2.3.1　空气的黏性

1. 现象与原因

众所周知,一定范围内的空气中各层流速不同时,由于分子之间相互掺混与碰撞,相邻空气层的流速将趋向均匀一致,空气体现出黏性。有黏性的实际流体称为黏性流体。

仔细观察河水可以发现,河中间的水流得快,离河岸越近,水流得越慢,紧贴岸边,水基本上不流动。这是因为水有黏性,紧贴岸边的水被河岸阻滞,像被河岸粘住一样,流速为零,这层

流速为零的水通过黏性影响与它邻近的外层水,使其流速减小。

空气的黏性可通过图 2-3-1 所示的实验来证明。实验模型有两个彼此靠近但不接触的圆盘:上圆盘用支柱悬挂,下圆盘与电机的转轴固连。开动电机,使下圆盘转动一段时间后,上圆盘也会慢慢同向转动起来。

为了便于解释上面的实验,可把上述两圆盘间的空气划分成若干层,取出其中两个相邻的空气层来研究。如图 2-3-2 所示,流速大的下层空气,其分子具有较大的动量(mV),空气分子由于不规则热运动而进入上层时,通过分子间掺混与碰撞,增大了上层空气分子的动量,使上层空气得到加速;而流速小的上层空气,其分子的动量也小,由于不规则热运动进入下层,减小了下层空气分子的动量,使下层空气速度减小。本实验中,当下圆盘转动时,紧贴其表面的一层空气随盘面一起转动。这层转动的空气由于空气分子的热运动将动量传给与之相邻的上层空气,带动上层空气转动起来;依此类推,两圆盘间的空气一层层相继转动,最后带动上圆盘也转动起来。显然,这是具有不同速度的相邻空气层相互牵扯的结果。空气内部各层存在相对运动时,相邻两个运动速度不同的空气层相互牵扯的特性称为空气的黏性。

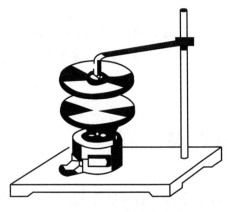

图 2-3-1 空气黏性实验

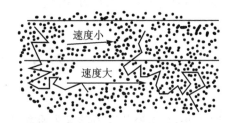

图 2-3-2 相邻两个流速不同的空气层

可见,空气黏性的物理本质就是由于流速不同的相邻空气层分子进行动量交换而使得空气层之间产生了相互牵扯的作用。

2. 黏性力

相邻两个具有不同流速的空气层相互牵扯的作用力称为空气的黏性力(也称为空气的内摩擦力)。黏性力的大小可用牛顿黏性力公式计算,即

$$F = \mu \cdot \frac{dV}{dy} \cdot S \qquad (2-3-1)$$

式中,F 为空气的黏性力,N;μ 为黏性系数,表示单位面积、单位速度梯度所产生的黏性力,其大小与气体性质、温度有关,N·s/m²;dV/dy 为相邻两空气层的速度梯度,1/s;S 为相邻两空气层的接触面积,m²。

式(2-3-1)表明了空气黏性力的大小取决于以下三个因素。

（1）相邻两空气层的速度梯度

速度梯度 dV/dy 大，表示相邻两空气层中的分子动量差别大，空气流动时由于分子热运动引起的动量交换多，相互牵扯的作用力大，因而黏性力就大；反之，速度梯度小，黏性力就小，如图 2 - 3 - 3 所示。

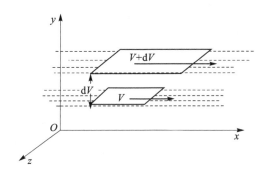

图 2 - 3 - 3　速度梯度

（2）空气温度

空气温度高，则空气分子不规则热运动速度大，在相同时间内，相邻空气层间相互交换的分子多，则动量交换多，表现为黏性系数 μ 增大，黏性力增大；反之，空气温度低，黏性系数减小，黏性力也减小。例如，对空气来说，$T=288.15K$ 时，$\mu=1.789\ 4\times10^{-5}\ N\cdot s/m^2$；而 $T=273.15\ K$ 时，$\mu=1.712\ 6\times10^{-5}\ N\cdot s/m^2$。

（3）相邻两空气层的接触面积

两空气层之间的接触面积大，则发生相互牵扯作用的空气分子多，动量交换多，黏性力大；反之，接触面积小，黏性力也小。

3. 理想流体

黏性系数等于零的流体称为理想流体。

真实的流体都具有黏性，这给流体运动的数学描述和处理带来很大困难。但在许多情况下，流体的黏性系数较小，如水和空气等，特别是在流场中的大部分区域，相邻空气层间的流速差别很小，这些区域内的流体性质与理想无黏的情况十分接近，所以可以看作理想流体。引入理想流体的概念，就可以较清晰地揭示流体运动的主要特性，较方便地进行数学处理，而所得结果与实际情形的偏差不大。有些情况下，如果必须考虑黏性影响，则可以在流体黏性不可忽略的边界层内考虑黏性，再对理想的情况加以必要的修正即可。

2.3.2　边界层的产生及性质

1. 边界层的产生

边界层是指流体绕固态物体流动时，在紧挨着物面附近形成的一个沿物面法线方向向外速度逐渐增大的黏性流体薄层。为什么沿物面法线方向向外速度逐渐增大呢？以空气流过固体物体(平板)为例,如图2-3-4所示(图中的法向尺寸放大了若干倍),由于物体表面不是绝对光滑的,而且空气具有黏性,所以紧贴物体表面的这一层空气受到物面的阻滞,空气的流速减小为零;这层流速为零的空气又通过黏性作用影响了与之相邻的上一层空气流动,使上层空气的流速减小。如此一层影响一层,在紧贴物体表面的地方,就会出现流速沿物面法线方向逐渐增大的薄层空气,这一具有黏性的薄层空气就是边界层。

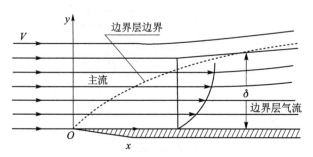

图 2 - 3 - 4　平板表面的边界层

沿物面法线流速不再变化的气流称为主流。从理论上讲,沿物面法线向外,只有在离开物面无限远处,其流速才能等于主流速度,即空气的黏性会影响全流场。但实际上,速度的明显变化主要是在物面附近的一个薄层内完成的。故一般定义,沿物面各点的法线上,速度达到主流速度的99%处为边界层的边界,如图2-3-4中的虚线所示。应该注意,边界层边界线并不是一条流线。由边界层边界到物面的垂直距离为边界层厚度,常用δ表示。

对边界线之外的主流则不必再考虑空气黏性的影响,可以当作理想流体来处理,黏性的影响仅局限于边界层内的,而整个流场中空气黏性的影响,也就可以通过边界层来体现了。

2. 边界层的性质

(1) 空气沿物面流过的路程越远,边界层就越厚

空气沿物面流动时,紧贴边界层的主流空气不断受到边界层内空气黏性的影响,逐渐减速变成边界层内的气流;所以,空气沿物面流动的路程越远,边界层也就越厚。对一般飞机而言,从机翼前缘开始,机翼表面的边界层逐渐增厚;在距离机翼前缘1～2 m处,边界层的厚度约为数毫米到数十毫米。

(2) 边界层内沿物面法线方向各点的压力不变,并且等于主流的压力

图2-3-5是二维机翼边界层示意图。边界层的厚度非常小,通常比物体的尺度要小得多,边界层中沿着与机翼表面垂直方向(沿表面法线方向),空气的静压基本上是不变的。如图2-3-5中沿翼面法线P_1Q_1方向或P_2Q_2方向,压力不变,即点P_1的压力等于点Q_1的压力;点P_2的压力等于点Q_2的压力。

边界层内气流速度沿物面法线方向是变化的,为什么压力却是相等的呢?这是因为空气在边界层中只有沿着物体表面的平行流动,而没有垂直方向的流动,所以也就没有因沿垂直方向流速不同而引起的压力变化。至于边界层自上而下各层平行流速降低,是由于各层之间的

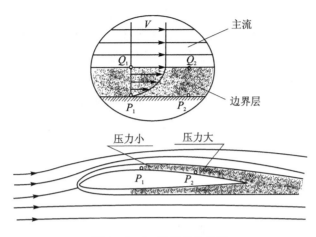

图 2-3-5　机翼的边界层

黏性摩擦所引起的。边界层中,空气流速降低,动能部分转化为热能,使气流温度升高。由于边界层内气流的机械能有损耗,所以不能用伯努利方程来解释边界层中流速与压力的关系。既然边界层内沿物面法线方向各点的压力相等,并且都等于主流的压力,那就可以先用理想流体的理论计算主流的压力,再利用这一结论来分析物面上的压力。

2.3.3　层流边界层和湍流边界层

1. 层流边界层和湍流边界层的不同特点

实验表明,根据边界层内空气流动的特点,可将边界层分为层流边界层和湍流边界层,如图 2-3-6 所示。在层流边界层内,空气微团运动规则,没有强烈的上下乱动现象,空气分层流动,各层互不混淆,流速稳定;在湍流边界层内,空气微团运动不规则,上下乱动现象明显,各层之间强烈混合,呈现局部的微小旋涡,流速也出现脉动,是一种紊乱的流动。

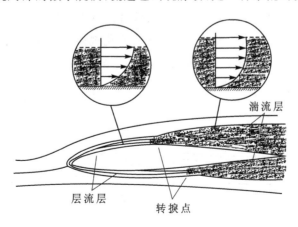

图 2-3-6　层流边界层和湍流边界层

层流边界层和湍流边界层的厚度和速度分布情形都不同。湍流边界层的厚度较大,这是因为物面对边界层内的空气的扰动积累到一定程度时,才出现湍流边界层。在湍流边界层中,空气微团的上下乱动较强,各层间的动量交换多,因而使相邻各空气层之间的流速差减小,因而沿法向的速度梯度减小。但是,在湍流边界层靠近物面的部分,空气微团的上下乱动受到限制,流动仍属于层流,称为层流底层。湍流边界层中层流底层的流速差别要比层流边界层的大,所以在物面处湍流边界层的速度梯度也比层流的大,即

$$\left(\frac{\mathrm{d}V}{\mathrm{d}y}\right)_{y=0湍} > \left(\frac{\mathrm{d}V}{\mathrm{d}y}\right)_{y=0层}$$

2. 转捩点

贴近飞机表面的边界层,前一段一般是层流边界层,流过一段距离之后,有时会转变为湍流边界层。层流边界层与湍流边界层之间有一个过渡区,通常把它简化地看成一点,称为转捩点,如图 2-3-6 所示。转捩点的位置靠前,表明边界层的层流段短,湍流段长。同一翼型,转捩点的位置与气温、来流速度、气流原始紊乱程度以及飞机表面光滑程度等因素有关。如果来流速度大,原始紊乱程度大,物体表面粗糙,边界层空气便容易产生局部的微小旋涡而由层流转捩为湍流,这时转捩点会靠前;如果气温高,则黏性系数大,层流边界层流动的稳定性增强,不易转捩为湍流,转捩点就靠后。

2.3.4　边界层的分离

1. 顺压梯度与逆压梯度

如图 2-3-7 所示,空气流过一固体曲面(如机翼上表面)时,从前缘起,主流流管逐渐变细,流速逐渐加快,压力逐渐减小,存在顺压梯度($\partial p/\partial x < 0$);主流向后流动至某一点,流管最细,流速最快,压力最小($\partial p/\partial x = 0$);再向后流动,流管变粗,流速减慢,压力又逐渐增大,存在逆压梯度($\partial p/\partial x > 0$)。因为边界层内沿物面法线方向各点的压力不变,且等于主流压力,所以,机翼表面沿主流流动方向从前缘至后缘的压力变化规律与主流的相同。机翼表面压力最低的一点 E 为最低压力点,如图 2-3-8 所示。这就是说,以最低压力点 E 为分界,在最低压力点之前,为顺压梯度段;在最低压力点之后,为逆压梯度段。

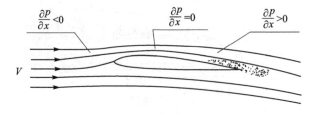

图 2-3-7　机翼上表面主流压力的变化

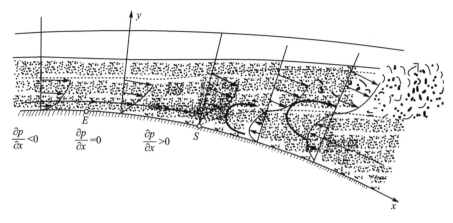

图 2 - 3 - 8　边界层的气流分离

2. 边界层分离及其分离点

边界层内的空气在沿机翼表面流动的过程中,其速度一方面受到黏性力的影响不断减小,另一方面还会受到沿途压力变化的影响。在顺压梯度段,边界层底层的空气在顺压的作用下加速,但由于黏性力的影响,速度增加不多;在逆压梯度段,边界层底层的空气则受到黏性力和逆压的双重阻碍作用,减速很快,至流到某一点时(图 2 - 3 - 8 中的点 S),非常贴近机翼表面的一层空气流速减小为零,即点 S 的速度梯度$(\partial V/\partial y)_{y=0}=0$。过点 S 再向后,边界层底层的空气在逆压的作用下开始从后向前流动,产生倒流现象。倒流而上的空气与顺流而下的空气相遇,使边界层空气发生堆积,进而拱起、脱离翼面,被主流卷走产生大量旋涡。这样,边界层气流不能紧贴翼面流动,发生了边界层分离(也称为气流分离),如图 2 - 3 - 8 所示。边界层气流开始离开翼面的点 S 称为分离点。分离点的位置及涡流区的大小与气流与机翼的相对位置有关。

从以上边界层气流分离的过程可以看出,逆压梯度和空气的黏性是产生边界层气流分离的根本原因。

逆压梯度增大可使边界层厚度增加,转捩点前移。由于湍流边界层内各层流速差别小,层内流体平均动量大,在逆压梯度段向前推进的能力强,故在同样的逆压梯度下,湍流边界层不易发生气流分离。也就是说,湍流边界层的分离点比层流的靠后一些。

2.3.5　雷诺数

1. 雷诺数的概念

黏性流体的流动现象和规律都与雷诺数有关,可以用雷诺数进行描述。

英国物理学家雷诺在研究管道流动时发现,不可压缩黏性流的流态与黏性系数(μ)、密度(ρ)、流速(V)和物体的特征长度(或流谱的线性尺度 L)等参数有关。这些参数共同决定了黏性流体的流态,其组合数($\rho VL/\mu$)就是衡量流体惯性力和黏性力相对大小的一个无因次相似参数,称为雷诺数,用 Re 表示,即

$$Re = \frac{\rho VL}{\mu} \qquad (2-3-2)$$

黏性流动有两种流态:层流和湍流。雷诺数增大,会使层流运动的稳定性降低,导致湍流出现或湍流段增长。开始出现湍流的雷诺数称为临界雷诺数,用 Re^* 表示。$Re < Re^*$,流动是层流;$Re > Re^*$,流动是湍流。临界雷诺数也是判断边界层流态的一个标准:$Re > Re^*$ 时,边界层产生湍流;Re 增大,湍流段增长,层流段缩短;Re 增至一定程度时,边界层内的流动全变成湍流。需要注意的是,实验表明,Re^* 不是一个常数,其大小与物体表面的粗糙度以及流体的初始扰动情况等因素有关。Re^* 可以低到 2 000,也可高达 10^5 以上。对于管道流动,水的 Re^* 一般为 2 320;对于飞行中的飞机,其 Re^* 一般在 10^6 以上。

在流体力学的理论和实验研究中,都有一个流动相似的问题,例如流体流过两个几何相似的物体时,在何种条件下具有相似的流线形状的问题。只有流动相似,才能把从理论上或实验上得到的流过某个物体的流动反推到流过另一个几何相似物体的流动上去。这一点对用模型代替实物进行实验的真实性是非常重要的。对于不可压缩黏性流,雷诺数就是判断流动相似的准则,即如果两种流动相似,则两种流动的雷诺数必须相等。例如,在风洞实验中,如果飞机模型的尺寸是实际飞机的 1/10,要保证流动相似,就必须使 Re 不变,根据式(2-3-2),密度增大为 10 倍或黏性系数减小为 1/10 都可以满足要求。

2. 雷诺数的物理意义

流体微团运动时,具有惯性力,同时还要受到黏性力的作用。粗略分析,流体微团的惯性力可表示为

$$F_{惯} = ma = \rho V_{体积} \cdot a$$

所以

$$F_{惯} \sim \rho L^3 \cdot \frac{L}{t^2} \sim \rho L^2 V^2$$

上面的符号"$\sim$"表示"相当于"的意思。

又因为流体微团所受的黏性力为

$$F_{黏} = \mu \cdot \frac{\mathrm{d}V}{\mathrm{d}y} \cdot S$$

所以

$$F_{黏} \sim \mu \cdot \frac{V}{L} \cdot L^2 \sim \mu VL$$

于是

$$\frac{F_{惯}}{F_{黏}} \sim \frac{\rho L^2 V^2}{\mu VL} \sim \frac{\rho VL}{\mu} = Re$$

由此可知,雷诺数是一个无量纲数,其物理意义是流体微团所受的惯性力与黏性力之比。

如果两个流场的雷诺数相等,表示这两个流场中各对应位置的流体微团所受到的惯性力

与黏性力是相等的;就一个流场来说,如果雷诺数很大,则说明流体微团受到的惯性力远大于黏性力。

本章小结

在研究空气动力学问题时,引入连续介质假设就可以应用数学上有关连续函数的解析方法。在流场中,流体的状态参数都是空间坐标和时间的函数。根据质量守恒定律推导出的连续方程表明,在一维定常流动中,单位时间内通过同一流管任一截面的流体质量都相等。而根据动量定理推导出的伯努利方程表明,空气在低速一维定常流动中,同一流管的各个截面上,静压与动压之和(全压)都相等。由于黏性的存在,流体流经物面时可能发生转捩,流动状态由层流转变为湍流,甚至在逆压梯度的作用下,发生气流分离。

思考题

1. 何为连续介质假设? 这样的假设合理吗? 应用连续介质假设研究飞机空气动力时,是否有限制条件?

2. 什么是流场? 定常流动与非定常流动有什么区别?

3. 什么是流线、流管、流谱? 低速气流中,二维流谱是由哪些因素决定的?

4. 写出不可压缩流体和可压缩流体一维定常流动的连续方程。这两个方程有什么不同? 有什么联系?

5. 写出气体伯努利方程表达式,说明其物理意义和使用条件。

6. 什么是表速? 什么是真速? 写出表速和真速的换算公式。

7. 某型飞机的飞行高度为 10 000 m,飞行马赫数为 2。试用国际标准大气表查出该高度处的大气压强、密度和温度,并求出该高度的飞行速度。

8. 某飞机在海平面和 11 000 m 高空均以 1 150 km/h 的速度飞行。问这架飞机在海平面和在 11 000 m 高空的飞行马赫数各为多大?

9. 某飞机在 3 000 m 高度上以 420 km/h 的表速飞行。若突然遇到 5 m/s 的逆风,求流向飞机的瞬时相对气流速度是多大?

10. 图 2 - S - 1 所示为一翼剖面的流谱,设 $A_1=0.001$ m^2,$A_2=0.000$ 5 m^2,$A_3=0.001$ 2 m^2,$V_1=100$ m/s,$p_1=101$ 325 Pa,$\rho=1.225$ kg/m^3,求 V_2,p_2;V_3,p_3。

11. 某飞机分别以 360 km/h 的速度在海平面和以 468 km/h 的速度在 5 000 m 高度上作水平飞行,全压是否相等? 是多少?

12. 什么是空气的黏性? 什么是理想流体? 空气为什么具有黏性?

13. 写出牛顿黏性力公式,分析各因素对黏性力是怎样影响的?

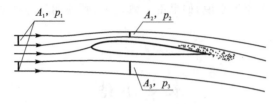

图 2 - S - 1　翼剖面流谱

14. 低速边界层是怎样产生的？分析其特性。

15. 层流边界层和湍流边界层各有什么特点？转捩点的位置与哪些因素有关？

16. 顺压梯度和逆压梯度是如何形成的？分别是如何影响主流和边界层气流的？

17. 画图分析边界层气流是怎样分离的？并回答气流分离的根本原因是什么？

18. 判断下列说法是否正确，说明理由，并将错误改正过来。

① 转捩点就是分离点，湍流边界层就是涡流区。

② 定常流动中，两条流线不会相交，非定常流动中，两条流线能相交。

③ 相对气流方向始终同物体运动方向相反，大小与物体运动的速度大小相等。

扩展阅读　尾迹云

　　尾迹云即俗称的"飞机拉烟"（见图 2 - A - 1）。人们常常在晴朗的天空中看到喷气式飞机在高空飞行时，机身后边会出现一条或数条长长的"云带"。其实，这不是喷气式飞机喷出来的烟，而是飞机排出来的废气与周围环境空气混合后，水汽凝结而成的特殊云系，航空飞行界和航空气象学上称之为飞机尾迹，也称为"尾迹云""机尾云"，俗称"飞机拉烟"。

图 2 - A - 1　尾迹云

　　不是所有的飞机都能制造出这种尾迹云，只有当喷气式飞机在 -20 ℃以下的气层中飞行时，空气湿度接近或达到饱和，同时大气比较稳定时才能产生尾迹云。一般来说在 7 000～10 000 m 的高度上飞机容易形成尾迹云，超过这个范围，飞机就不会产生"拉烟"现象了。

　　那么，尾迹云是如何形成的呢？按成因，飞机尾迹可分成废气尾迹、空气动力尾迹和对流性尾迹。废气尾迹又可分为废气凝结尾迹和废气蒸发尾迹。人们最常见的是废气凝结尾迹。

　　飞机飞行时消耗大量的燃料,所产生的水汽和部分热量随废气排出飞机体外,进入大气层,并与周围环境空气迅速混合而形成凝结尾迹。它的形成过程与人们常见的地面上的露水、霜和空中的云不同。飞机在高空飞行时排出的废气与环境空气相混,此混合气体的饱和程度取决于热量与水汽增量两者的净效应。当增湿效应占优势并超过某给定的临界值时,就会有凝结尾迹形成;当增热效应占优势时,则不会发生凝结现象,也就不会出现凝结尾迹。由于废气的增热与增湿效应是一定的,所以此混合气体中究竟会不会出现凝结现象,将取决于环境空气自身的温度、湿度和大气压力。简而言之,环境空气温度高时是不利于凝结尾迹的形成的,只有当环境温度相当低(通常在-40 ℃以下)时,才有可能出现飞机凝结尾迹。有关资料表明,出现飞机尾迹时,空气温度多在-60～-41 ℃,约占出现飞机尾迹的86%,如果空中温度高于-40 ℃或低于-60 ℃,很少会出现飞机尾迹现象。

　　蒸发尾迹是飞机在高空很薄的云层中飞行的废气,对环境空气的加热作用大于增湿作用,混合后的空气由于温度升高,相对湿度减小,结果原有的云层蒸发,在白色云层中形成一长条无云的蓝色缝隙,这便是蒸发尾迹。

　　产生空气动力尾迹的过程是:飞机在接近饱和的空气中飞行,螺旋桨和机翼的顶端附近空气因动力降压而绝热冷却产生凝结,但这种情况比较少见。

　　飞机尾迹云存在的时间不会太长,通常很快消失,但在条件有利时,可以存在1 h以上,并能扩展成比较广的云层。飞机尾迹高度的季节变化不很明显,总的说来,冬半年出现的次数多于夏半年。尾迹层的厚度平均在1～2 km,下限高度冬季最低,夏季最高。在较厚的飞机凝结尾迹中,不同高度上形成的尾迹长度和浓度也是不一样的。通常在它的底部出现是长度较短而浓度较淡的尾迹,向上逐渐加长变浓,待达到一定高度后再往上,又变成了断断续续、色调浅淡的尾迹。

　　飞机尾迹在军事上有着重要价值,历来为各国军事家所重视。在航空作战中,虽然飞机尾迹对飞行没有影响,但是飞机尾迹很容易暴露飞机的航迹和位置。通常在执行飞行任务时,为了不过早地暴露自己,就要根据天气预报,弄清飞机尾迹出现的高度层,避免进入能形成尾迹云的云层,以达到隐蔽自己的目的;相反,有时也可以利用飞机尾迹来迷惑对方,使自己迅速逃离。

　　飞机在进行飞行表演时,会有意在空中绕出一个个圆圈,于是在尾部拉出一个个圆环形的尾迹云,有时是彩色的,有时是红色的,有时是蓝色或黄色的,非常好看,如图2-A-2所示。它把飞机的运动轨迹记录在空中,展现在观众面前,使人们清楚地看到飞机完成各种惊险动作的运动轨迹,领略飞行员的高超驾驶技术,十分引人入胜。有时十几架、二十几架飞机一字排开飞行,会形成一片浓密的尾迹云,蔚为壮观。

　　飞机拉烟一般使用的拉烟剂是硫酸酐。液态的硫酸酐装在飞机内的高压容器中,当飞行员打开阀门时,硫酸酐就从高压容器中喷出,并与空气中的水汽结合形成烟雾;如果再加上不同的配料,烟雾就可以呈现出不同的颜色。这种方法形成的烟雾虽然很好看,但是对飞机的表面具有腐蚀作用,所以在设置喷嘴时,必须保证烟雾不能喷到机体上。还有一种简便方法,就是直接将柴油喷向喷气发动机的尾喷口,也可以产生浓浓的白烟。

　　在航空业发达的国家,尾迹云对其空中的高云云量已经产生了直接影响。日前,《美国气

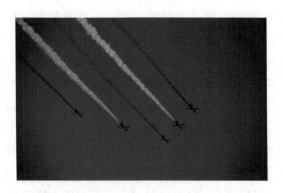

图 2 - A - 2　飞机拉烟

象学会公报》称,由喷气式飞机在天空中所遗留的凝结尾迹会影响地面温度,因为所产生的云迹能聚集成云。过去气象学家就怀疑过人工云会影响气候,但无法证实。美国"9·11"事件后,所有商业飞机全部停飞 3 天,滞留在地面,威斯康星大学专家收集了全美约 4 000 个气象站记录的日最高和最低温度的范围,并与 1977—2000 年同期记录进行比较,发现停飞后,白天的温度略高,而夜晚的温度略低,飞机滞留地面期间的最高与最低温度之差要比平日高出3 ℃。研究人员推断,尾迹云像人造卷云,可以反射太阳的热量;大量的尾迹云会影响天气。

回顾自己的飞行经历以及近几年国际运输航空几次大的空难事故,我深感理论学习在航线飞行员成长过程中的必要性和重要性。我们和国外的飞行理论学习方法、考试方法虽然是各有千秋,但国外的理论学习是建立在学员之前有较深厚的基础知识功底、之后又能认真阅读相关手册、资料之上的。而我们在这之前、之后两个阶段都有不小差距,我们的教育方式基础是学生听老师讲,学生记笔记,不太善于自学。[①]

——"世界航空领导者奖"和"飞行安全终身成就奖"获得者,国家一级飞行员杨元元谈自主学习的重要性

第3章　飞机的低速空气动力特性

飞机的升力、阻力和侧力统称为飞机的空气动力。飞机的空气动力特性是指飞机空气动力的产生、分布和随飞机迎角、Ma 等的变化规律,在空气动力学中通常被分为低速和高速两部分来研究。它是分析计算飞行性能的重要依据,也是分析飞机平衡、稳定性和操纵原理的重要基础。本章主要分析低速飞行时,飞机升力、阻力及侧力的产生原因和变化规律。

3.1　机翼的形状及几何参数

飞机的升力、阻力主要是由机翼产生的。机翼升、阻力的产生和变化与机翼的外形有关。本节主要介绍机翼的外形及其几何参数。

机翼的形状包括机翼的剖面形状(翼型)和平面形状。

3.1.1　翼型及几何参数

飞机的机翼被平行于飞机对称面的平面所截时得到的剖面形状称为翼型,如图 3-1-1 所示。

1. 飞机的几种常用翼型

早期飞机的翼型类似于鸟类翅膀的剖面。现代低速飞机机翼大多采用平凸或双凸翼型,部分高速飞机机翼和各种飞机尾翼采用对称翼型。机翼上表面向外弯曲的程度较大,下表面较平的翼型称平凸翼型;上表面向外弯曲的程度比下表面向外弯曲的程度大的翼型称双凸翼

---

① 向小军.飞机性能[M].大连:大连海事大学出版社,2017.

型;上下表面关于弦线对称的翼型称为对称翼型。

大型亚声速民航客机通常采用超临界翼型,见 5.1.5 小节。

超声速飞机要求翼型具有尖前缘。已有的超声速翼型有双弧形翼型、菱形翼型。因要兼顾各个速度范围的气动特性,目前低超声速飞机仍采用小钝头的对称翼型。

常见的几种翼型形状如图 3 - 1 - 2 所示。

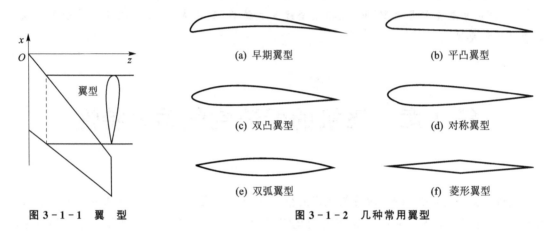

图 3 - 1 - 1　翼　型　　　　　　　　图 3 - 1 - 2　几种常用翼型

2. 翼型的几何参数

翼型的形状,一般用以下几个几何参数数据来表示。

① 弦长(b):翼型上下表面内切圆圆心连线称为中弧线,如图 3 - 1 - 3 所示。中弧线的前端点称为前缘,后端点称为后缘,连接前缘与后缘的直线称为弦线,其长度称为弦长或几何弦长。

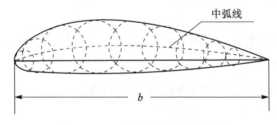

图 3 - 1 - 3　翼型的中弧线和弦线

② 相对弯度($\bar{f}$):翼型中弧线与弦线之间的距离称为弯度(f)。最大弯度(图 3 - 1 - 4 中的 f_{max})与弦长的比值,称为相对弯度。相对弯度越大,翼型上下翼面越不对称。

③ 最大弯度位置($\bar{x}_f$):翼型最大弯度所在位置到前缘的距离(x_f)称为最大弯度位置,通常以其与弦长的比值来表示,即 $\bar{x}_f = (x_f/b) \times 100\%$。

④ 相对厚度($\bar{c}$):垂直于弦线的直线与上下翼面的两个交点间的距离称为翼型厚度,记为 c。翼型最大厚度(图 3 - 1 - 4 中 c_{max})与弦长的比值称为翼型的相对厚度,即

$$\bar{c} = (c_{max}/b) \times 100\%$$

⑤ 最大厚度位置($\bar{x}_c$):翼型最大厚度所在位置到前缘的距离 x_c 称为最大厚度位置,通常以其与弦线的比值来表示,即

$$\bar{x}_c = (x_c/b) \times 100\%$$

⑥ 后缘角(τ):翼型后缘处上下两弧线切线的夹角,如图 3 - 1 - 4 所示。

⑦ 前缘半径(r):翼型前部最小内切圆的半径,如图 3 - 1 - 5 所示。

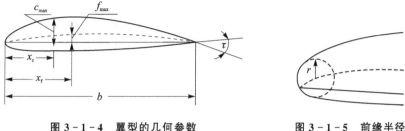

图 3 - 1 - 4　翼型的几何参数　　　　　　　图 3 - 1 - 5　前缘半径

现代飞机的翼型,通常是圆头或小圆头、尖尾、对称或微弯($\bar{f}=0\sim2\%$)、较薄或中等厚度($\bar{c}=3\%\sim5\%$)的翼型,最大弯度位置和最大厚度位置约为 $30\%\sim50\%$。例如,某教练机外翼的翼型 $\bar{f}=1.33\%$,$\bar{x}_f=50\%$,$\bar{c}=12\%$,$\bar{x}_c=40\%$。

为便于表征不同翼型的特征,一些国家采用不同编号代表各种翼型。在翼型编号中,有的几何参数可直接看出。例如,NACA2415 翼型(NACA 是美国国家航空咨询委员会的缩写),第一个数字“2”表示 $\bar{f}$ 为 2%,第二个数字“4”表示 $\bar{x}_f$ 为 40%,第三个和第四个数字一起表示 $\bar{c}$ 为 15%。世界上还有很多其他的翼型系列,具体编号方法和几何形状可参阅翼型手册。

3.1.2　机翼的平面形状及几何参数

1. 几种常用的机翼平面形状

机翼的基本平面形状有矩形翼、椭圆翼、梯形翼、后掠翼、三角翼等。从 20 世纪 50 年代起,又陆续出现了由上述基本平面形状改型或组合而成的复合型机翼,如双三角翼、S 形前缘翼、边条翼、变后掠翼、前掠翼等。目前几种常见的机翼平面形状如图 3 - 1 - 6 所示。

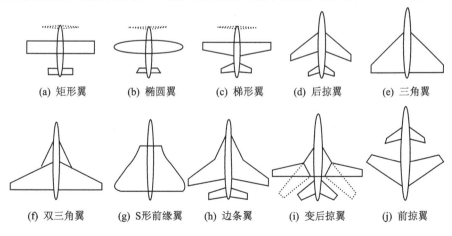

(a) 矩形翼　　(b) 椭圆翼　　(c) 梯形翼　　(d) 后掠翼　　(e) 三角翼

(f) 双三角翼　　(g) S形前缘翼　　(h) 边条翼　　(i) 变后掠翼　　(j) 前掠翼

图 3 - 1 - 6　几种常见的机翼平面形状

2. 机翼平面的几何参数

机翼的平面形状特点,可以用如图 3-1-7 所示的几个几何参数描述。

① 机翼面积(S):在襟翼、缝翼全收时(飞机的襟翼、缝翼等增升装置在 3.7 节中讲述),机翼在过机体纵轴垂直于飞机对称面的 xOz 平面上的投影面积称为机翼面积。一般地,对于实际飞机,机翼面积包括两翼根之间的那部分机身所占的面积。不同飞机的机翼面积可从相应的技术说明书中查到,例如某型初级教练机,机翼面积 $S=17\ \text{m}^2$。

② 展长(L):机翼左右翼端(翼尖)之间的距离。例如,某型初级教练机,展长 $L=10.15\ \text{m}$。

③ 展弦比(λ):展长与平均几何弦长(b_{av})之比。因为 $b_{\text{av}}=S/L$,所以

$$\lambda=L/b_{\text{av}}=L^2/S \qquad\qquad (3-1-1)$$

现代歼击机的展弦比大约为 2~5;轰炸机、运输机的大约为 7~12;滑翔机、高空侦察机的则可达 16~19。例如,某型初级教练机,其展弦比 $\lambda=6$。

④ 根尖比(η):翼根弦长(b_{r})与翼尖弦长(b_{t})的比值,即 $\eta=b_{\text{r}}/b_{\text{t}}$。矩形翼,$\eta=1$;三角翼,$\eta=\infty$。例如,某型初级教练机,其根尖比 $\eta=2$。

⑤ 后掠角(χ):机翼上有代表性的等百分弦线(如前缘线、1/4 弦线、后缘线等)在 xOz 平面上的投影与 Oz 轴之间的夹角。后掠角的大小表示机翼向后倾斜的程度。图 3-1-7 中 χ_0 称为前缘后掠角,$\chi_{0.25}$ 称为 1/4 弦线后掠角,χ_1 称为后缘后掠角。一般常用 1/4 弦线后掠角作为机翼的后掠角。例如,某型初级教练机,$\chi_{0.25}=0°$。高速飞机机翼的前缘后掠角一般超过 45°。对于新型的前掠翼飞机,其机翼的前掠角可以有两种表示方法,比如当其机翼前缘与 Oz 轴之间成 45°角时,可以说其前缘前掠角为 45°或前缘后掠角为 -45°。

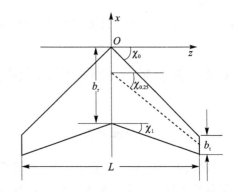

图 3-1-7　表示机翼平面的几何参数

3.2　升力的产生和变化

飞机能够在空中持续飞行,就是因为有升力平衡飞机的重力;另外,飞行员常常通过控制升力来改变飞机的飞行状态。掌握升力的产生和变化对学习飞行具有非常重要的意义。

3.2.1　升力的产生

为了分析方便,我们用翼型代表机翼,根据翼型的流谱来定性分析机翼升力的产生原理。

这种不考虑气流参数和空气动力的展向变化,以翼型代表的机翼称为二维翼,也称为无限翼展平直翼。第 1 章中已讲到,在低速气流中,翼型的流谱主要取决于翼型形状和机翼在气流中的位置关系。机翼在气流中的位置关系常用迎角表示。

1. 迎角的概念

迎角是指弦线与相对气流方向之间的夹角,用 α 表示,如图 3-2-1 所示。将表示相对气流速度的矢量平移至前缘处,使矢量末端与前缘重合,如矢量在弦线所在直线的下方(与机翼下表面在同一侧)时,迎角为正;反之,相对气流速度的矢量在弦线所在直线的上方(与机翼上表面在同一侧)时,迎角为负;而相对气流速度的矢量与弦线平行时,迎角为零。

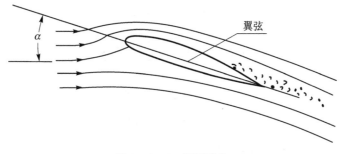

图 3-2-1　机翼迎角

学习迎角的概念时要特别注意区分迎角与飞机的仰角,飞机的仰角是指机体纵轴与水平面之间的夹角。

对于同一机型的飞机来说,翼型一般是相同且不变的。所以,低速飞行中,翼型的流谱只取决于迎角。图 3-2-2 所示为同一翼型在不同迎角下的流谱。从图中可以看出,大迎角时,机翼上表面前半部流管更细,下表面前半部流管更粗,边界层的分离点更靠前,后缘涡流区扩大。

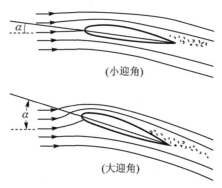

(小迎角)

(大迎角)

图 3-2-2　翼型在不同迎角下的流谱

2. 升力产生的原因

由于飞机的升力主要由机翼产生,所以以空气以正迎角流过双凸翼型为例说明升力产生的原理。如图 3-2-3 所示,空气流过机翼前缘后分成上下两股,分别沿着机翼上下表面流过。由于是正迎角,上表面又向外凸出得较多,机翼上表面流线的弯曲程度大,流管变细,流速加快,压力减小;下表面的流管变粗,流速减慢,压力增大。于是,机翼上下表面就出现了压力差。这个压力差在垂直于相对气流方向上的总和就是机翼的升力(Y_w),机翼升力的作用点称为机翼的压力中心(画图分析时通常记为升力作用线与弦线的交点)。

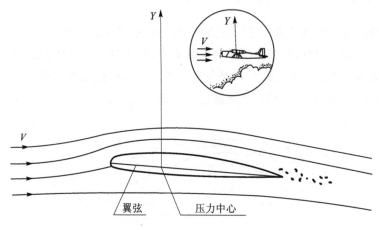

图 3-2-3　升力的产生

机身和水平尾翼也能产生一部分升力,产生的原理与机翼升力产生的原理相同。飞机各部分升力的总和就是飞机升力(Y),飞机升力的作用点称为飞机的压力中心。

为便于研究飞机运动方向的保持和变化,规定升力的方向与相对气流方向垂直,且指向座舱上方为正,如图 3-2-4 所示。一般情况下,由于飞机左右对称,所以升力位于飞机对称面内。

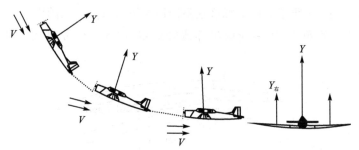

图 3-2-4　升力的方向

3. 翼型表面的压力分布

空气流过机翼上下表面的压力变化可以通过实验来测定。图 3-2-5 是测量机翼上下表面压力分布的示意图。在机翼上下表面,沿气流方向在同一翼剖面上各钻一些小孔,再用软管分别连到多管气压计上。气压计上的 0 号管管口液面感受的是大气压力。当空气流过机翼时,多管气压计各液柱的高度发生变化,根据这些变化可以算出翼面上这些点处的气流静压与大气压力之差 Δp(剩余压力),其大小为

$$\Delta p = p - p_\infty = -\gamma_{液} \Delta h \tag{3-2-1}$$

式中，p 为翼面某点的气流静压；p_∞ 为机翼远前方空气静压（大气压）；$\gamma_液$ 为所用液体的重度，N/m^3；Δh 为液柱与 0 - 0 线的高度差。

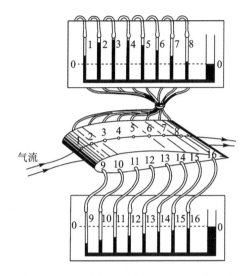

图 3 - 2 - 5　测定翼型表面各点压力的实验

液面低于 0 - 0 线时，Δh 为负值，说明机翼表面所测点的压力大于大气压，即 Δp 为正值，称为正压力，简称压力；液面高于 0 - 0 线时，Δh 为正值，说明机翼表面所测点的压力比大气压力小，即 Δp 为负值，称为吸力或负压力。

图 3 - 2 - 5 记录了空气以一定的正迎角流过机翼时的实验结果。可以看出，与机翼上表面各测量点（图 3 - 2 - 5 中的 1～8 点）相连的气压计液面均在 0 - 0 线以上，说明机翼上表面各点压力普遍小于大气压力；与机翼下表面各测量点（图 3 - 2 - 5 中的 9～16 点）相连的气压计液面均在 0 - 0 线以下，则说明机翼下表面各点压力普遍大于大气压力。此实验验证了前面的分析结论：机翼升力是由机翼上下表面压力差所产生的。

为了便于分析比较机翼各个部位对升力的贡献，可根据上述实验测出的结果画出翼型表面压力分布图。在绘制翼型表面压力分布图时，不是直接画出机翼表面各点的压力数值，而是画出各点的压力系数（$\bar{p}$）。压力系数指的是剩余压力与远前方气流动压的比值，即

$$\bar{p} = \frac{p - p_\infty}{q_\infty} = \frac{\Delta p}{\frac{1}{2}\rho_\infty V_\infty^2} \qquad (3 - 2 - 2)$$

根据伯努利方程 $p + \frac{1}{2}\rho V^2 = p_\infty + \frac{1}{2}\rho_\infty V_\infty^2$ 得

$$\Delta p = p - p_\infty = \frac{1}{2}\rho_\infty (V_\infty^2 - V^2)$$

代入式(3 - 2 - 2)，得

$$\bar{p} = 1 - \frac{V^2}{V_\infty^2} \qquad (3 - 2 - 3)$$

式中，V 为机翼表面某一点的局部流速。

根据连续方程 $VA = V_\infty A_\infty$，得

$$\frac{V}{V_\infty} = \frac{A_\infty}{A}$$

代入式(3-2-3)，得

$$\bar{p} = 1 - \frac{A_\infty^2}{A^2} \qquad\qquad (3-2-4)$$

不难看出，对于低速气流来说，在迎角、翼型一定时，流谱一定，对于翼面某一固定点来说，其 A_∞^2/A^2 是一确定值，即其压力系数是一定值。这就是说，翼型表面各点的压力系数仅取决于迎角和翼型，而与动压无关。对同一机型飞机来说，翼型不变，翼面上固定点的压力系数就只取决于迎角了。

怎样将翼型表面的压力分布形象地表现出来？通常有两种表示方法：一种是矢量表示法，另一种是坐标表示法。

（1）矢量表示法

如图 3-2-6 所示，用带箭头的线段表示压力系数，将各测量点所测得的压力系数画在对应点的物面法线上，线段的长度对应压力系数绝对值的大小，箭头从翼面指向外表示吸力，箭头向里指向翼面表示正压力。将各个矢量的末端用平滑的曲线连接起来，便得到用矢量法表示的压力分布图。图中压力最低，即吸力最大的点是最低压力点；在前缘附近，流速为零，压力最高的点称为驻点。驻点的压力系数等于1。

显然，机翼表面某点的压力系数与远前方气流动压的乘积就是该点的剩余压力 Δp，机翼表面各点的剩余压力在垂直于相对气流方向上的合力就是机翼的升力。

（2）坐标表示法

如图 3-2-7 所示，以弦线所在直线为横轴，前缘为坐标原点，将翼型各测量点投影在横轴上，以弦长相对量 x/b 作横坐标；将各测量点上的压力系数值作为纵坐标画出，正压力画在横轴下方，吸力画在横轴上方；用平滑曲线依次连接图上各点，就是用坐标法表示的压力分布图。有了压力分布图，就可以分析机翼各部位所产生的升力在机翼总升力中所占的比例。

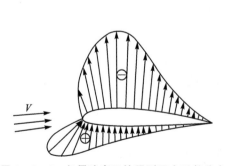

图 3-2-6　矢量法表示的翼型压力系数分布

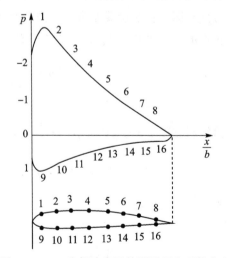

图 3-2-7　坐标法表示的翼型压力系数分布

图 3－2－6、图 3－2－7 都表明：

① 机翼的升力大部分靠上表面的压力减小（吸力）获得,小部分靠下表面的压力增大（正压力）获得。由上表面吸力所形成的升力一般占总升力的 60％～80％,而由下表面正压力所形成的升力只占总升力的 20％～40％。气流以小迎角流过双凸翼时下表面产生的也是吸力,此时下翼面不仅不产生升力,而且起减小升力的作用,此时机翼的升力全靠上翼面的吸力获得。

② 机翼上表面前半部产生的吸力大,后半部产生的吸力小。所以,机翼上表面前半部对升力的产生贡献最大。

3.2.2　升力公式及影响升力的因素

1. 升力公式

升力的大小可用升力公式计算。升力公式是分析飞行问题和进行飞行性能计算最重要、最基本的公式。

（1）升力公式推导

在单位展长机翼上沿弦向取微段 $\mathrm{d}x$,如图 3－2－8 所示。设微段上表面的弧长为 $\mathrm{d}s_上$,下表面的弧长为 $\mathrm{d}s_下$,其切线与弦线（x 轴）的夹角分别记为 $\delta_上$、$\delta_下$,则作用在该微段上垂直于弦线的分力为 $\Delta p_下\mathrm{d}s_下\cos\delta_下-\Delta p_上\mathrm{d}s_上\cos\delta_上$,而平行于弦线方向的分力较小,忽略不计。当迎角为 α 时,作用在该微段上的升力为

$$\mathrm{d}Y_l=(\Delta p_下\ \mathrm{d}s_下\cos\delta_下-\Delta p_上\ \mathrm{d}s_上\cos\delta_上)\cos\alpha$$

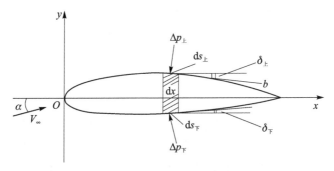

图 3－2－8　单位长度机翼

而 $\mathrm{d}s_下\cos\delta_下\approx\mathrm{d}s_上\cos\delta_上\approx\mathrm{d}x$,所以

$$\Delta p_上=\bar{p}_上\frac{1}{2}\rho_\infty V_\infty^2,\quad \Delta p_下=\bar{p}_下\frac{1}{2}\rho_\infty V_\infty^2 \tag{3－2－5}$$

于是,单位展长机翼的升力为

$$Y_l=\frac{1}{2}\rho_\infty V_\infty^2\int_0^b(\bar{p}_下-\bar{p}_上)\cos\alpha\cdot\mathrm{d}x=\frac{1}{2}\rho_\infty V_\infty^2 b\int_0^1(\bar{p}_下-\bar{p}_上)\cos\alpha\cdot\mathrm{d}\bar{x}$$

式中,$\bar{x}=x/b$。

令

$$C_{y1} = \int_0^1 (\bar{p}_{\text{下}} - \bar{p}_{\text{上}}) \cos \alpha \cdot \mathrm{d}\bar{x} \qquad (3-2-6)$$

则

$$Y_1 = C_{y1} \cdot \frac{1}{2} \rho_\infty V_\infty^2 \cdot b \cdot 1$$

式中,C_{y1} 为翼型(二维机翼)的升力系数;$b \times 1$ 为单位展长机翼的面积。于是,飞机升力可仿照此形式写为

$$Y = C_y \cdot \frac{1}{2} \rho_\infty V_\infty^2 \cdot S \qquad (3-2-7)$$

式中,C_y 为升力系数;S 为机翼面积。式(3-2-7)称为升力公式。

（2）升力系数的物理意义

由式(3-2-7)可以看出,翼型升力系数的大小取决于翼型形状和迎角。

空气流过实际机翼(实际机翼称为三维机翼)时,气流参数沿展向是变化的,即压力系数($\bar{p}$)沿展向也是变化的,所以升力系数 C_y 是机翼沿展向各剖面升力系数的平均值。因此,C_y 综合表达了迎角、翼型等因素对升力的影响。对同一机型飞机来说,翼型不变、低速飞行时,C_y 的大小只随迎角变化。

实际上,飞行中飞机的机身、尾翼也产生部分升力。具体机型飞机总的升力系数须通过实验确定。

（3）应用升力公式计算升力时的注意事项

应用升力公式计算升力时,首先要注意各物理量的单位,式中 C_y 为无因次量,ρ 的单位为 $\mathrm{kg/m^3}$,V 与 S 的单位分别是 $\mathrm{m/s}$ 和 $\mathrm{m^2}$,Y 的单位为 N;其次,计算动压时,如果密度用海平面标准大气的数值,则对应的速度应用表速,而当密度用实际飞行高度上的大气密度值,则与此相应的速度应为真速;最后,从飞机技术说明书上查找升力系数值时应注意飞机是干净构形还是带外挂,是否需要考虑地面效应等。

2. 影响升力的因素

由升力公式(3-2-7)可以看出,升力的大小与升力系数、相对气流动压、机翼面积成正比,而升力系数的大小又取决于迎角和翼型等。所以低速飞行时,影响升力的因素有迎角、翼型、机翼面积和相对气流动压等。下面着重分析迎角和翼型对升力的影响。

（1）迎角对升力的影响

图 3-2-9 给出了后缘分离翼型在不同迎角下的流线谱和翼型表面压力分布情况。从图可以看出:

① 在中、小迎角范围内,涡流区只占上翼面后部很小一段,对翼面压力分布影响很小。由图 3-2-9(A)到(B),随着迎角增大,上翼面流线更弯,流管收缩得更细,流速更快、压强更低、吸力更大,且吸力峰顶向前缘靠近;与此同时,下翼面气流更加受阻,流管更粗,流速更小,压强更高,正压力更大,使得翼型升力系数随迎角呈线性增长,压力中心位置随迎角的增大向前移动。

② 在较大迎角下,由图 3-2-9(B)到(C),随迎角增大,翼型上表面最低压力点处的压强进一步降低,边界层的逆压梯度增大,导致分离点前移,涡流区扩大,影响到整个翼型的压力分布。除前缘附近上翼面的吸力仍增长较快外,上翼面大部分翼段的吸力和下翼面的正压力的增长缓慢。翼型升力系数虽仍随迎角增大而增大,但已呈非线性关系,增长趋势渐渐减缓。压力中心位置随迎角增大而缓缓前移。

③ 迎角增大到某一迎角,升力系数达到最大,此时的迎角称为临界迎角(α_{cr})。

④ 迎角超过临界迎角以后,如图 3-2-9(D)所示,由于分离点很快前移,涡流区迅速扩大,使上表面的主流不能紧贴机翼表面流动,流线变得平直,中前部流管变粗,流速减慢,造成上表面前缘至中央部位的吸力峰大幅度减小,在涡流区所在的一段上翼面,吸力稍有增加,但

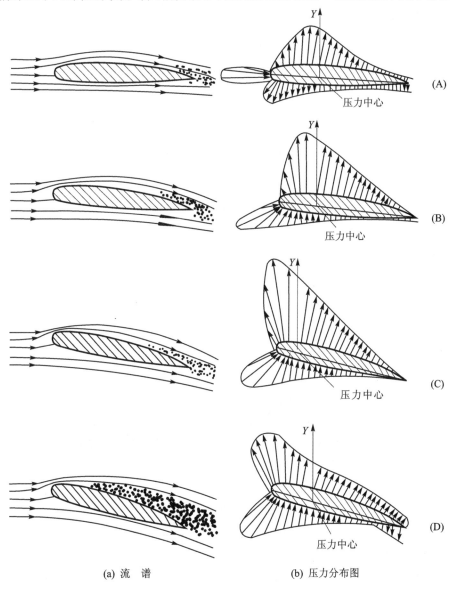

(a) 流　谱　　　　　　　　　(b) 压力分布图

图 3-2-9　不同迎角下翼型的流谱、压力分布和升力

补偿不了前段吸力的丧失。另外,虽然下翼面前半部的流管随迎角增大仍进一步变粗,流速继续减慢,正压力稍有增大,但由于机翼升力主要靠上表面吸力产生,上表面吸力大幅度减小会致使升力系数减小,同时会使压力中心位置向后移动。此时飞机将进入失速状态,即迎角超过临界迎角后,因机翼表面强烈的气流分离,导致升力突然下降,阻力急剧增大,不能保持正常飞行的状态。

(2) 翼型对升力的影响

图 3-2-10 所示三种翼型在相同迎角下的流谱。可以看出,在相对厚度、迎角相同的情况下(图中均为 0°迎角),平凸翼型上表面流管最细,双凸翼型次之,对称翼型最粗;下表面的流管,平凸翼型最粗,双凸翼型次之,对称翼型最细。这是由于平凸翼型相对弯度最大,双凸翼型次之,对称翼型为零。流谱不同说明压力分布也不同。上表面的压力系数,平凸翼型最小,双凸翼型次之,对称翼型最大;下表面的压力系数,平凸翼型最大,双凸翼型次之,对称翼型最小。所以,平凸翼型升力系数最大,双凸翼型次之,对称翼型最小。

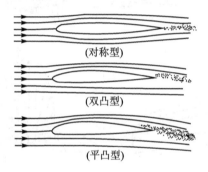

(对称型)

(双凸型)

(平凸型)

图 3-2-10　不同翼型的流谱

在其他因素不变时,升力系数最大的平凸翼型机翼升力也最大;升力系数最小的对称翼型机翼升力也最小。图 3-2-11 所示为相对厚度相同的平凸翼型、双凸翼型在相同正迎角下的压力分布和升力。

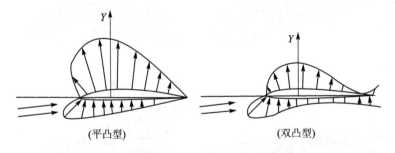

(平凸型)　　　　　　　　　　　　(双凸型)

图 3-2-11　相同迎角时平凸与双凸翼型的压力分布和升力

对同一机型的飞机来说,翼型和机翼面积一般是不变的,空气密度的大小取决于飞行高度,飞行员无法控制。所以,飞行员改变升力的主要方法是改变飞行速度和迎角,操纵飞机时飞行速度和迎角是影响升力大小的两个主要因素,而飞行中改变迎角往往比改变飞行速度要快得多,因此,飞行中,为了得到更大的升力,应先增大飞行速度,再拉杆适当增大迎角。

3.2.3　升力系数曲线

1. 升力系数的测定

飞机的升力系数是通过风洞实验来测定的。测量时,可将飞机或飞机模型安装在风洞的天平上,如图 3-2-12 所示。实验段的风速、空气密度、飞机或飞机模型的翼面积都可以事先得到。以某一迎角进行实验时,可以测出飞机升力的大小。把有关数据代入升力公式,就可以求出该迎角下的升力系数值。按同样的步骤可求出不同迎角下的升力系数值。

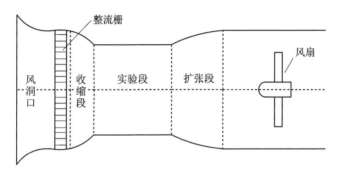

图 3-2-12　风洞实验示意图

2. 升力系数曲线

根据风洞实验测得的同一机型飞机各迎角下的升力系数,以迎角为横坐标,升力系数为纵坐标,可以画出该机型飞机升力系数随迎角变化的曲线,该曲线称为升力系数曲线。具体机型飞机的升力系数曲线可以从其技术说明书中查到。

图 3-2-13 所示为某初教机的升力系数曲线。升力系数曲线不仅表达了升力系数随迎角变化的规律,而且从曲线上可以查出任意迎角的升力系数值,还可以查出零升迎角、临界迎角,并求出升力系数曲线斜率等。

(1) 零升迎角(α_0)

升力系数为零时对应的迎角称为零升迎角。干净构形时飞机的零升迎角的大小主要随翼型的相对弯度变化。相对弯度增加,零升迎角减小。零升迎角的大小还与增升装置是否放下、是否受地面效应影响有关。增升装置放下或有地面效应影响时,零升迎角减小。如收襟翼且无地面效应影响时,某初教机 $\alpha_0 = -1.1°$。

(2) 临界迎角(α_{cr})和最大升力系数($C_{y,max}$)

升力系数曲线最高点对应的迎角为临界迎角,对应的升力系数值为最大升力系数。影响最大升力系数的因素较多,主要有翼型的相对弯度、最大弯度位置、相对厚度、前缘半径等。实验结果表明,相对弯度大,最大升力系数较大。相对弯度相同,最大弯度位置为 15% 时最大升力系数最大。而相对厚度过大或过小,最大升力系数都会减小,普通翼型,相对厚度为 9%~

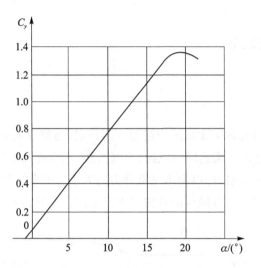

图 3 - 2 - 13　某初教机的升力系数曲线

14%时,最大升力系数有最大值。同一薄翼型,前缘半径较大的,最大升力系数较大。如无地面效应,收起落架和襟翼时,某初教机 $\alpha_{cr} = 18.9°$,$C_{y,max} = 1.37$。

(3) 升力系数曲线斜率(C_y^α)

升力系数曲线斜率等于增加单位迎角时的升力系数增量,即

$$C_y^\alpha = \frac{\partial C_y}{\partial \alpha} \qquad\qquad (3 - 2 - 8)$$

在中小迎角范围内,由于机翼上表面的气流基本不分离或分离区很小,升力系数与迎角呈线性关系,C_y^α 等于常数。各种机型的 C_y^α 值是由实验确定的,中小迎角下若已知 C_y^α,可利用

$$C_y = C_y^\alpha (\alpha - \alpha_0) \qquad\qquad (3 - 2 - 9)$$

计算出的不同迎角的升力系数。

迎角增大到一定程度,机翼上表面的气流分离逐渐明显,升力系数随迎角变化随之变缓,C_y^α 变小。常用升力系数曲线上 C_y 与迎角开始脱离线性关系的那一点所对应的迎角来判定机翼开始出现明显气流分离的时机。超过这一迎角,机翼一般会出现轻微抖动,所以通常将这一迎角称为飞机的抖动迎角($\alpha_{抖}$),此迎角对应的升力系数称为抖动升力系数(C_{ybf})。迎角增至临界迎角,升力系数增至最大,此时 $C_y^\alpha = 0$。超过 α_{cr},迎角再增大,升力系数 C_y 减小,C_y^α 变为负值。一般情况下,直机翼飞机的抖动迎角与临界迎角非常接近,而后掠翼和三角翼飞机的抖动迎角与临界迎角相差较多。

3.3　阻力的产生和变化

阻力是阻碍飞机前进的空气动力。阻力的方向与升力的方向垂直,与飞行速度方向相反,与相对气流方向一致。阻力对飞机增速是不利的,但飞机需要减速时,需要增大阻力。掌握阻

力的产生原因和变化规律,对在飞行中飞行速度的保持与改变具有重要意义。

3.3.1　阻力的产生

飞机低速飞行时的阻力,按其产生原因可以分为摩擦阻力、压差阻力和诱导阻力。

1. 摩擦阻力

气流与飞机表面发生摩擦形成的阻力称为摩擦阻力。它是因边界层的存在而产生的,其大小与边界层的性质和飞机表面粗糙度有关。

空气流过飞机时,会产生边界层,在边界层底层,具有较大的法向速度梯度。因此,在飞机表面会承受摩擦力,摩擦力的方向为物面的切向。飞机表面各处摩擦力在相对气流方向上投影的总和,就是整个飞机的摩擦阻力。因为湍流边界层底层的速度梯度比层流边界层的大得多,所以湍流边界层产生的摩擦阻力大。飞机表面越粗糙,气流在沿飞机表面流动时,越容易转变为湍流,使转捩点前移,湍流段增长,摩擦阻力增大。因此,使飞机表面不受损伤,对防止摩擦阻力增大具有重要意义。

2. 压差阻力

飞行中由于飞机前后压力差的存在而形成的阻力,称为飞机的压差阻力。压差阻力是空气黏性间接造成的一种压力形式的阻力,也是由于边界层的存在而产生的。下面以机翼为例,说明压差阻力产生的原因。

相对气流流过机翼时,因在机翼前缘附近受到阻挡,流速减慢,压力增大,出现高压区;而在机翼后缘附近气流分离,形成涡流区。在涡流区内,空气快速旋转,频繁发生摩擦,一部分机械能不可逆转地转变成热能而散失,结果造成涡流区内压力降低,甚至形成负压区(低于未扰动的大气压力),如图 3-3-1 所示。这样机翼前后就出现了压力差,这种压力差对飞机飞行起阻碍作用。这种由于空气黏性作用导致机翼前后出现压力差而形成的阻力就是机翼的黏性压差阻力,简称压差阻力。飞行中,机身、尾翼等其他部分也会产生压差阻力。飞机各部分压差阻力的总和就是飞机的压差阻力。

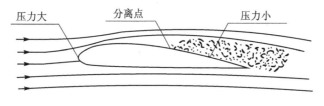

压力大　　　　分离点　　　　压力小

图 3-3-1　机翼上表面的涡流区

需要说明的是,机翼与机身结合部、机翼下部悬挂副油箱或发动机等,都会导致飞机压差阻力增大。例如,机翼与机身的结合部位,中段机翼表面和机身表面都向外凸出,使得三维流管收缩,流速迅速加快,压力很快降低;而在后部,机翼表面和机身表面都向里收缩,导致三维流管扩张,流速迅速减慢,压力很快升高,这样,翼身结合部气流向后流动的过程中承受的逆压梯度增大,分离点前移,涡流区扩大,如图3-3-2所示,结果翼身组合体所产生的压差阻力比机翼和机身单独产生的压差阻力之和还大。多出来的这部分阻力是由机翼和机身的相互干扰引起的,故称为干扰阻力。飞机其他各部分相结合的部位,如机身与尾翼结合部位、副油箱与机翼结合部位等,也会产生干扰阻力。为了减小这部分干扰阻力,传统飞机设计时在机翼与机身、机身与尾翼等的结合部都装有整流包皮。现代飞机普遍采用翼身融合体构形,其好处之一就是可以减小干扰阻力。

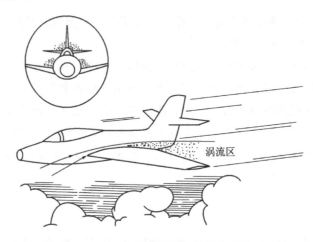

图3-3-2　翼身结合部的气流分离

摩擦阻力和压差阻力之和是二维翼(翼型)低速情况下的总阻力,又称为型阻或废阻力。假如空气是理想流体,则摩擦阻力和压差阻力都为零,二维翼就不产生阻力,此时,作用在机翼上的空气动力只有垂直于相对气流方向的升力。

3. 诱导阻力

诱导阻力是伴随实际三维翼飞机的升力而产生的。这个由升力"诱导"而产生的阻力,称为诱导阻力。

飞机的诱导阻力主要由机翼产生。有限翼展的三维机翼产生正升力时,下表面气流压力大,上表面气流压力小,下表面的空气绕过翼尖流向上表面,如图3-3-3(a)所示。这样,在气流流过机翼的过程中,下表面的流线由机翼的对称面偏向翼尖,而上表面的流线则由翼尖偏向对称面,如图3-3-3(b)所示。由于上下翼面的气流流过后缘时具有不同的流动方向,结果形成旋涡,由于空气的黏性作用及旋涡的相互作用,旋涡面在翼后不远处卷成两个大涡索,称为翼尖涡,如图3-3-3(c)所示。从机翼后面向前看,左翼尖涡作顺时针旋转,右翼尖涡作逆时针旋转。翼尖涡的出现是三维翼流动的基本特点。

翼尖涡的存在可用气动实验来验证。如图3-3-4所示,用丝线系住的一个小棉花球放在翼尖后部,棉球会在翼尖部分的气流中旋转起来。由于翼尖涡的作用,在机翼范围内,诱导出一个向下的速度,称为下洗速度(W)。流过机翼的空气,沿着相对气流速度(V)和下洗速度的合速度方向流动,并向下倾斜,这种向下倾斜的气流称为下洗流(V')。下洗流向下倾斜的角度称为下洗角(ε)。下洗速度、下洗流、下洗角如图 3-3-5 所示。

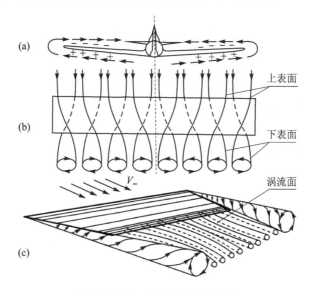

图 3-3-3　翼后涡面和翼尖涡

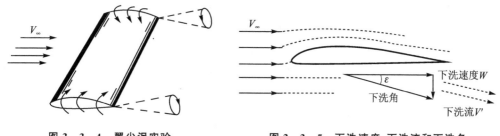

图 3-3-4　翼尖涡实验　　　　　　图 3-3-5　下洗速度、下洗流和下洗角

如图 3-3-6 所示,下洗流方向与弦线的夹角称为有效迎角(α_t)。假如流过机翼的气流是理想流,则机翼在下洗流速度(V')和有效迎角(α_t)条件下不产生摩擦阻力和压差阻力,只产生垂直于下洗流的升力(Y')。但是,Y'相对于机翼远前方来流速度(V_∞)来说,却向后倾斜了一个角度(ε),这个向后倾斜了一个角度的升力称为实际升力。对飞行而言,这个向后倾斜的实际升力(Y')起两个作用:同相对气流方向垂直的分力($Y'\cos\varepsilon$)起升力作用,称为有效升力

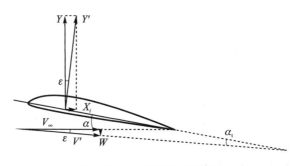

图 3-3-6　诱导阻力的产生

(Y)；同相对气流方向平行的分力$(Y' \sin \varepsilon)$与飞行速度方向相反，起阻力作用，称为诱导阻力(X_i)。

从以上对诱导阻力产生原因的分析可以看出，诱导阻力是伴随着三维翼（有限翼展机翼）升力的产生而产生的阻力。没有升力，就没有翼尖涡，也就没有诱导阻力。需要说明一点，流过机翼的气流并不是理想流，因而有摩擦阻力和压差阻力存在。所以，低速飞行时，飞机的总阻力是摩擦阻力、压差阻力和诱导阻力之和。

3.3.2　阻力公式及影响阻力的因素

1. 阻力公式

飞机阻力的大小可用阻力公式计算。同升力公式相似，阻力公式可写为

$$X = C_x \cdot \frac{1}{2}\rho_\infty V_\infty^2 \cdot S \qquad (3-3-1)$$

式中，C_x为阻力系数，综合表达了迎角、飞机形状（含机翼形状、机身形状、尾翼形状、外挂物形状及组合情况）和飞机表面光滑程度等因素对阻力的影响。

由式$(3-3-1)$可以看出，飞机飞行时阻力的大小与阻力系数、相对气流动压、机翼面积成正比。

应用阻力公式计算阻力时与应用升力公式一样，要注意各物理量的单位以及真速、表速与空气密度的对应关系。

低速飞行时，影响阻力的因素有迎角、飞机形状、表面光滑程度、相对气流动压和机翼面积等。下面侧重分析迎角、机翼和机身形状对阻力的影响。

2. 迎角对压差阻力和诱导阻力的影响

飞机低速飞行时，常用的迎角变化范围不大，改变迎角时边界层性质及其附着面积变化也不大，摩擦阻力基本不随迎角变化。因此，只讨论迎角对压差阻力和诱导阻力的影响。

在中、小迎角下，改变迎角，压差阻力变化不大；在大迎角下，迎角增大，机翼后缘涡流区明显扩大，使压差阻力明显增大；超过临界迎角后，增大迎角，机翼表面发生严重的气流分离，分离点迅速前移，涡流区迅速扩大，机翼后缘压力减小很多，导致压差阻力急剧增大。

在小于临界迎角范围内，迎角增大，一方面升力增大，另一方面翼尖涡增强，气流下洗角增大，导致实际升力更加向后倾斜，从而使诱导阻力迅速增加，如图$3-3-7$所示。

3. 翼型和机身形状对压差阻力的影响

翼型不同，压差阻力不同。相对弯度较大的翼型，上表面弯曲厉害，最低压力点的压力较小，同一迎角下分离点靠前，涡流区较大，压差阻力较大。例如，迎角、相对厚度相同的平凸翼型和双凸翼型相比较，平凸翼型压差阻力大。

机身形状不同，压差阻力也不同。尖头尖尾的机身，压差阻力最小；钝头机身，由于气流受

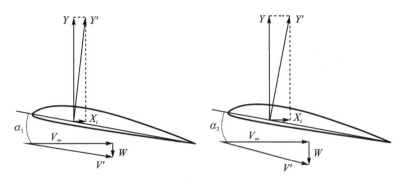

图 3 - 3 - 7　不同迎角下的诱导阻力

机身头部的阻挡严重,流速减慢,压力增大更多,压差阻力增大。如果机身是切尾旋成体(机身尾端是一个突然中止的断面),当空气沿机身流到尾部时,会在端面上发生分离,形成底部低压区,使压差阻力增大,增大的这部分压差阻力称为底部阻力。

4. 展弦比对诱导阻力的影响

机翼面积相同展弦比小的机翼平面形状是短而宽。在相同升力下,翼尖部分的升力占的比例大,翼尖涡强,对机翼中部的影响也较显著,平均下洗速度大,如图 3 - 3 - 8 所示,诱导阻力就大,所以诱导阻力与展弦比成反比。

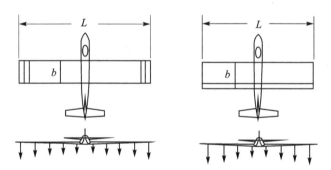

图 3 - 3 - 8　不同展弦比下的诱导速度

飞机的诱导阻力还与机翼的平面形状有关,在其他条件相同时,理论计算和实验都表明,椭圆翼的诱导阻力最小,矩形翼的最大。

3.3.3　阻力系数曲线

1. 阻力系数与迎角的关系

对同一机型飞机来说,飞机的形状一般是不变的,所以低速飞行时,飞机的阻力系数主要由迎角决定。

阻力系数是由实验求出的无因次数值,其测定方法与升力系数的测定方法相似。测量时,将飞机或飞机模型安装在风洞的天平上,如图 3 - 2 - 12 所示;当迎角一定时,可以测出飞机或飞机模型的阻力,将实验段的风速、空气密度和飞机或飞机模型的翼面积的数值代入阻力公式,就可以求出飞机在该迎角下的阻力系数。调整迎角,可测出不同迎角下的阻力,进而求出对应迎角的阻力系数。

飞机的摩擦阻力与压差阻力之和也称为废阻力,于是飞机的阻力系数可写为

$$C_x = C_{xp} + C_{xi} \qquad (3 - 3 - 2)$$

式中,C_{xp} 为废阻力系数;C_{xi} 为诱导阻力系数。

在中小迎角下,飞机的阻力系数也常写成

$$C_x = C_{x0} + C_{xi} \qquad (3 - 3 - 3)$$

式中,C_{x0} 为零升阻力系数,是升力系数为零时的阻力系数。

因为摩擦阻力基本不随迎角变化,在中小迎角下,压差阻力随迎角变化不大,所以在中小迎角下,可以认为飞机的废阻力系数与零升阻力系数近似相等。

零升阻力系数的大小主要取决于翼型相对厚度、相对弯度、最低压力点位置和表面粗糙度等。相对厚度增大或相对弯度增大,零升阻力系数增大,最低压力点位置后移,零升阻力系数减小,表面越粗糙,零升阻力系数越大。

对于椭圆翼来说,诱导阻力系数的大小为

$$C_{xi} = \frac{C_y^2}{\pi \lambda} \qquad (3 - 3 - 4)$$

式(3 - 3 - 4)表明,C_{xi} 与升力系数的平方成正比,与机翼展弦比成反比。

其他平面形状的直机翼的诱导阻力系数,可在椭圆翼基础上进行修正,一般写为

$$C_{xi} = \frac{C_y^2}{\pi \lambda}(1 + \delta) = A C_y^2 \qquad (3 - 3 - 5)$$

式中,δ 为非椭圆翼诱导阻力系数的修正系数,其大小与机翼平面形状有关;A 为诱导阻力因子,$A = (1 + \delta)/(\pi \lambda)$,不同平面形状机翼诱导阻力因子的平均值见表 3 - 3 - 1。由表可见,在同样升力系数和展弦比下,椭圆翼的诱导阻力系数最小。

表 3 - 3 - 1　不同平面形状机翼诱导阻力因子的平均值

机翼平面形状	$(1+\delta)/\pi$	备　注
椭圆翼	0.318	$\delta = 0$
梯形翼	0.318	$\eta = 2 \sim 3$
矩形翼	0.335	$\lambda = 5 \sim 8$
菱形翼	0.363	—

2. 阻力系数曲线

根据风洞实验测出的同一机型飞机各迎角下的阻力系数,可以画出该机型飞机阻力系数随迎角变化的曲线,该曲线称为阻力系数曲线。图 3 - 3 - 9 所示为某初教机的阻力系数曲线。

从阻力系数曲线上不仅可以查出各个迎角下的阻力系数,还可以看出阻力系数随迎角变化的规律,即随着迎角的增大,阻力系数不断增大。但是,在小迎角下,阻力系数较小,且增大

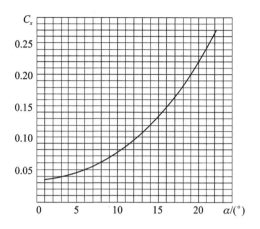

图 3 - 3 - 9　某初教机阻力系数曲线

得较慢;在大迎角下,增大得较快,即增大单位迎角时对应的阻力系数增量大;超过临界迎角以后,急剧增大。这是因为摩擦阻力系数基本不随迎角变化,在小迎角下,压差阻力系数变化不大,诱导阻力系数随升力系数的平方成正比,而此时升力系数较小,所以诱导阻力系数增加缓慢,即摩擦阻力起主导作用;在大迎角下,升力系数较大,故诱导阻力增加得较快,即诱导阻力起主导作用;超过临界迎角,压差阻力系数急剧增加,压差阻力起主导作用。

3.4　侧力的产生和变化

侧力是在飞机出现侧滑时产生的一种空气动力。

3.4.1　侧力的产生

1. 侧滑和侧滑角的概念

如图 3 - 4 - 1 所示,相对气流方向与飞机对称面不平行的飞行称为侧滑。相对气流从飞机对称面的左侧前方吹来称为左侧滑,相对气流从飞机对称面的右侧前方吹来称为右侧滑。相对气流方向同飞机对称面之间的夹角称为侧滑角(β)。一般规定:右侧滑角为正,左侧滑角为负。

2. 侧力产生的原因

现以左侧滑为例说明侧力的产生原因。相对气流从飞机左侧前方吹来,如图 3 - 4 - 1 所示,在机身和垂尾左侧,气流受到阻挡,流管变粗,流速减慢,压力增大;而在机身和垂尾右

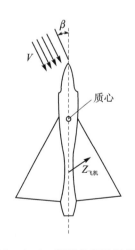

图 3 - 4 - 1　侧滑角和飞机侧力

侧,流管变细,流速加快,压力减小。于是,在机身和垂尾左右两边出现了压力差。压力差在垂直于相对气流方向的总和就是飞机的侧力(Z)。

　　侧力的方向与飞机升力的方向和阻力的方向垂直。在左侧滑中,侧力指向对称面的右侧;在右侧滑中,侧力指向对称面的左侧。向右的侧力为正,向左的侧力为负。

3.4.2　侧力公式及影响侧力的因素

　　飞机侧力的大小可用侧力公式计算。同升力公式、阻力公式相似,侧力公式可写为

$$Z = C_z \cdot \frac{1}{2}\rho V^2 \cdot S \qquad\qquad (3-4-1)$$

式中,C_z 为侧力系数,同升力系数、阻力系数一样,也是由实验求出的无因次数值。

　　式(3-4-1)说明,飞机侧力分别与侧力系数、相对气流动压和机翼面积成正比。侧力主要由机身和垂尾产生,机身产生的侧力与机身剖面面积成正比,垂尾产生的侧力与垂尾面积成正比。为了使侧力公式同升力、阻力公式在形式上一致,并便于使用,在侧力公式中,侧力与机翼面积成正比,换算后的差别在侧力系数 C_z 中体现。

　　侧力系数综合表达了侧滑角、机身和垂尾形状等因素对侧力的影响,其大小取决于侧滑角的大小及机身、垂尾形状等。同一机型的飞机,机身和垂尾形状一般不变,所以低速飞行时,侧力系数主要取决于侧滑角。

3.4.3　侧力系数曲线

　　根据风洞实验测出的同一机型各侧滑角下的侧力系数,可以画出该机型飞机侧力系数随侧滑角变化的曲线,该曲线称为侧力系数曲线。图 3-4-2 所示为某初教机的侧力系数曲线。

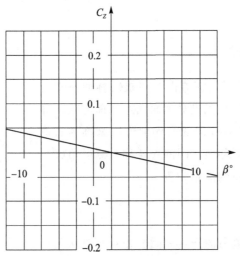

图 3-4-2　某初教机侧力系数曲线

从曲线上可以看出：

① 在无侧滑($\beta = 0°$)飞行中,侧力系数为零。这是因为飞机外形是左右对称的,飞机在无侧滑飞行中,左右两边的压力分布也是对称的。

② 在右侧滑($\beta > 0°$)中,侧力系数为负;在左侧滑($\beta < 0°$)中,侧力系数为正。这是因为在右侧滑中,飞机产生向左的侧力,侧力为负;在左侧滑中,飞机产生向右的侧力,侧力为正。

③ 增加单位侧滑角时,侧力系数的增量称为侧力系数曲线斜率,用 C_z^β 表示,即

$$C_z^\beta = \frac{\partial C_z}{\partial \beta}$$

显然,侧力系数曲线斜率是负值,且在中、小侧滑角下为一常数值。机型不同,侧力系数曲线斜率值不同。

3.5　后掠翼与三角翼的低速空气动力特性

飞机的空气动力特性不仅与其机翼的剖面形状有关,还与其机翼的平面形状有关。本章前面讲的都是翼型(无限翼展)和平直翼(有限翼展)的低速升、阻力特性,本节将分析另外两种常见平面形状的机翼——后掠翼和三角翼的低速空气动力特性。

3.5.1　后掠翼的低速空气动力特性

目前高速飞机多采用后掠翼。与平直翼飞机不同,后掠翼飞机具有大约 $30° \sim 70°$ 的前缘后掠角,因而其空气动力特性也与平直翼不同。

1. 空气流过后掠翼的流动特点

通过风洞实验发现,空气流过后掠翼,流线将左右偏斜,呈 S 形。气流流过后掠翼,其流速(V)同机翼前缘不垂直,可以分解成两个分速：一个是垂直分速(V_n),与前缘垂直;另一个是平行分速(V_t),与前缘平行。如图 3-5-1 所示,垂直分速和平行分速同前缘后掠角(χ)的关系是

$$V_n = V\cos\chi, \quad V_t = V\sin\chi$$

因为机翼表面沿平行于前缘方向基本没有弯曲,所以在气流流过机翼表面的过程中,平行分速基本不发生变化,而垂直分速(V_n)则沿途不断改变,同气流以流速 V_n 流过平直翼一样,在气流从前缘流至后缘的过程中,机翼沿弦线方向压力分布发生明显变化。可见,只有气流的垂直分速(V_n)才对机翼压力分布起决定性的影响,所以垂直分速(V_n)又称为有效分速。机翼后掠角越小,有效分速越大,机翼上下表面的有效分速也相应越大。

如图 3-5-2 所示,空气从远前方流向机翼前缘,因受阻滞有效分速越来越小($V_{n,A} < V_n$),平行分速则保持不变($V_{t,A} = V_t$)。这样一来,越接近前缘,气流速度越慢,方向越来越偏

向翼尖。过前缘后,在从前缘流向最低压力点(图 3-5-2 中点 C)的途中,有效分速又逐渐加快($V_{n,C} > V_{n,B}$),平行分速仍保持不变($V_{t,C} = V_{t,B}$),气流方向又从翼尖转向翼根。随后,又因有效分速逐渐减小,气流方向转向原来方向。于是,整个流线呈 S 形弯曲。

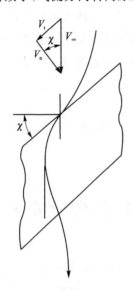

图 3-5-1　后掠翼的速度分解

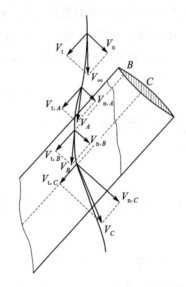

图 3-5-2　流线左右偏斜的分析

2. 后掠翼的翼根效应和翼尖效应

空气流过后掠翼过程中流线的左右偏斜会影响机翼的压力分布,从而导致后掠翼的"翼根效应"和"翼尖效应"。

如图 3-5-3 所示,在后掠翼翼根部分的上表面前段,流线向外偏斜,尽管与远前方相比流管变细,但与机翼中部相比流管扩张变粗;而在后段,流线向内偏斜,流管收缩变细。在低速条件下,翼根前段流管变粗,流速增加不多,压力降低不多,即吸力减小;后段流管变细,流速加快,吸力增大。与此同时,因流管最细的位置后移,使最低压力点位置向后移动,如图 3-5-4所示,这种现象称为翼根效应。

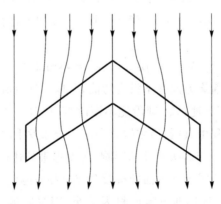

图 3-5-3　后掠翼空气流动情形

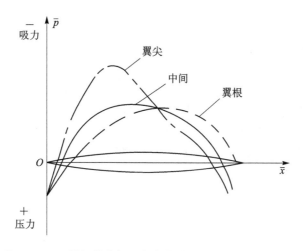

图 3 - 5 - 4　翼根效应与翼尖效应对压力沿弦向分布的影响

至于翼尖部分,情况与翼根部分相反。因翼尖外侧的气流径直向后流去,而翼尖部分上表面前段流线向外偏斜,故流管收缩变细,流速增加多,压力减小多,即吸力增大;在后段因流线向内偏斜,故流管扩张变粗,流速减慢,吸力减小。与此同时,因流管最细的位置前移,故最低压力点向前移动,如图 3 - 5 - 4 所示,这种现象称为翼尖效应。

翼根效应和翼尖效应引起沿弦线方向的压力分布发生变化,但上表面前段的变化比较多。所以,翼根效应使翼根部分的平均吸力减小,升力系数减小。翼尖效应使翼尖部分的平均吸力增大,升力系数增大。后掠翼各剖面的升力系数沿展向的分布如图 3 - 5 - 5 所示。

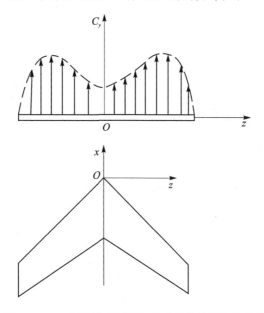

图 3 - 5 - 5　后掠翼各剖面的升力系数沿展向的分布

通过以上分析可以看出,造成后掠翼的低速空气动力特性不同于一般平直翼的基本原因有两条:一是由于后掠翼的空气动力主要取决于有效分速,而有效分速是来流速度的一个分量,小于来流速度;二是由于空气流过后掠翼时,流线发生左右偏斜,形成翼根效应和翼尖效应,影响后掠翼的表面压力分布。这两点是分析后掠翼空气动力特性的基本依据。

3. 后掠翼的低速升阻力特性

设有一无限长的平直翼,空气以速度 V_n 流过机翼,如图 3-5-6(a)所示。如果此时机翼以 V_t 向右运动,平行于翼展的相对气流不会使机翼的气动特性发生变化。这种情况同空气以流速 $V(V=V_n+V_t)$ 流过无限翼展斜置翼一样,如图 3-5-6(b)所示。这样,后掠角为 χ 的无限翼展后掠翼的升力和阻力也就可以利用无限长直机翼的升力和阻力来求得。无限翼展后掠翼的升阻力特性只取决于垂直分速 V_n,而与平行分速 V_t 无关。

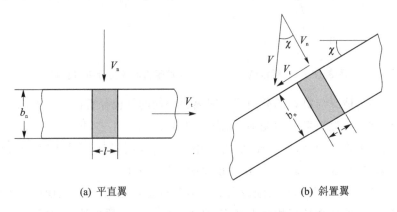

(a) 平直翼　　　　　　　　(b) 斜置翼

图 3-5-6　无限翼展平直翼与斜置翼

经推导,后掠翼的升阻力特性(用 $C_{y\chi}$、$C_{x\chi}$、$C_{y\chi}^{\alpha}$ 表达)与对应直机翼的升阻力特性(用 C_y,C_x,C_y^{α} 表达)之间的关系为

$$C_{y\chi}=C_y\cos^2\chi \tag{3-5-1}$$

$$C_{x\chi}=C_x\cos^3\chi \tag{3-5-2}$$

$$C_{x\chi}^{\alpha}=C_y^{\alpha}\cos^3\chi \tag{3-5-3}$$

根据这三个公式,即可根据无限翼展平直翼的升力系数、阻力系数、升力系数曲线斜率求得无限翼展后掠翼的升力系数、阻力系数、升力系数曲线斜率。显然,若无限翼展后掠翼的 α_n、V_n、b_n、翼型与无限翼展平直翼的都相同,则后掠翼的 $C_{y\chi}$、$C_{x\chi}$、$C_{y\chi}^{\alpha}$ 都比平直翼的小。因此,后掠翼的低速空气动力特性不如平直翼的好。对于有限翼展后掠翼,除翼根和翼尖部分与无限翼展有较大差别外,其余部分则是十分接近的。所以,上述关系式用来定性分析后掠角对机翼低速空气动力特性的影响,有一定的实际意义。

图 3-5-7 所示为各种不同后掠角的机翼升力系数曲线斜率($C_{y\chi}^{\alpha}$)随展弦比(λ)的变化曲线。由该图可以看出,当 λ 一定、后掠角增大时,$C_{y\chi}^{\alpha}$ 减小;而当后掠角一定时,λ 减小,$C_{y\chi}^{\alpha}$ 也减小。这是由于展弦比减小时,翼尖涡对机翼上下表面均压作用增强的缘故。

*式(3-5-1)、式(3-5-2)与式(3-5-3)的推导过程如下:

空气以速度 V_n 流过平直翼时,设作用在其单位展长上(图 3-5-6(a)中阴影部分)的升力为 Y,则升力系数 C_y 为

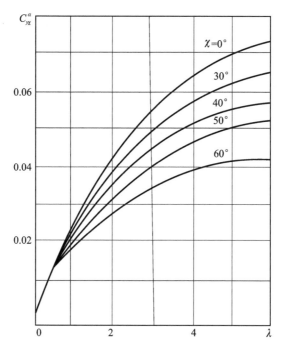

图 3-5-7 $C_{y\chi}^{\alpha}$ 随后掠角和展弦比的变化

$$C_y = \frac{Y}{\frac{1}{2}\rho V_n^2 b_n \cdot l}$$

而将上述平直翼斜置（前缘后掠角为 χ）后，气流以速度 V_∞ 流过，其他条件相同时，作用在后掠翼同一段长度上（图 3-5-6(b)中阴影部分）的升力仍为 Y，升力系数 $C_{y\chi}$ 为

$$C_{y\chi} = \frac{Y}{\frac{1}{2}\rho V_\infty^2 b_n \cdot l}$$

考虑到 $V_n = V_\infty \cos\chi$，且两种情况下的迎角 α_n 相同，则有

$$C_{y\chi} = \frac{Y}{\frac{1}{2}\rho V_n^2 b_n \cdot l}\cos^2\chi = C_y \cos^2\chi$$

同理，可得出作用在后掠翼同一段长度上的阻力系数为

$$C_{x\chi} = \frac{X}{\frac{1}{2}\rho V_\infty^2 b_n \cdot l} = \frac{X_n \cos\chi}{\frac{1}{2}\rho V_n^2 b_n \cdot l}\cos^2\chi = C_x \cos^3\chi$$

对后掠翼，通常取来流 V 与平行来流的剖面弦线的夹角为迎角 α，取法向分速 V_n 与法向剖面弦线的夹角为 α_n，由图 3-5-8 可见

$$\sin\alpha = h/b, \quad \sin\alpha_n = h/b_n$$

式中，h 为前缘比后缘高出量；b 为沿来流 V 方向翼剖面的弦长；b_n 为沿垂直分速 V_n 方向翼剖面的弦长，$b_n/b = \cos\chi$。因而可得

$$\sin\alpha = \sin\alpha_n \cdot \cos\chi$$

当迎角不大时,可改写为

$$\alpha = \alpha_n \cos\chi$$

根据上述关系,可求得后掠翼升力系数曲线斜率与平直翼升力系数曲线斜率的关系是

$$C_{y\chi}^\alpha = \frac{\mathrm{d}C_{y\chi}}{\mathrm{d}\alpha} = \frac{\mathrm{d}(C_y \cos^2\chi)}{\mathrm{d}(\alpha_n \cos\chi)} = \frac{\mathrm{d}C_y}{\mathrm{d}\alpha_n} = C_y^\alpha \cos\chi$$

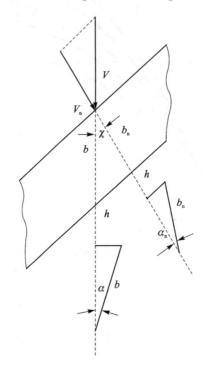

图 3-5-8　α_n 和 α 的关系

4. 后掠翼在大迎角的空气动力特性

对于平直翼,翼尖涡的影响使翼尖部分的有效迎角与翼根不同,矩形翼(根尖比为 1)翼尖的有效迎角小于翼根,而梯形翼(根尖比大于 1)翼尖由于翼尖涡相对较弱,有效迎角会增大。因此,在大迎角下,矩形翼首先发生严重气流分离的部分在翼根,而梯形翼首先发生气流分离的部位则随根尖比的增大向翼尖移动。

后掠翼在大迎角下容易形成翼尖气流先分离,其原因有两个方面:一方面,在机翼上表面的翼根部分,因翼根效应,平均吸力减小;在机翼上表面的翼尖部分,因翼尖效应,平均吸力较大。于是沿翼展方向存在压力差,这个压力差促使边界层内的空气向翼尖方向流动,致使翼尖部分的边界层变厚,容易产生气流分离。另一方面,由于翼尖效应,在翼尖部分上表面的最低压力点处,流管更细,吸力增大,而在上表面后缘部分,流管变化不大,吸力变化较小。于是,翼尖上表面的后缘部分与最低压力点之间的逆压梯度增大,增强了边界层内空气向前倒流的趋势,容易形成气流分离。由于这两个原因,当迎角增大到一定程度时,后掠翼的翼尖部分就会首先产生严重的气流分离。

后掠翼飞机在增大迎角的过程中,由于气流分离是先从翼尖开始,然后逐步向翼根推移的,而翼尖部分的面积占整个机翼面积的比例较小,所以只有在上翼面大部分区域发生了气流分离时,飞机的升力系数才开始降低。与普通平直翼相比,后掠翼飞机在没有达到临界迎角之前,会较早地出现抖动;抖动迎角与临界迎角及其相应的抖动升力系数和最大升力系数之间的差别较大。

需要指出的是,在临界迎角附近,后掠翼的升力系数变化比平直翼缓和。这是因为后掠翼翼尖气流分离后,机翼上其他大部分区域气流尚未分离,所以机翼升力系数仍随迎角的增大而增加,不过升力系数曲线斜率却是下降的。迎角再增大,分离范围扩大,升力系数曲线斜率进一步降低。增至临界迎角时,升力系数达到最大。超过临界迎角,机翼大部分气流已分离,于是升力系数随迎角增大开始降低。但是,翼根仍有小部分区域气流尚未分离,飞机的升力系数降低并不剧烈。因此,与平直翼相比,后掠翼在临界迎角附近,升力系数变化比较缓和。

后掠翼飞机翼尖气流先分离,对后掠翼飞机大迎角下的稳定性会产生不利的影响。为了延缓后掠翼的翼尖气流分离,在飞机设计时常采用下列措施。

① 采用几何扭转,减小翼尖部分的迎角,以避免翼尖气流过早分离。

② 采用气动扭转,即在翼尖部分采用延缓翼尖气流分离的翼型。

③ 在后掠翼的上翼面安装翼刀,以阻止边界层内气流的展向流动,达到延缓翼尖气流分离的目的。

④ 减小后掠翼翼尖部分的后掠角,使翼尖部分横向流动减弱,延缓翼尖气流分离。

⑤ 在机翼上采用前缘锯齿或缺口等,如图 3-5-9 所示。气流流过时,从锯齿或缺口处所产生的旋涡不仅能阻止边界层气流沿展向流动,还能对边界层内的空气输入能量,增大其流速,以延缓翼尖气流分离。

⑥ 在翼尖部分设置前缘缝翼。大迎角下,前缘缝翼自动打开,可以利用前缘缝翼的气流增大机翼上翼面边界层内的空气动能,从而延缓翼尖气流分离。

⑦ 在机翼翼尖部分上表面的前部安装涡流发生器,如图 3-5-10 所示。通过涡流发生器产生旋转速度很高的小旋涡,小旋涡紧贴翼面流过时,与边界层会合,增大了边界层内的能量,导致承受逆压梯度的能力增强,气流分离被推迟。

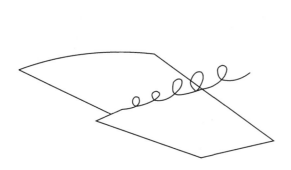

图 3-5-9　机翼前缘锯齿

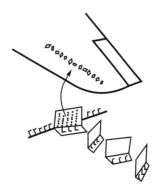

图 3-5-10　涡流发生器

3.5.2　三角翼的低速空气动力特性

三角翼在超声速时的阻力较低,因此三角翼也是高速飞机常采用的机翼平面形状。与后掠翼相比,三角翼的后掠角更大,展弦比和厚弦比都小,因而其空气动力特性又有不同于后掠翼的特点,特别是在低速大迎角飞行中,三角翼上表面会形成脱体涡,产生涡升力。这种不同于前面所介绍的产生升力的方式,是形成三角翼低速气动特点的主要原因。脱体涡的存在可以部分弥补三角翼低速气动特性的不足,同时使飞机的抖动迎角和临界迎角较大。

1. 三角翼的低速绕流图

三角翼的低速流动图如图 3 - 5 - 11 所示。由图可见,绕三角翼的流动有三个特点：

① 因三角翼的前缘后掠角很大,下翼面压强较高的气流通过前缘翻向上翼面,产生较大的横向流动,这种横向流动的结果会使上下表面的压力得到一定程度的均衡。

② 由于前缘后掠的结果,会使三角翼上翼面的流线像后掠翼一样呈 S 形,因而在三角翼上也有翼根效应和翼尖效应。

③ 当迎角稍大时($\alpha > 3°$),在三角翼的前缘会形成前缘脱体涡。

2. 脱体涡的形成

空气流过三角翼同流过后掠翼一样,翼面的横向压力差促使流线左右偏斜。同时,一部分空气从下表面绕过前缘(对三角翼而言也是侧缘)而迅速分离,脱离翼面向上卷起,随即顺气流方向卷成两个旋转方向相反的稳定的螺旋形涡面,并向后流去,这就是脱体涡,如图 3 - 5 - 12(a) 所示。脱体涡从前缘发出,所以也称前缘涡。脱体涡位于机翼上表面,距离翼面很近。如图 3 - 5 - 12(b)所示,点 O 为涡面从前缘开始分离的点,OA 为脱体涡重新附着于上表面的轨迹线,OB 为脱体涡从上表面重新分离的轨迹线。这样,在上表面同时存在两种气流流型,在

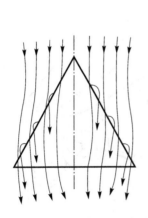

图 3 - 5 - 11　三角翼的低速流动图

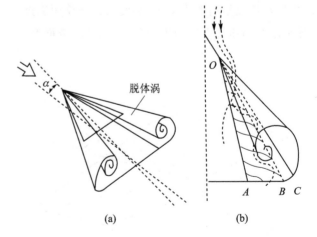

图 3 - 5 - 12　细长三角翼上表面的脱体涡

脱体涡附着线 OA 内侧是附着流,气流基本上平行于远前方来流方向;在附着线 OA 外侧与 OB 内侧之间的区域,则包含着脱体涡,气流向外偏斜,强烈旋转加速。脱体涡在接近后缘的地方脱离机翼,形成尾涡,沿下洗流方向流去。

脱体涡的产生必须具备以下三个条件:

① 机翼具有较大的前缘后掠角。实验证明,只有当前缘后掠角大于 45°时,从前缘分离的气流才能卷成稳定的脱体涡。

② 机翼前缘比较尖锐,前缘曲率半径较小。

③ 机翼迎角通常在 3°以上。在小迎角情况下,气流仅在翼尖附近部分前缘处产生分离,涡卷较细,强度较弱,范围较小。

脱体涡的强度和位置与机翼的迎角相关。图 3-5-13 所示为后掠角为 55°的三角翼(厚弦比为 6%)上表面在不同迎角下的脱体涡范围。由图可见,在一定迎角范围内,随着迎角增加,涡卷变粗,强度增强,分离点逐渐沿前缘向前移动,涡心也逐渐向翼根移动。待迎角增大到一定程度,整个上翼面基本处于脱体涡控制之下。迎角再增大,左右两个旋转方向相反的涡面互相靠拢干扰,使旋涡的轴向速度减小,以致不能维持涡心的稳定,从而导致脱体涡在机翼上表面后缘发生破碎,变得不规则、不稳定。迎角进一步增大,破碎点向前移动,飞机会出现较严重的抖动。

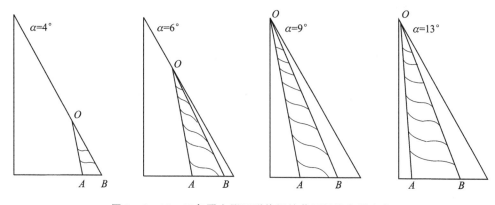

图 3-5-13　三角翼上翼面脱体涡的范围随迎角的变化

实验表明,机翼前缘尖锐,脱体涡从一开始就从整个前缘拖出;而机翼前缘比较圆钝,脱体涡先从翼尖附近开始,然后随迎角的增大而逐渐内移,如图 3-5-14 所示。

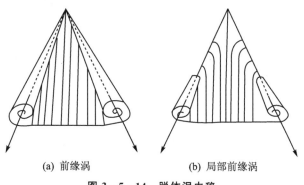

(a) 前缘涡　　　　　　(b) 局部前缘涡

图 3-5-14　脱体涡内移

应该指出,后掠角较大的后掠翼也会产生脱体涡。在小迎角时,脱体涡先从翼尖拖出,随着迎角增大,分离点逐渐从翼尖向翼根移动,脱体涡区域扩大,强度增大。

3. 脱体涡的法洗效应和切洗效应

（1）法洗效应

气流流过具有正迎角的三角翼,前缘脱体涡在其内侧诱起气流下洗,在外侧诱起气流上洗。下洗区的局部迎角减小,升力减小;上洗区的局部迎角增大,升力增大,这种现象称为法洗效应。通常,上洗区的翼面面积较小,下洗区所造成的升力损失往往大于上洗区的升力增量,即法洗效应使三角翼升力减小。

（2）切洗效应

脱体涡在翼面上所诱起的切向速度分布,其方向是由翼根指向翼尖,其大小与距涡心的距离有关,离涡心越近,切洗速度越大;反之,则越小。切洗速度使流经机翼表面的主流速度偏斜并增大,致使翼面升力增大,这种现象称为切洗效应。

4. 升力特点

机翼前缘气流分离而产生的脱体涡会使飞机在大迎角下增加一部分升力。这是因为在脱体涡流型中,流动是稳定的,所以在机翼上表面脱体涡所覆盖的区域内,形成稳定而强烈的低压区,产生很大的吸力,提高了大迎角下机翼的升力,这部分增加的附加升力称为涡升力。图 3-5-15 是一个展弦比为 1、迎角为 20° 的三角翼各个横截面上的压力分布图。从图中可以看出,机翼上表面处在脱体涡覆盖的区域内,吸力很大。涡升力的存在,使得大后掠角机翼和细长三角翼具有不寻常的升力特性。

大后掠机翼和一般三角翼,其升力系数随迎角变化有三个特点,如图 3-5-16 所示。

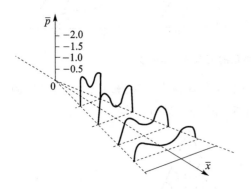

图 3-5-15　细长三角翼展向压力分布

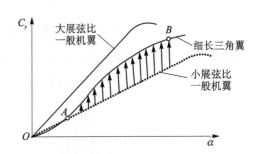

图 3-5-16　细长三角翼的非线性升力特性

（1）C_y 和 C_y^α 较小

与大展弦比机翼相比,在同一迎角下,三角翼的升力系数较小。这是因为上下翼面均压作用较强,使上下翼面压力差减小,翼根效应使根部剖面上翼面总吸力减小以及法洗效应使根部剖面的有效迎角减小,这两者都使根部剖面的升力减小。虽然切洗效应和翼尖效应能使翼尖部分剖面的升力增大,但因根部的弦线长,面积大,对升力的影响大,故总的升力较小,因而升力系数 C_y 和 C_y^α 也就较小。

(2) C_y 呈 S 形的非线性变化

图 2 - 5 - 16 中点 A 对应着脱体涡产生前的迎角。随着 α 增大,脱体涡变粗增强,且涡心逐步向翼根移动,由于脱体涡的切洗效应,使机翼上表面产生了附加的吸力,故使 C_y 非线性增大;当迎角增大到点 B 以后,由于脱体涡在翼面上"破碎",切洗效应显著下降,附加吸力减小,故使 C_y^α 也逐渐减小,于是 C_y 呈 S 形非线性变化。

$C_y \sim \alpha$ 的非线性变化随着后掠角增大而更加明显。这是由于后掠角增大时,脱体涡影响的翼面相对增大,因而非线性变化明显。

在迎角较小时,细长三角翼的升力系数(C_y)与迎角(α)之间的关系可简化为

$$C_y = k_p\alpha + k_v\alpha^2 \tag{3-5-4}$$

式中,$k_p\alpha$ 为附着流升力系数;$k_v\alpha^2$ 为涡升力系数;k_p、k_v 为常数,其大小取决于翼型和展弦比。

(3) 临界迎角和最大升力系数较大

由于横向流动的均压作用使翼面的逆压梯度减小,又因脱体涡控制了相当大部分翼面,不断地给边界层输入能量,所以小展弦比三角翼很难出现失速。只有当迎角很大,脱体涡的破碎点移至机翼前部时,才会出现分离失速。因此,临界迎角显著增大(α_{cr} 可达 30°～40°),其最大升力系数 $C_{y,max}$ 也随之增大。

虽然小展弦比三角翼有着较大的升力系数,但是要充分利用它还是相当困难的。例如,飞机起飞与着陆时迎角过大,不仅会影响飞行员的视界,而且还会造成机身尾部擦地。因此,某歼击机起飞着陆时的迎角仅为 9°～10°,远远小于它的临界迎角。为了获得较大的升力系数,改善飞机的起飞着陆性能,有些飞机采用了机头下折和加高起落架等措施。

3.6　升阻比和飞机极曲线

升阻比和飞机极曲线是表征飞机空气动力性能的重要参数和曲线。

3.6.1　升阻比

1. 升阻比的概念

飞机飞行时会同时产生升力和阻力,升力和阻力是互相联系的。因此,确定飞机空气动力性能的好坏,不能单独看升力的大小或阻力的大小,必须综合看它们的比值。

升阻比(K)就是同一迎角下升力与阻力的比值。升阻比越大,说明同一迎角下的升力比阻力大的倍数越多,或同一升力下的阻力越小。所以,升阻比是衡量飞机空气动力性能好坏的

重要参数。

升阻比可表示为

$$K = \frac{Y}{X} = \frac{C_y \frac{1}{2}\rho V^2 S}{C_x \frac{1}{2}\rho V^2 S} = \frac{C_y}{C_x} \tag{3-6-1}$$

式(3-6-1)说明,升阻比又是同一迎角下的升力系数与阻力系数的比值。

同一机型的飞机,翼型一般是不变的,在低速飞行时,飞机的升力系数和阻力系数只随迎角变化,所以飞机气动外形不变时升阻比也只随迎角变化。

飞机升力和阻力的合力称为总空气动力(R),如图3-6-1所示。总空气动力相对于升力向后倾斜的角度(θ)称为性质角,升阻比的大小与性质角有着一一对应的关系。性质角小,说明升力大,阻力小,升阻比大;性质角大,说明升力小,阻力大,升阻比小。升阻比与性质角的关系是

$$K = Y/X = 1/\tan\theta = \cot\theta \tag{3-6-2}$$

2. 升阻比曲线

由风洞实验测出某一机型飞机各迎角下的升力系数和阻力系数,运用式(3-6-1)可求出各迎角下升阻比,从而可画出升阻比(K)随迎角(α)变化的关系曲线,该曲线称为升阻比曲线。图3-6-2所示为某初教机的升阻比曲线。

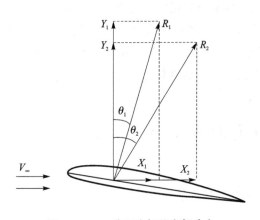

图3-6-1　升阻比与总空气动力

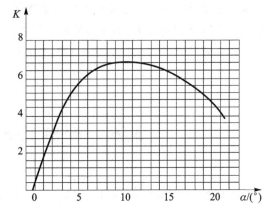

图3-6-2　某初教机升阻比曲线

从升阻比曲线可以看出,从零升迎角开始,随着迎角增大,升阻比也增大;迎角增至某一迎角,升阻比达到最大值;超过这一迎角,迎角再继续增大,升阻比反而减小。升阻比最大时对应的迎角称为有利迎角。升阻比随迎角增大而先增大后减小,原因是在中、小迎角下,升力系数曲线斜率是一个常数,而阻力系数随迎角增加而增加得慢,增加的比例小于升力系数增加的比例;大迎角下,阻力系数增加得快,其增加的比例大于升力系数增加的比例;超过临界迎角,升力系数减小,阻力系数急剧增加。

由式(3-3-3)和式(3-3-5)得

$$C_x = C_{x0} + AC_y^2$$

于是

$$\frac{1}{K} = \frac{C_x}{C_y} = \frac{C_{x0}}{C_y} + AC_y$$

当 $K = K_{\max}$ 时,对上式两边的 C_y 求导,并令导数为 0,即

$$\frac{\mathrm{d}(1/K)}{\mathrm{d}C_y} = -\frac{C_{x0}}{C_y^2} + A = 0$$

得

$$C_{x0} = AC_y^2 = C_{xi}$$

可见,有利迎角时的诱导阻力系数等于零升阻力系数。此时的阻力系数 $C_x = 2C_{x0}$。

3.6.2 飞机极曲线

1. 飞机极曲线的概念

以阻力系数为横坐标,升力系数为纵坐标,迎角为参变量,把升力系数和阻力系数随迎角变化的规律用一条曲线表示出来,这条曲线称为飞机极曲线。曲线上每一点对应一个迎角。图 3-6-3 所示为某初教机的极曲线。

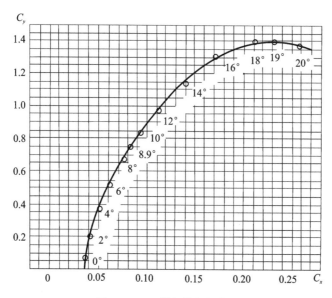

图 3-6-3 某初教机极曲线

飞机极曲线综合表达了飞机空气动力性能随迎角(或升力系数)变化的规律。

2. 飞机极曲线的用途

在分析计算飞机的空气动力时,飞机技术说明书中的飞机极曲线是查找各种气动力系数

的重要依据。飞机极曲线的主要用途有：

　　① 从飞机极曲线上可查出该型飞机的零升迎角、临界迎角、有利迎角及对应的升力系数、阻力系数。

　　曲线与横坐标交点对应的升力系数等于零,横坐标值为零升阻力系数,所以该点对应的迎角为零升迎角;曲线最高点对应临界迎角,对应的升力系数最大,其横坐标为临界迎角时的阻力系数;从原点向曲线作切线,切点对应的迎角为有利迎角,对应的纵横坐标分别为有利迎角时的升力系数和阻力系数,其比值为有利迎角时的升阻比,有利迎角时的升阻比最大。

　　② 从极曲线上可看出升力系数、阻力系数、升阻比随迎角的变化规律。

　　从零升迎角开始至临界迎角,迎角增大,升力系数增大,阻力系数也增大。但是,在迎角小于有利迎角的范围以内,曲线向右弯曲小,说明升力系数增加的比例大于阻力系数增加的比例,升阻比随迎角的增大而增大;超过有利迎角,曲线向右弯曲大,说明升力系数增加的比例小于阻力系数增加的比例,升阻比随迎角的增大而减小。超过临界迎角,曲线向右斜下方弯曲,说明升力系数减小,阻力系数急剧增加,升阻比迅速减小。

　　③ 飞机极曲线同升力系数曲线联合使用,可查出各迎角的升力系数、阻力系数。

　　在升力系数曲线上查出某一迎角的升力系数,依据该升力系数在飞机极曲线上查出对应的阻力系数,两者的比值就是该迎角的升阻比。

　　④ 由极曲线可求出各迎角的总空气动力系数,当曲线纵横坐标轴比例尺一致时,可看出各迎角总空气动力的方向。

　　总空气动力(R)计算式为

$$R = C_R \frac{1}{2}\rho V^2 S \tag{3-6-3}$$

式中,C_R 为总空气动力系数。

　　因为

$$R = Y^2 + X^2$$

所以

$$C_R^2 = C_y^2 + C_x^2$$
$$C_R = \sqrt{C_y^2 + C_x^2} \tag{3-6-4}$$

　　显然,极曲线上某点与原点连线的长度(图 3-6-4)就是该点迎角所对应的总空气动力系数 C_R。

　　总空气动力系数与纵坐标的夹角(θ)就是性质角,其大小反映了总空气动力向后倾斜的程度。但是,按上述方法求总空气动力系数和性质角时,使用的极曲线纵横坐标的比例尺必须是相同的,否则只能看出其变化趋势。

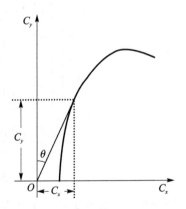

图 3-6-4　总空气动力系数

3.7　飞机的增升装置

由 3.2 节可知,飞机升力的大小与飞行速度和升力系数有直接的关系,飞行速度比较小时,飞行员一般是通过增大迎角来增大升力系数。但迎角过大,飞机的稳定性和操纵性显著变差,迎角超过临界迎角后,飞机会失速,甚至会危及飞行安全,所以通过增大迎角而增大升力要受到一定的限制。因此,需要在飞机上安装增加升力的装置,即增升装置。它的作用是提高飞机的升力系数,以此来降低飞机起飞离地和着陆接地速度,缩短起飞着陆滑跑距离和改善飞机的机动性能。

襟翼是常用的一种增升装置。本节着重分析各种襟翼的增升原理及放襟翼后飞机空气动力的变化,并对其他增升装置也作简单介绍。

3.7.1　襟翼的增升原理

通常所说的襟翼指的是后缘襟翼。襟翼有简单襟翼、分裂襟翼、开缝襟翼、后退襟翼等多种形式。

1. 简单襟翼

简单襟翼的形状与副翼相似,如图 3-7-1 所示。放下简单襟翼,相当于改变了机翼的剖面形状,增大了翼型的相对弯度。因此,各迎角下的升力系数普遍提高。简单式襟翼能使升力系数增加 65%~75%。

简单襟翼结构简单,缺点是放下襟翼后,机翼后缘涡流区扩大,使临界迎角减小,压差阻力增大,同时随升力系数增大,诱导阻力系数也增大了,因而升阻比降低。

2. 分裂襟翼

分裂襟翼是从机翼后缘下表面分裂出来的一部分翼面,如图 3-7-2 所示。放下分裂襟翼,不仅机翼下表面气流更加受阻,压力增大,而且在襟翼和机翼下表面后部之间形成涡流,使机翼后缘附近压力降低,吸引机翼上表面气流加速流动。因此,增升效果比简单襟翼强。分裂襟翼一般可使机翼的升力系数提高 75%~85%。其缺点与简单襟翼类似,临界迎角和升阻比都减小,由于其结构简单,常用于小型飞机。

图 3-7-1　简单襟翼

图 3-7-2　分裂襟翼

3. 开缝襟翼

开缝襟翼是由简单襟翼改进而来,如图 3 - 7 - 3 所示。放下开缝襟翼,在增大翼型相对弯度的同时,襟翼前缘与机翼后缘之间形成缝隙,空气从下表面通过缝隙流向上表面,可以吹除机翼后部的涡流,与无缝隙相比,可延迟气流分离,因此,增升效果好于简单襟翼,一般可使升力系数提高 85%~95%。

为了进一步提高开缝襟翼的增升效果,襟翼放下之后,襟翼本身又展开成一个开缝翼,因而形成两条缝隙,这种襟翼称为双缝襟翼,如图 3 - 7 - 4 所示。放下双缝襟翼,有更多的高速气流通过两道缝隙流到上翼面,增加边界层能量,可使气流分离推迟到更大的襟翼偏度,有更好的增升效果。

图 3 - 7 - 3　开缝襟翼

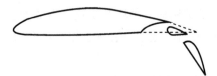

图 3 - 7 - 4　双缝襟翼

4. 后退襟翼

后退襟翼(见图 3 - 7 - 5)的特点是襟翼在向下偏转增大相对弯度的同时,还能向后滑动,增大了机翼面积。因此,增升效果比上述各种襟翼都好,可使机翼的升力系数增大 110%~140%。

图 3 - 7 - 5　某教练机的单缝后退襟翼

图 3 - 7 - 6 所示为某教练机放襟翼和未放襟翼的升力系数曲线。从图中可以看出,同一迎角下,放襟翼的升力系数比未放襟翼时增加很多。

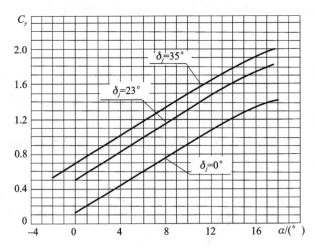

图 3 - 7 - 6　某教练机升力系数曲线

3.7.2 放襟翼后飞机空气动力的变化

放襟翼后,不仅同一迎角下的升力系数普遍提高,而且阻力系数、升阻比、压力中心、零升迎角、临界迎角、最大升力系数等也随之变化。

① 零升迎角减小。如图 3-7-6 所示,放下襟翼,同一迎角下的升力系数增大,致使零升迎角减小。但升力系数曲线斜率基本不变。

② 临界迎角减小。在大迎角下放襟翼,机翼上表面最低压力点的压力更小,逆压梯度增大,边界层气流倒流增强,导致机翼在较小迎角下形成强烈的气流分离,引起升力系数减小。这就是说,放襟翼后的临界迎角比不放襟翼时的小,但是最大升力系数却是增大的。

③ 阻力系数增大。原因有两方面:一是放下襟翼后,升力系数增大,有效展弦比减小,而诱导阻力系数与升力系数的平方成正比,与展弦比成反比,所以诱导阻力系数增大;二是在大迎角下放下襟翼,机翼后缘涡流区扩大,导致黏性压差阻力系数也增大。

④ 升阻比减小。在常用的迎角范围内,放下襟翼后,阻力系数增大的比例大于升力系数增大的比例。图 3-7-7 所示为某教练机放 35°襟翼和未放襟翼的极曲线。从图中可以看出,放襟翼后,曲线右移较多,说明增加相同的升力系数时,阻力系数增加较多。因此,一般情况下,升阻比是减小的。

⑤ 压力中心后移。如图 3-7-8 所示,放下襟翼后,机翼下表面的正压力和上表面的吸力都增大,但襟翼所在的机翼后部,机翼上下表面压力差增加得更为明显,因而机翼后部的升力增加得更多一些,导致压力中心后移。

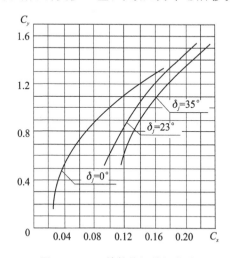

图 3-7-7 某教练机的极曲线

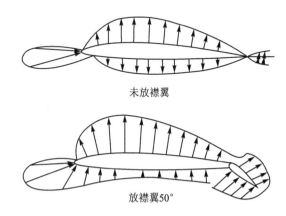

未放襟翼

放襟翼50°

图 3-7-8 放襟翼和未放襟翼的压力分布

3.7.3 其他增升装置简介

现代飞机常用的增升装置除襟翼外,主要的还有前缘缝翼、前缘襟翼、机动襟翼、喷气襟翼、边界层控制装置等。

1. 前缘缝翼

前缘缝翼位于机翼前缘,能在大迎角下自动张开,而在小迎角下自动关闭,如图 3 - 7 - 9 所示。这是由于在不同迎角下,机翼前缘的压力分布不同。在大迎角下,机翼前缘承受很大吸力,迫使机翼前缘自动张开;而在小迎角下,机翼前缘承受正压力,前缘缝翼被压得紧贴于机翼前缘。

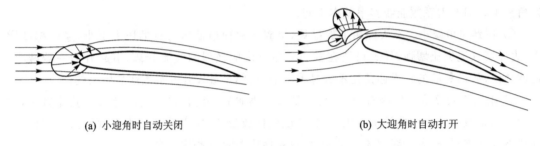

(a) 小迎角时自动关闭　　　　　　　　　(b) 大迎角时自动打开

图 3 - 7 - 9　前缘缝翼的工作原理

当迎角增大到一定程度,前缘缝翼自动张开时,会与机翼前缘形成一条缝隙。气流通过这一缝隙时得到加速,随后贴近上表面流动,使上表面边界层中的空气动能增大,延缓气流分离的产生,临界迎角增大,最大升力系数提高,而阻力系数增大并不多。

2. 前缘襟翼

前缘襟翼设置在机翼前缘,多用于高速飞机。因为高速飞机一般采用前缘半径较小的薄机翼,这种机翼在大迎角下很容易在前缘就开始气流分离,如图 3 - 7 - 10(a)所示。放下前缘襟翼,既能增大机翼剖面的相对弯度,又能减小前缘相对于气流的角度,使气流平顺地流过,如图 3 - 7 - 10(b)所示。因此,它能延迟气流分离的产生,提高临界迎角和最大升力系数。前缘襟翼常与后缘襟翼配合使用。

图 3 - 7 - 11 所示为另一种形式的前缘襟翼,称为克鲁格襟翼。它装在机翼翼根前缘下部,打开时,向前下方翻转,既增大翼型弯度,又增大机翼面积,有较好的增升效果,波音 - 747 等很多喷气客机都装有这种襟翼。

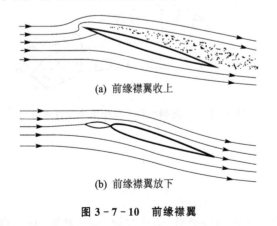

(a) 前缘襟翼收上

(b) 前缘襟翼放下

图 3 - 7 - 10　前缘襟翼

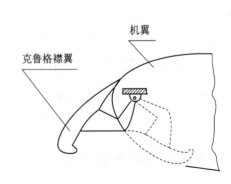

机翼

克鲁格襟翼

图 3 - 7 - 11　克鲁格襟翼

3. 机动襟翼

机动襟翼是在机动飞行中进行调节的前、后缘襟翼装置。它应用了可变弯度的概念,在飞行中适时调整其前、后缘襟翼的偏度,以保持最佳的机翼弯度和前缘形状。机动襟翼可由人工调节,也可以通过计算机进行自动调节。自动调节的机动襟翼能够在飞行中根据飞行速度、飞行高度和迎角的变化,自动改变前、后缘襟翼的偏角,进而可在飞行的所有速度和高度范围内改善飞机气动力性能,如提高升阻比、延缓气流分离、提高最大升力系数、提高抖振边界等,从而可提高飞机的航程、机动性和结构疲劳寿命。

机动襟翼是目前现役歼击机常用的技术,苏-27 飞机就装有这种襟翼。它具有按一定规律自动调节和人工操纵两个功能。图 3-7-12 所示为某歼击机放与不放襟翼的全机升力系数曲线。由图中可以看出,机动襟翼按控制规律调节时,升力系数有明显的提高,升力系数曲线斜率也有所增加。

4. 喷气襟翼

喷气襟翼的工作原理是把喷气发动机的压缩空气或燃气作为气源,使其从机翼后缘的缝隙中向斜下方高速喷出,如图 3-7-13 所示。

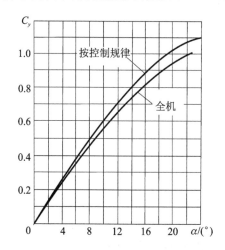

图 3-7-12　某歼击机升力系数曲线

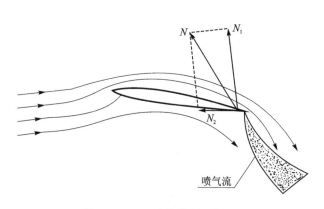

图 3-7-13　喷气襟翼工作原理

向斜下方喷出的高速气流,除反作用力的垂直分力可起增升作用外,更主要的是它能吸引上表面的气流,使其流速加快,压力降低,并能阻挡下表面的气流,使其流速减慢,压力升高,从而大大提高机翼的升力系数。着陆时,系统工作,引来发动机压缩器后的压缩空气,吹除襟翼上表面的边界层,增大机翼的升力,达到降低着陆速度、缩短着陆滑跑距离的目的。

5. 边界层控制装置

边界层控制装置是用人工方法使机翼上表面边界层气流流速加快,延迟边界层气流分离,从而达到增大临界迎角和提高最大升力系数的目的。此装置通常有两种,如图 3-7-14 所示。图 3-7-14(a)所示为吹气装置,即从机翼上表面前部,向边界层吹出从发动机压缩器里引来的高压空气,以增大边界层空气向后流动的速度;图 3-7-14(b)所示为吸气装置,即从机翼上表面后部,用抽气泵通过机翼表面的小孔或缝隙,向机翼内的管道抽吸空气,减小边界层厚度,使边界层空气顺利地向后流动。

(a) 前部吹气　　　　　　　　　　　　(b) 后部吸气

图 3-7-14　边界层控制装置

有的飞机(如波音-737)在机翼或平尾上表面的后部装有旋涡发生器,旋涡发生器也是一种边界层控制装置,同样能达到延缓气流分离的目的。

在以上介绍的几种增升装置中,前缘缝翼和机动襟翼使用较多。有些飞机把前缘缝翼与襟翼配合使用,使得机翼的升力系数提高得更多,但压力中心不过多后移。前缘缝翼、前缘襟翼、机动襟翼等主要用于空中,以提高低速大迎角性能,增强飞机的机动性。

3.8　地面效应

3.8.1　地面效应对流场的影响

飞机在起飞、着陆或贴近地面飞行时,由于流经飞机的气流受到地面的影响,致使飞机的空气动力发生变化,这种现象称为地面效应。

如图 3-8-1 所示,同空中飞行相比,飞机贴近地面飞行时,对周围流场造成影响。一方面,由于机翼下表面的空气绕过翼尖向上表面流动时,受到地面的阻挡,致使翼尖涡减弱,平均下洗速度减小,下洗角减小;另一方面,由于通过机翼下表面的气流受到地面的阻滞作用,流速减慢,压力增大,且有一部分空气改由上表面流动,使上表面流速进一步加快,压力减小。

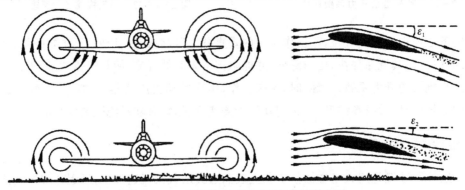

图 3-8-1　地面效应对流过飞机气流的影响

3.8.2　地面效应对飞机空气动力的影响

图 3-8-2 所示为受地面影响的某教练机升力系数曲线。

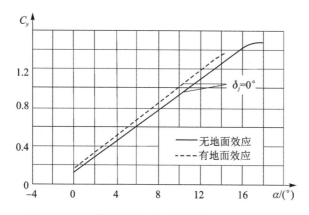

图 3-8-2　受地面影响的某教练机升力系数曲线

从曲线上可以看出,在一定迎角范围内,地面的影响使得各迎角下的升力系数普遍增大;还可以看出,地面的影响使临界迎角减小,最大升力系数降低。

这是因为飞机贴近地面飞行时,由于机翼下表面的气流受到地面阻滞,平均下洗速度减小,平均下洗角减小,有效迎角增大,使机翼的实际升力增大,且向后倾斜的角度减小,于是有效升力增大,有效迎角的增大还会引起气流提前分离,从而使临界迎角减小,最大升力系数降低。

下洗角的减小会使同一升力系数下的诱导阻力系数减小,致使诱导阻力减小。此外,飞机贴近地面飞行时,平尾的下洗速度和下洗角也减小。与空中飞行相比,在平尾上额外产生一部分正升力,对飞机质心形成低头力矩,这对保持和改变飞机的力矩平衡有一定影响。若平尾面积较大,安装位置低,则影响更明显。

地面效应对飞机空气动力的影响随飞机距地面高度的增加而减小。例如,地面效应引起的升力系数增量 $\Delta C_{y,g}$,取决于机翼后缘到地面的相对高度 $\bar{h}=h/L$,如图 3-8-3 所示。一般说来,在 $\bar{h}$ 大于 0.5~1.0 时,地面效应影响就不大了,

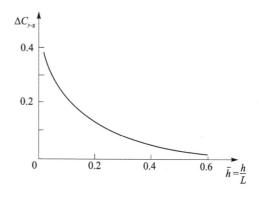

图 3-8-3　机翼距地面高度对升力系数增量的影响

$\Delta C_{y,g}$ 不超过 0.1~0.15;但在 $\bar{h}$ 较小时,$\Delta C_{y,g}$ 可能达到 0.2~0.3 或者更大。

本章小结

　　机翼是飞机产生升力的主要部件,机翼的形状主要包括翼型和机翼的平面形状。飞机在空中飞行时,机翼上下表面存在压力差,按其来流速度方向可分解为升力和阻力;当有侧滑时,飞机还受到侧力的作用。升力系数、阻力系数、侧力系数、升阻比和飞机极曲线都是表征飞机空气动力性能的重要参数和曲线。在低速飞行时,后掠翼的升阻力特性只取决于垂直分速,与平行分速无关,存在翼尖效应和翼根效应,气动特性不如平直机翼的好;而三角翼在低速大迎角时则会产生脱体涡,可以弥补三角翼低速气动特性的不足,同时使得飞机的抖动迎角和临界迎角也较大。为了增加飞机的升力,采用襟翼等增升装置提高飞机的升力系数,降低起飞离地和着陆接地速度,缩短起飞着陆滑跑距离和改善飞机的机动性能。此外,飞机在起飞、着陆和贴近地面飞行时,存在地面效应,地面效应对飞机的气动特性产生一定的影响。

思考题

　　1. 名词解释:
　　迎角　剩余压力　正压力　吸力　压力系数　摩擦阻力　压差阻力　诱导阻力　零升阻力系数　诱导阻力因子　侧滑　侧滑角　翼根效应　翼尖效应　升阻比　总空气动力　有利迎角　飞机极曲线
　　2. 机翼翼型主要有哪几种? 表征翼型形状特点的几何参数有哪几个? 分别说明其含义。
　　3. 机翼的平面形状主要有哪几种? 表征机翼平面形状特点的几何参数有哪几个? 分别说明其含义。
　　4. 迎角的正、负是怎样规定的? 它对流谱有什么影响?
　　5. 以双凸翼型为例,根据翼型的流谱画图分析机翼升力的产生。升力的方向是怎样规定的?
　　6. 分别用矢量表示法和坐标表示法画出翼型压力系数分布示意图。从图上可以看出什么?
　　7. 升力公式的数学表达式是怎样的? 升力系数的物理意义是什么?
　　8. 影响升力大小的因素有哪些? 各因素又是怎样影响升力的?
　　9. 画出升力系数曲线示意图。如何在曲线上查找 $\alpha_0,\alpha_{cr},C_{y,max}$?
　　10. 某飞机质量为 3 800 kg,机翼面积为 17 m²,零升迎角为 −2.1°,升力系数曲线斜率为 0.077 3/°,求飞机以 360 km/h 的表速做水平飞行时的迎角(海平面空气密度 $\rho=1.225$ kg/m³)。
　　11. 某飞机质量为 3 525 kg,机翼面积为 17.021 m²,求该飞机在海平面标准大气条件下用临界迎角做水平飞行时的速度(该机升力系数曲线如图 3-2-13 所示)。

12. 某飞机以 540 km/h 的真速水平飞行,若飞行员拉杆将升力系数增加为原来的 2 倍后,仍在原高度上平飞,求拉杆后飞机的平飞速度。

13. 分别分析摩擦阻力和压差阻力的产生原因。

14. 画图分析诱导阻力的产生原因。

15. 写出阻力公式,说明阻力系数的物理意义,并说明影响阻力大小的因素有哪些?

16. 迎角是怎样影响压差阻力和诱导阻力的? 展弦比对诱导阻力会产生怎样的影响? 为什么?

17. 零升阻力系数的大小取决于哪些因素? 写出诱导阻力系数公式。

18. 画出阻力系数曲线示意图,说明阻力系数随迎角的变化规律,并解释原因。

19. 某飞机质量为 4 000 kg,机翼面积为 17 m²,有效展弦比为 5.4,零升阻力系数为 0.024,求飞机以 540 km/h 的表速做水平飞行时的阻力(海平面空气密度 $\rho=1.225$ kg/m³)。

20. 左右侧滑和侧滑角的正负是怎样规定的?

21. 侧力是怎样产生的? 侧力的方向和正负是怎样规定的? 写出侧力公式,说明侧力系数的物理意义,并说明影响侧力大小的因素有哪些?

22. 画出侧力系数曲线示意图,并简述曲线说明了什么?

23. 空气流过后掠翼,流线为什么左右偏斜?

24. 翼根效应和翼尖效应对机翼表面压力分布有何影响?

25. 后掠翼和平直翼的低速升阻力特性有什么不同? 为什么?

26. 后掠翼在大迎角下,为什么翼尖先失速? 临界迎角附近升力系数变化为什么比平直翼缓和?

27. 画出升阻比曲线示意图,说明升阻比随迎角的变化规律,并解释原因。

28. 飞机极曲线有何用途?

29. 已知某飞机的机翼面积为 17 m²,零升阻力系数为 0.024,用有利迎角平飞时的表速为 270 km/h,升阻比为 12.38,求飞机的质量。

30. 已知某飞机的机翼面积为 17.021 m²,飞机质量为 4 200 kg,求该型飞机在 3 km 高度上以 450 km/h 的速度作水平飞行时的迎角是多少? 飞机阻力是多少?

31. 后缘襟翼主要有哪几种形式? 分别说明其增升原理。

32. 放襟翼后,飞机空气动力特性有什么变化? 为什么?

33. 什么是地面效应? 飞机贴近地面飞行时,空气动力特性有什么变化? 为什么?

扩展阅读　达朗贝尔之谜

1744 年,法国的达朗贝尔(1713—1783 年)在其发表的一篇论文中,推导出这样一个结论:运动的圆柱体通过没有黏性的流体时,阻力为零。因为圆柱体前后的流谱是对称的,按照伯努利定理分析,不会出现压力差,所以也就不应有阻力产生。达朗贝尔对这一显然违背常理的结论感到沮丧,但在此以后,于 1752 年和 1768 年发表的论文中,都无法推翻自己的悖论。这就是著名的"达朗贝尔之谜"。达朗贝尔的错误就在于"流体没有黏性"的假设。实质上空气和其他流体一样,都是有黏性的。1904年,德国的科学家普朗特(1875—1953年)在海德堡举行的第三届国际数学家大会上提出了边界层的概念。由于边界层内的气流分离,出现了运动物体前后的压力差,产生了阻碍物体前进的"压差阻力",这个力就是达朗贝尔没有找到的阻力。

英国人凯利在1799—1826年间所写的《航空与杂志笔记》中有这样一段话:"实践证明,就减小阻力而言,流线型物体的后部与前部形状同样重要"。他在飞机发明约100年前就找到了降低压差阻力的关键所在。1933年剑桥出版社出版了他的笔记,并公布了他亲自绘制的鲟鱼纵剖面图。令人惊奇的是,现代飞机的低阻翼型和他所绘制的剖面图竟然十分吻合。

正像凯利早已发现的那样,采取流线型剖面形状的物体,在相对气流中引起的涡流区较小,因而有较小的压差阻力。在二元风洞中所做的吹风实验证明:使用现代技术设计的流线型剖面的机翼,它的阻力比直径只有其最大厚度1/10的钢丝的阻力还要小7%。

压差阻力再加上边界层内空气的摩擦阻力统称为"翼型阻力"。翼型阻力加上干扰阻力称为飞机的"废阻力"。难道还存在着"有用阻力"吗?不是的,飞机阻力除了某些战术使用(如空战机动、着陆减速)之外,从提高飞机性能的角度看,总是有害的,因为它需要消耗动力装置的能量。当然也有一种阻力是与机翼产生相伴而产生的,这种阻力就是"诱导阻力"。

德国气动学家马克斯·迈克尔·门克(1890—1986年)在哥廷根大学的博士论文就是关于如何减小诱导阻力的。根据他的计算,机翼升力沿翼展呈椭圆分布时,诱导阻力最小。正是根据这一理论,第二次世界大战中的战斗机,平面形状为椭圆形的机翼被广泛采用,如英国的"暴风"和"喷火"等。

由于椭圆形机翼加工比较复杂,所以现代飞机大多选用一定根梢比的梯形机翼,或适当加大机翼的展弦比,但过分加长翼展会受到结构强度的限制。1986年12月14日至23日,创造不实施空中加油环球纪录的"旅行者"号飞机,其翼展长达33.77 m,飞机质量为1.2 t,而可携载的燃油质量竟有4.08 t。

在过去的42年中,我飞过成千上万个航班,但我在其中一次的表现却决定了人们如何对我整个飞行生涯做出评价。这一点告诉我们:我们必须每时、每次、每件事都要做对,还要努力做到最好,因为我们不知道生命中的哪一个瞬间会决定对我们一生的评价。机遇总是留给那些有准备的人。[①]

——全美航空公司机长、安全专家,创造"哈德逊河奇迹"的传奇机长萨伦伯格谈飞行职业

第4章 高速气流特性

研究低速气流特性时,由于空气的密度和温度随速度的变化很小,其影响可以忽略,因而把低速气流看作是不可压缩的。但对于高速气流,空气密度和温度随速度的变化不可忽略,而且气流速度变化越大,空气密度和温度的变化越明显。当气流速度超过声速时,气流特性会出现一些不同于低速气流的质的差别。例如,超声速气流加速时,流管不是收敛而是扩张,并产生一系列膨胀波;超声速气流减速时,会产生压力突增的激波。所以,高速气流的压缩性不可忽略。

4.1 高速一维定常流动

4.1.1 空气压缩性

1. 空气压缩性的概念

生活中的一些现象告诉我们,空气的体积是可以改变的。例如,用力压皮球,可以把它压瘪;有凹坑的乒乓球放在热水里,凹下去的部分会重新鼓起来。

空气的压缩性就是指空气的体积或密度在压力或温度变化时可以改变的特性。空气在流动过程中,气流本身的压力和温度发生变化会引起密度的变化。例如,空气流过机翼时,在机翼前缘,气流受阻,速度减慢,压力增大,空气密度会增大;在机翼上表面,流速加快,压力减小,密度会减小。低速气流空气密度变化不大,近似认为全流场密度是常数;高速气流流动过程中则必须考虑其密度变化。空气动力学所讨论的空气压缩性是指空气在流动过程中,气流的压力和温度发生变化而引起密度改变的特性。

---

① 切斯利·萨伦伯格,杰夫·扎斯洛. 最高职责[M]. 杨元元,译. 北京:北京联合出版公司,2011.

2. 温度对空气压缩性的影响

空气的弱压缩过程可以认为是一个可逆的绝热过程,满足等熵关系式,即

$$p = c\rho^k \tag{4-1-1}$$

由上式和气体状态方程 $p = \rho RT$ 可得

$$\frac{\mathrm{d}p}{\mathrm{d}\rho} = kc\rho^{k-1} = k\,\frac{p}{\rho} = kRT \tag{4-1-2}$$

式中,c 为常数;k 为比热比,空气的 $k = 1.4$;

R 为气体常数,对空气而言,$R = 287\ \mathrm{J/(kg \cdot K)}$。

式(4-1-2)表明,随着温度的升高,$\mathrm{d}p/\mathrm{d}\rho$ 增大,空气将变得难以压缩;反之,温度降低,空气将变得容易压缩。例如,体积和质量相同的两个皮球,一个被太阳晒过,温度较高;一个没有被晒过,温度较低。用手在皮球上增加同样的压力就会发现:晒过的皮球不容易变形,体积减小得少,密度增加得少;没有晒过的皮球,容易变形,体积减小得多,密度增加得多。

4.1.2　声波与声速

1. 弱扰动波(声波)

向平静的水中投入一枚石子,池水受到的扰动以波的形式向四面八方传播。同样,飞机在空中飞行,机身、机翼等会对周围的空气产生扰动,使空气压力、密度等参数发生变化,并向四面八方传播。

在扰动传播过程中,受扰动的空气与未受扰动的空气之间的分界面称为扰动波。波面前后压力差微小的称为弱扰动波,波面前后压力差显著的称为强压力波。

扰动分为压缩扰动($\mathrm{d}p > 0$)和膨胀扰动($\mathrm{d}p < 0$),对应的扰动波就是压缩波和膨胀波。膨胀波是一种弱扰动波。压缩波分弱压缩波和强压缩波两种,强压缩波也称为激波。例如,原子弹爆炸,空气受到强烈压缩,压力急剧升高,形成的破坏力极大的强压缩波就是激波,也是通常所说的冲击波。

扰动波在空气中的传播过程可以用实验证明。如图 4-1-1 所示,取两个小鼓,正对着放置,两鼓不直接接触,当敲击右侧鼓膜时,与左侧鼓膜接触的小球会弹起。这证明扰动从一端传到了另一端。

声波是最常见的弱扰动波,是声源振动所引起的气体压力变化在气体中的传播结果。例如,用锤击鼓,会引起鼓膜振动。鼓膜向外凸起时,使紧贴鼓膜的空气层受到挤压,其压力和密度稍微升高。这层被挤压的空气的压力比外层空气的压力稍高,又会挤压离鼓膜稍远的空气。这层稍远的空气受到压缩后,又会挤压离鼓膜更远的空气。这样,鼓膜振动所引起的空气压力变化就会由近向远传播。当鼓膜向内凹进时,邻近的空气又会膨胀,压力降低。这个压力降低的扰动紧随在压力升高的扰动后面也向四周传播。扰动波传到人的耳朵,引起耳膜振动,人就听到了鼓声。声音的传播是人们经常感觉到的一种弱扰动传播,故习惯上把弱扰动波称为

声波。

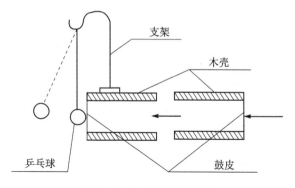

图 4-1-1 扰动传播实验

2. 声 速

声波的传播速度称为声速,是扰动波中传播速度最慢的。声速代表了弱扰动波的传播速度。在不同的介质中,声速的大小是不一样的。在金属中声速比在水中快,在水中又比在空气中快。在空气动力学中,声速专指弱扰动波在空气中的传播速度,用 a 表示。声速的大小可表示为

$$a = \sqrt{\frac{\mathrm{d}p}{\mathrm{d}\rho}} \tag{4-1-3}$$

或

$$a = \sqrt{kRT} \tag{4-1-4}$$

对于空气,将 $k=1.4$,$R=287$ J/(kg·K)代入式(4-1-4),则有

$$a = 20\sqrt{T} \tag{4-1-4a}$$

式(4-1-4a)表明:声速的大小取决于空气是否容易压缩和空气的温度。如在海平面标准大气条件下,气温为 288.15 K,声速为

$$a = 20\sqrt{288.15} = 340 (\mathrm{m/s})$$

在对流层内,气温随着高度的增加而降低,声速也随高度的增加而降低。在 11~20 km 高度上气温为 216.65 K,声速为

$$a = 20\sqrt{216.65} = 295 (\mathrm{m/s})$$

在标准大气条件下,声速随高度的变化曲线如图 4-1-2 所示。

4.1.3 马赫数

1. 马赫数的概念

气流速度与当地声速的比值称为马赫数(Ma),即

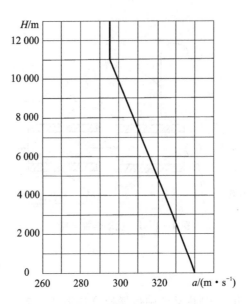

图 4-1-2　声速随高度的变化

$$Ma = \frac{V}{a}$$

式中，Ma 为马赫数；V 为气流速度；a 为当地声速。马赫数是奥地利物理学家马赫最早提出的。

　　飞行速度与飞机所在高度上声速的比值称为飞行马赫数，用 Ma 表示。远前方来流速度 V_∞ 与飞机所在高度声速的比值称为来流马赫数，用 Ma_∞ 表示。

　　由于对流层中声速随高度增加而减小，所以飞行高度变化时，相同的飞行速度对应不同的飞行马赫数，而相同的飞行马赫数对应不同的飞行速度。

2. 马赫数的物理意义

Ma 是空气动力学中一个很重要的参数，具有以下物理含义。

（1）Ma 的大小可作为划分气流速度范围的尺度

$Ma<1$，表明气流速度小于当地声速，称为亚声速流；$Ma>1$，表明气流速度大于当地声速，称为超声速流；$Ma=1$，称为等声速流。

为了方便研究飞行器的空气动力特性，航空航天界把飞行速度范围一般作如下划分：

① 低速飞行：$Ma<0.3$；

② 亚声速飞行：$0.3\leqslant Ma<0.8$；

③ 跨声速飞行：$0.8\leqslant Ma<1.4$；

④ 超声速飞行：$1.4\leqslant Ma<5.0$；

⑤ 高超声速飞行：$Ma\geqslant5.0$。

（2）Ma 的大小可作为空气压缩性影响强弱的标志

忽略重力的影响，式(2-2-4)可以改写为

$$\mathrm{d}p = -\rho V \mathrm{d}V \tag{4-1-5}$$

该式称为微分形式的动量方程。将此方程变换得

$$\frac{\mathrm{d}p}{\mathrm{d}\rho}\ \frac{\mathrm{d}\rho}{\rho} = -V^2\ \frac{\mathrm{d}V}{V}$$

又因为

$$\frac{\mathrm{d}p}{\mathrm{d}\rho} = a^2$$

所以有

$$\frac{\mathrm{d}\rho}{\rho} = -Ma^2\ \frac{\mathrm{d}V}{V} \tag{4-1-6}$$

由式(4-1-6)可以看出,在速度相对变化量 $\mathrm{d}V/V$ 一定时,密度相对变化量 $\mathrm{d}\rho/\rho$ 取决于 Ma 的大小。当 Ma 很小时,如低速时 $Ma \leqslant 0.3$, $\mathrm{d}\rho/\rho$ 绝对值的大小不到 $\mathrm{d}V/V$ 绝对值的 $1/10$,密度的变化可以忽略,所以可视此时的气体为不可压缩流体;而 Ma 较大(大于 0.3)时, $\mathrm{d}\rho/\rho$ 不能被忽略,必须考虑空气密度的变化,即考虑空气压缩性的影响。可见,空气流动时 Ma 的大小是空气压缩性强弱的标志。

(3) Ma 的大小决定弱扰动的传播范围

飞机在大气中飞行,飞机表面的每一个点都可看作是一个扰动源。假设扰动是一个弱扰动,扰动源静止,每隔 1 s 发出一次弱扰动信号,传播速度为 a。弱扰动的传播有以下四种典型情况(见图 4-1-3)。

① 气流速度为零($Ma=0$)

如图 4-1-3(a)所示,扰动以同心圆的形式均衡地向四面八方传播。若时间足够长,扰动会波及全流场。

② 气流速度小于声速($Ma<1$)

如图 4-1-3(b)所示,扰动非均衡地向四面八方传播。逆气流方向传播的绝对速度 $a-V>0$,可以逆气流前传。若时间足够长,扰动也会波及全流场。

③ 气流速度等于声速($Ma=1$)

如图 4-1-3(c)所示,扰动波的波面在逆气流方向上始终彼此相切 $a-V=0$。可见在气流速度等于声速的情况下,弱扰动的波面不能逆气流前传,扰动只能影响扰源以后的空气。

④ 气流速度大于声速($Ma>1$)

如图 4-1-3(d)所示,弱扰动的波面一方面扩大,一方面以速度 $(V-a)$ 顺流而下,弱扰动所能影响的范围,仅限于图中两条切线所夹的圆锥内。这个圆锥的锥面是一系列相邻的弱扰动波的公切面,称为扰动锥或者马赫锥。这样,圆锥表面就成了受扰动与未受扰动的界限,这个界限面称为弱扰动的界限波,或称马赫波。母线 OA 称为马赫线,锥顶半角称为马赫角,用 μ 表示,其大小为

$$\mu = \arcsin(1/Ma) \tag{4-1-7}$$

从式(4-1-7)可以看出, Ma 越小,马赫角(μ)越大, $Ma=1$ 时,马赫角最大($\mu=\pi/2$)。 $Ma<1$ 时,不存在马赫波,也就不存在马赫角了。

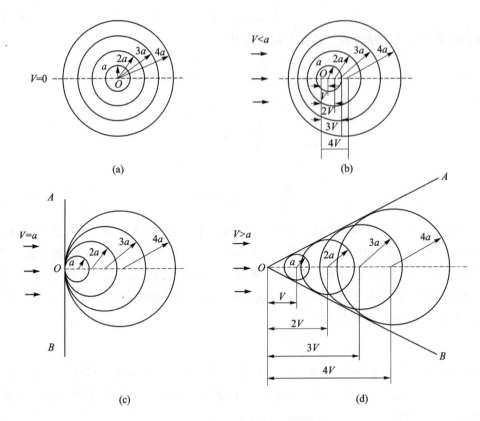

图 4-1-3　弱扰动传播区的划分

　　由以上分析可知,在亚声速气流($Ma<1$)中,弱扰动可以向四面八方传播,扰动无界;在超声速气流中($Ma>1$),弱扰动不能逆气流方向向前传播,只能在扰动锥里传播,扰动有界。这是超声速气流同亚声速气流的本质区别。

4.1.4　一维绝热流动的能量方程

1. 方程表达式

对于空气,一维绝热流动的能量方程有如下几种表达形式:

$$\frac{V^2}{2}+3.5\frac{p}{\rho}=\text{常数} \tag{4-1-8}$$

$$\frac{V^2}{2}+1\,000T=\text{常数} \tag{4-1-9}$$

$$\frac{V^2}{2}+u+\frac{p}{\rho}=\text{常数} \tag{4-1-10}$$

　　* 上述能量方程推导如下:

　　在定常、绝热、无黏的条件下,将等熵关系式(4-1-1)微分后代入微分形式的动量方程式(4-1-5),得

$$\rho V \mathrm{d}V + kc\rho^{k-1}\mathrm{d}\rho = 0$$

即

$$V\mathrm{d}V + kc\rho^{k-2}\mathrm{d}\rho = 0$$

对上式积分,得

$$\frac{V^2}{2} + \frac{k}{k-1}c\rho^{k-1} = 常数$$

即

$$\frac{V^2}{2} + \frac{k}{k-1} \cdot \frac{p}{\rho} = 常数 \qquad\qquad (4-1-8a)$$

将气体状态方程代入上式得

$$\frac{V^2}{2} + \frac{k}{k-1}RT = 常数 \qquad\qquad (4-1-9a)$$

将空气的 k 和 R 值代入式(4-1-8a)、式(4-1-9a),即得能量方程式(4-1-8)和式(4-1-9)。

因为

$$k = \frac{c_p}{c_V}, \qquad R = c_p - c_V$$

式中,c_p 为定压比热容;c_V 为定容比热容。式(4-1-9a)可写成

$$\frac{V^2}{2} + \frac{c_p}{c_p - c_V}RT = 常数$$

$$\frac{V^2}{2} + c_p T = 常数$$

将 $c_p = R + c_V$ 代入上式得

$$\frac{V^2}{2} + c_V T + \frac{p}{\rho} = 常数$$

又因为空气的内能 $u = c_V T$,所以有

$$\frac{V^2}{2} + u + \frac{p}{\rho} = 常数 \qquad\qquad (4-1-10)$$

2. 方程物理意义及使用条件

式(4-1-10)中的 $V^2/2$、u 和 p/ρ 分别为单位质量空气的动能、内能和压力能。它表明在绝热过程中,流动空气的动能、内能和压力能之间可以相互转换,总和保持不变。气流速度减小时,其内能和压力能之和增加;气流速度增大时,其内能和压力能之和减小。

高速能量方程与低速能量方程(伯努利方程)的不同之处在于:低速时,密度、温度不变,内能不参与转换,伯努利方程中只有动能和压力能相互转换;而高速时,温度、密度的变化不容忽视,因而能量方程中有动能、内能和压力能三种能量参与转换。高速能量方程是在绝热无黏的条件下推导出来的。如果气流内部有摩擦现象,方程仍然适用。因为尽管气体摩擦做了功,摩擦热保留在气体内部,所以它适用于黏性气体。

4.1.5　气流参数随马赫数的变化

在绝热流动中,气体的温度随速度的减小而增大。气流速度绝热地滞止到零时所对应的温度称为驻点温度(又称滞止温度或总温),用 T_0 表示;驻点压力(又称滞止压力或总压)、密度分别用 p_0、ρ_0 表示;流场中驻点之外的其他点的参数 p、ρ、T 等称为静参数。

1. 总参数与静参数之比与马赫数之间的关系

根据式(4-1-9)得 $T_0 = T + \dfrac{V^2}{2\,000}$,由于 $Ma = \dfrac{V}{a}$ 及 $a = 20\sqrt{T}$,所以

$$\frac{T_0}{T} = 1 + 0.2Ma^2 \tag{4-1-11}$$

由等熵关系式(4-1-1)可得

$$\frac{p_0}{p} = \left(\frac{\rho_0}{\rho}\right)^k$$

利用气体状态方程 $p = \rho RT$,有

$$\frac{T_0}{T} = \frac{p_0/p}{\rho_0/\rho}$$

于是有

$$\frac{T_0}{T} = \left(\frac{\rho_0}{\rho}\right)^{k-1} = \left(\frac{p_0}{p}\right)^{\frac{k-1}{k}}$$

对于空气,$k = 1.4$,所以

$$\frac{\rho_0}{\rho} = \left(\frac{T_0}{T}\right)^{\frac{1}{k-1}} = \left(\frac{T_0}{T}\right)^{2.5} \tag{4-1-12}$$

$$\frac{p_0}{p} = \left(\frac{T_0}{T}\right)^{\frac{k}{k-1}} = \left(\frac{T_0}{T}\right)^{3.5} \tag{4-1-13}$$

将式(4-1-11)代入式(4-1-12)和式(4-1-13)即得

$$\frac{\rho_0}{\rho} = (1 + 0.2Ma^2)^{2.5} \tag{4-1-14}$$

$$\frac{p_0}{p} = (1 + 0.2Ma^2)^{3.5} \tag{4-1-15}$$

式(4-1-11)、式(4-1-14)和式(4-1-15)称为等熵流动关系式,表示流场中某点的总参数与静参数之比和气流 Ma 之间的关系。

2. 驻点参数随飞行马赫数的变化

若以上等熵流动关系式中的 Ma 为飞行 Ma(Ma_∞),温度、压力、密度为飞机所在高度大气的温度、压力和密度,这些静参数分别用 T_∞、p_∞ 和 ρ_∞ 表示。当飞行高度一定时,T_∞、p_∞ 和 ρ_∞ 一定,这时驻点参数随飞行 Ma 的增大而增大,随飞行 Ma 的减小而减小。

3. 机翼表面各点气流参数随该点局部马赫数的变化

局部 Ma 是指飞机周围的流场中某点的相对气流速度与该点的局部声速的比值。当飞行高度和速度一定时,驻点参数(T_0、p_0 和 ρ_0)一定。这时机翼表面各点的气流参数只随该点局部 Ma 变化。由等熵流动关系式可知,局部 Ma 增大,该点温度、压力、密度降低;反之,该点温度、压力、密度增大。

4.1.6　空气动力加热

飞机高速飞行时,流向飞机的相对气流在飞机前缘或边界层中受到阻滞,使空气温度升高,在绝热时,速度减小为零时温度将升高到总温,同时热量向飞机表面传播,使飞机温度升高,这种现象称为空气动力加热,又称气动增温。由式(4-1-11)可得

$$T_0 = (1 + 0.2Ma^2)\,T \qquad\qquad (4-1-16)$$

温度增量为

$$\Delta T = T_0 - T = 0.2Ma^2 T \qquad\qquad (4-1-17)$$

但是,驻点的实际温度要比根据式(4-1-17)所得的计算值小一些。这是因为假设空气是绝热的,而实际上总有一些热传导和热辐射存在,所以应对上述公式加以修正。考虑热传导、热辐射后,气流滞止的实际温度增量为

$$\Delta T_r = 0.2rMa^2 T \qquad\qquad (4-1-18)$$

式中,r 为修正系数。层流边界层,$r_层 \approx 0.85$;湍流边界层,$r_湍 \approx 0.885$。

式(4-1-18)表明:随着飞行 Ma 的增加,飞机表面的温度会迅速提高,温度增量与 Ma^2 成正比。例如,在 10 km 高度上,气温为 223 K,取 $r_层 \approx 0.85$,当 $Ma = 0.3$ 时,机翼表面温度仅升高 3.41 ℃;当 $Ma = 3.0$ 时,温度升高 341 ℃。显然,高速飞行时会有大量的热量传入飞机内部。

严重的气动加热会给飞行带来不利的影响,例如,使飞机结构刚度下降和强度减弱,并产生热应力、热应变等现象;会引起座舱温度升高,使舱内工作环境变坏;油料容易挥发、稀释,影响发动机工作;橡胶制件、有机玻璃、仪表电器雷达设备的性能也会变差;此外,气动加热还会影响飞机的红外隐身性能等。

飞机高速飞行时,因气动加热而引起的困难俗称热障。为了保证飞行安全和飞机的正常使用,对高速飞机的高速飞行有严格的限制,飞行人员应严格遵守。

4.2　激波和膨胀波

超声速气流加减速时,气流特性呈现出与亚声速气流显著不同的特点。主要表现为:第一,流管截面积随流速的变化规律截然不同;第二,扰动有界。气流加速时,界面为膨胀波;减

速时,界面为激波。本节主要分析膨胀波和激波的产生及波后气流参数的变化,为分析飞机高速空气动力特性奠定基础。

4.2.1 流管截面积随流速的变化

将连续方程 $\rho VA = C$ 两边取自然对数后微分可得

$$\frac{d\rho}{\rho} + \frac{dV}{V} + \frac{dA}{A} = 0 \tag{4-2-1}$$

将式(4-1-6)代入上式,得

$$\frac{dA}{A} = (Ma^2 - 1)\frac{dV}{V} \tag{4-2-2}$$

式(4-2-2)是可压缩气流流管截面积相对变化量与气流速度相对变化量之间的关系式。亚声速时,$Ma^2 - 1$ 为负,速度增大时流管截面积变小;速度减小时流管截面积变大。这与低速流动的规律相同。但在超声速时,$Ma^2 - 1$ 是正值,速度增大时流管截面积变大,如图4-2-1所示。

据式(4-2-2),要产生超声速气流,流管截面应先减小后增大,整条流管的形状如图4-2-2所示,这种先收缩后扩张的管子称为拉瓦尔管。超声速风洞的喷管就是这种先收缩后扩张的形状。在拉瓦尔喷管中,亚声速气流必在收缩段里,超声速气流只能出现在扩张段里,而 $Ma = 1$ 必在最窄截面处(喉部)。

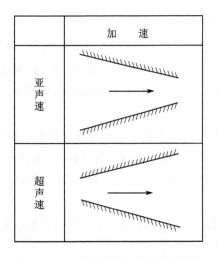

图 4-2-1 流管截面积随流速的变化

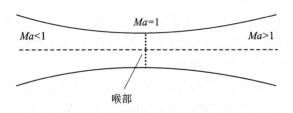

图 4-2-2 拉瓦尔管

产生超声速气流的条件,除气流必须通过先收缩后扩张的流管之外,进口与出口的压力比还要足够大。

4.2.2　膨胀波

1. 超声速气流流过一外凸角的膨胀波

如图 4-2-3(a)所示,设超声速气流无黏地绕无限小的外凸角 dδ 流动。在转折点 O 之前,气流和壁面完全平行,气流未受扰动。流至点 O,壁面外折流动空间扩大,气流膨胀加速并外折一个角度,继续沿壁面流动。根据能量方程,速度增大后压力、密度、温度随之减小。显然,转折点 O 为扰动源。由于超声速气流扰动有界,所以扰动影响只限于以 OL_1 为锥面的马赫锥内,通过点 O 的马赫线 OL_1 为一道弱扰动波,也是一道膨胀波,马赫角 $\mu = \arcsin(1/Ma)$。超声速气流通过膨胀波前,气流参数没有任何变化。通过膨胀波后,速度增大,温度、压力、密度均减小,但变化很微小,是一个等熵过程。

再看超声速气流流过连续微小外凸角的情形,如图 4-2-3(b)所示。扰动源无限靠近,dδ 就逐渐增大为 δ,每转过一微小角度,就产生一道膨胀波,气流就膨胀加速一次,即 $Ma_4 > Ma_3 > Ma_2 > Ma_1$。由于 Ma 越大,马赫角就越小,所以各膨胀波不会相交。可见,超声速气流流过一外凸角时,气流方向的改变不是一次完成的,而是经过无数条膨胀波。这些膨胀波都从同一扰动源 O 出发,形成扇形膨胀区,如图 4-2-4 所示。气流经过扇形膨胀区后,流速有一定量的增加,压力、温度、密度都有一定量的下降,但这些变化是连续的、渐变的,所以过程仍然是等熵的。

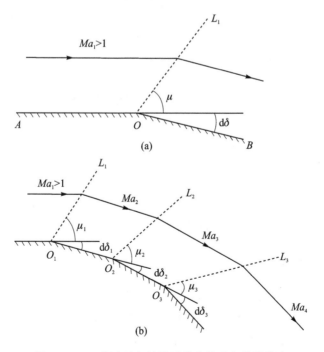

图 4-2-3　超声速气流流过微小外凸角的膨胀波

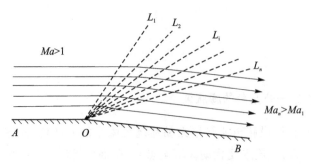

图 4-2-4 扇形膨胀区

2. 超声速气流流过一外凸曲面的膨胀波

如图 4-2-5 所示,设 AO 和 $O'B$ 为直壁面,OO' 为外凸曲面,可以把弯曲部分 OO' 看成是由许多不断转折的微小外凸角组成的表面。超声速气流流过这一外凸曲面也可以看成是空气连续流过许多转折角很小的外凸角。气流每经过一个微小的外凸角,就受扰产生一道膨胀波,从而产生无数道膨胀波。气流每经过一道膨胀波,流动方向就改变一次,速度就增加一点,压力、密度、温度就降低一点。而在膨胀波束之外,气流参数保持不变。

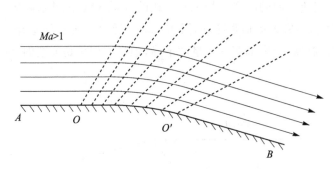

图 4-2-5 超声速气流流过外凸曲面的膨胀波

4.2.3 激 波

如图 4-2-6 所示,超声速飞行时,超声速气流受到机头和机翼前缘的阻挡将产生激波。气流通过激波后,气流参数将发生显著的变化。

1. 头部激波或前缘激波的产生

飞机在静止的空气中以超声速飞行或相对气流以超声速向飞机吹来,气流受到机头和机翼前缘阻挡,流速减小很多,压力显著提高(以图 4-2-7 所示的平直机翼驻点为例,用 Δp 表示压力升高量),形成一个强压力波。开始,由于压力波强度大,波面前后的压力差比较大,压力波传播速度大,波面可以离开机翼前缘逆气流向前传播。但是,强压力波向前传播中,强度将逐渐降低,使压力差逐步减小,传播速度减小。当压力波传播速度与气流速度相等时,压力

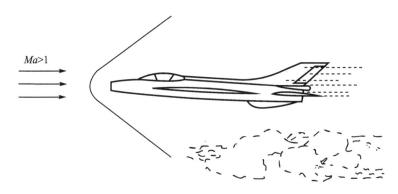

图 4-2-6　飞机的头部激波

波将相对于飞机保持不动,这就是激波。与马赫波类似,只有波后气流参数才会发生变化,波前气流参数仍将保持不变。气流通过激波后,波面前后出现气流参数突变,波后气流速度突然减慢,压力、密度、温度突增。激波的传播速度将大于声速,其大小为

$$V_s = \sqrt{\frac{p_2 - p_1}{\rho_2 - \rho_1}} \cdot \sqrt{\frac{\rho_2}{\rho_1}} \qquad\qquad (4-2-3)$$

式中,V_s 为激波传播速度;p_1、p_2 为激波前、后的压力;ρ_1、ρ_2 为激波前、后的空气密度。

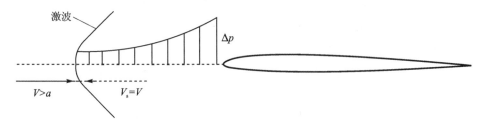

图 4-2-7　前缘激波的产生

　　显然,对于弱扰动波(声波),p_1 与 p_2、ρ_1 与 ρ_2 相差微小,式(4-2-3)将变成声速公式,传播速度为最小值。但对于有一定强度的压缩波(激波),波后参数有突跃变化,p_2 比 p_1 大得多,所以强扰动波的传播速度(V_s)大于声速(a)。激波前后气流参数相差越大,激波就越强,其传播速度就越大。反之,飞行速度越大,激波速度也就越大,激波就越强。在亚声速飞行中,机翼前缘压力升高所形成的压力波的传播速度大于飞行速度,压力波可以逆气流传播到无穷远处,并减弱为弱扰动波,所以不会产生前缘或头部激波,如图 4-2-8 所示。在等声速飞行中,扰动波的传播速度最后等于声速,是一个弱扰动波,也不会产生前缘激波或头部激波,如图 4-2-9 所示。

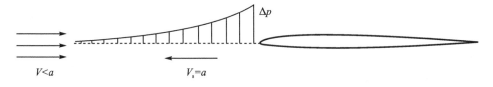

图 4-2-8　扰动波在亚声速气流中的传播

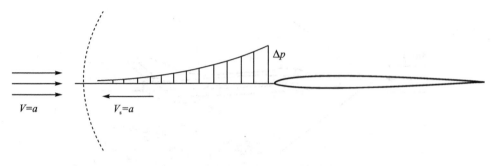

图 4 - 2 - 9   等声速飞行时扰动波的传播

通过以上分析可知：激波产生的条件是超声速气流受到阻挡（不管这种阻挡以什么形式出现）；产生的原因是超声速时扰动有界，强压力波不能逆着气流一直传播出去。超声速气流受阻后，通过激波减速，存在气流参数突变的界面。而亚声速气流受到阻挡是逐渐减速的，不存在气流参数的突变。这是超声速气流与亚声速气流的又一质的差别。

2. 激波分类和激波角

当船在水上航行时，船头会出现很高的浪峰，两侧浪峰逐渐减弱，波面向后倾斜，距船越远，浪峰越弱，到很远的地方就变成微弱的波纹了。飞机作超声速飞行，产生头部或前缘激波，情形与上述类似。实验证明，在钝头条件下，由于钝头对气流的阻滞作用很强，一般产生脱体激波，即离开飞机机翼前缘，如图 4 - 2 - 10 所示。

脱体激波的中部波面与气流方向垂直称为正激波，脱体激波的外侧波面与气流方向成一倾斜角称为斜激波。

气流通过正激波后，空气压缩最为厉害，激波前后的压力差最大，即正激波强度最大。斜激波的强度比正激波的弱。斜激波在延伸中，强度是逐渐减弱的，延伸至某一地方就减弱成弱扰动波了。

飞机作超声速飞行，且机翼为尖头前缘（如菱形机翼），在尖前缘半顶角不太大的情况下，会产生附体斜激波，如图 4 - 2 - 11 所示。它的形成可以这样理解：当来流与楔形体中轴线平行时，气流方向内折，气流受到斜平面的阻滞作用，从而在气流转折的地方产生上下两道斜激

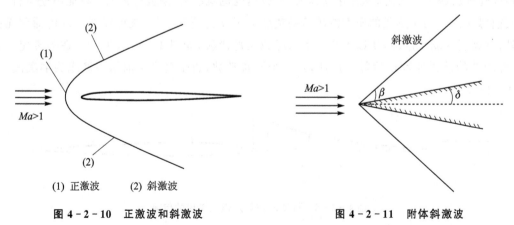

(1) 正激波   (2) 斜激波

图 4 - 2 - 10   正激波和斜激波   图 4 - 2 - 11   附体斜激波

波。前缘半顶角称为气流内折角或称折壁内凹角(δ)。波前气流方向与斜激波的夹角称为激波角,用 β 表示(见图 4 - 2 - 11)。激波角的大小取决于波前气流马赫数和气流内折角的大小。激波角的大小反映了波前气流速度与激波波速之间的比例关系。当 Ma 一定时,激波角越大,说明激波波速大,激波强;反之,则激波弱。

当波前 Ma 一定时,气流内折角增大,则激波角随之增大。当内折角增大到某一值后,激波脱体形成脱体激波,如图 4 - 2 - 12 所示。这是因为气流内折角增大,气流受到的阻滞作用增强,激波增强,激波传播速度增大。当气流内折角增大到某一值后,激波传播速度大于波前气流速度,此时,激波将逆气流向前传播,导致激波脱体。

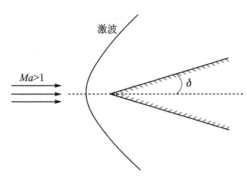

图 4 - 2 - 12　脱体激波

当迎角不为零时,超声速气流的折角将发生变化,是内折还是外折由来流方向确定。内折气流将产生激波,而外折气流将产生膨胀波。当上下翼面的超声速气流流到机翼后缘时,由于上下气流的指向不一致,压力一般也不相等,不同迎角下,在后缘上下必然产生两道斜激波或一道斜激波和一道膨胀波,使在后缘处会合的气流有相同的流向和相同的压力。图 4 - 2 - 13 表示的是不同迎角下,超声速气流流过菱形翼型时所产生的激波和膨胀波。

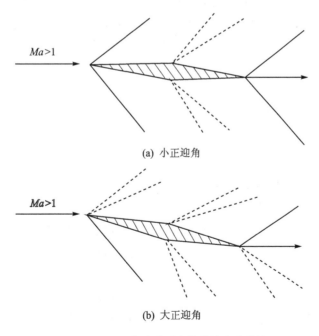

(a) 小正迎角

(b) 大正迎角

图 4 - 2 - 13　菱形翼型上的激波和膨胀波

3. 超声速气流流过激波后气流参数的变化

超声速气流流过激波后,不管是正激波还是斜激波,波后同波前相比,气流速度都突然减小,压力、密度、温度都突然升高,但是斜激波不像正激波那样强烈。这说明在同一来流条件下,斜激波的压缩作用比正激波的弱。因为气流通过斜激波时,只有法向分速(V_n)发生变化,而切向分速(V_t)不变,如图 4-2-14 所示。就这个意义说,斜激波就是法向分速度的正激波,这相当于来流马赫数为 Ma_{n1} 的正激波的情况,而 Ma_{n1} 总是小于 Ma 的,所以斜激波强度较弱。

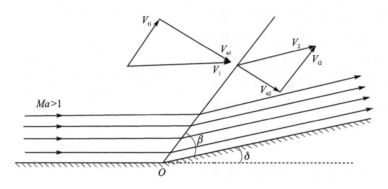

图 4-2-14 斜激波前后的气流情况

超声速气流通过正激波后变为亚声速流,方向不变。超声速气流通过斜激波后,法向分速(V_{n2})变为亚声速流,而切向分速(V_t)不变,两者的合速度(V_2)向外折,其大小可能是亚声速的,也可能是超声速的。

超声速气流通过激波是绝热不等熵过程,总温 T_0 不变,总压 p_0 要减小,即总压有损失,这是气体黏性作用的结果。也就是说,气体不像等熵过程那样得到了有效的压缩,压力和密度比等熵过程的低。这样,当波后速度恢复到波前速度时,压力将小于波前压力;或者说,当波后压力恢复到波前压力时,波后速度小于波前速度。

超声速气流通过激波后的总压损失称为激波损失。在同一 Ma 下,斜激波比正激波的损失小。为了提高飞机性能,要千方百计地减小这种损失。为此,超声速飞机的头部变尖,机翼变薄,尽量使正激波变成斜激波,以减小机械能损失。

4.2.4 超声速飞行中的声爆

飞机超声速飞行时,机身、机翼、尾翼的头部和尾部都会产生强烈的激波,引起周围空气发生急剧的压力变化。如果飞行高度不大,地面上的人在激波经过瞬间,会听到类似响雷或炮弹爆炸的声音,这就是超声速飞行中的"声爆"。

试飞表明,飞机作超声速飞时,飞机各部分产生的激波系在传播中会逐渐汇合成一前一后两个激波,称为头波和尾波,向前传播,并传至地面,中间为膨胀波区,如图 4-2-15 所示。人们在地面上听到的是急促的连续两响。

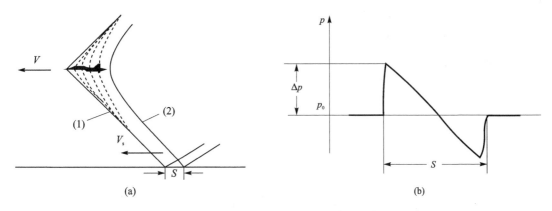

图 4 - 2 - 15　激波经过时地面上的压力变化

本章小结

　　在高速流动中,空气压缩性的影响不可忽略,其强弱程度可以用马赫数表示。此外,马赫数还可以作为流动速度范围的划分尺度和决定弱扰动的传播范围。一维绝热流动的能量方程表明,在绝热过程中,空气的动能、内能和压力能之间可以相互转换,总和保持不变。因此在超声速流动中,如果流管横截面积增大,则会产生膨胀波,波后气流速度增高,而压强、密度和温度等参数降低;如果流管横截面积减小,则会产生激波,波后气流速度降低,而压强、密度和温度等参数增高。

思考题

　　1. 写出声速公式,简述空气压缩性与声速之间的关系。

　　2. 说明飞行高度和速度对飞行 Ma 的影响?

　　3. 写出一维绝热流动的能量方程,并给出它与伯努利方程的相同点和不同点。

　　4. 某飞机的飞行速度是 850 km/h,问:

　　(1) 在海平面标准大气条件下,其飞行 Ma 是多大? 总温是多大?

　　(2) 1 000 m 高度上,飞行 Ma 是多大? 总温是多大?

　　5. 某飞机在 5 000 m 高度上飞行,测得总压 $p_0 = 90\ 000$ Pa,已知机翼表面某点的速度为 200 m/s,求该点的压力、密度和温度。

　　6. 分析亚声速流和超声速流中,流管截面积与流速的关系。要获得超声速气流为什么一定要采用拉瓦尔管?

　　7. 说明超声速气流流过一外凸角和外凸曲面时,膨胀波区的形成过程及膨胀波区前后气流参数的变化情形。

8. 飞机头部激波是怎样产生的？正激波和斜激波有什么区别？

9. 什么是激波角？激波角是怎样变化的？

10. 如图 4 - S - 1 所示，比较飞机在超声速飞行中，1、2、3、4 点的流速、压力、密度、温度的大小，并说明原因。

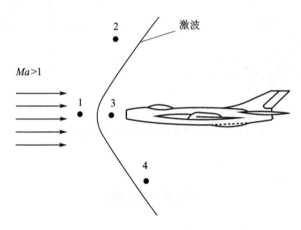

图 4 - S - 1　激波前后静参数大小的比较

扩展阅读　声　障

声障是一种物理现象。当飞机的速度接近声速时，将会逐渐追上自己发出的声波。声波叠合累积的结果会造成震波的产生，进而对飞机的加速产生障碍，这种因为声速造成提升速度的障碍称为声障，如图 4 - A - 1 所示。飞机突破声障进入超声速后，从飞机最前端起会产生一股圆锥形的声锥，在旁观者听来这股震波有如爆炸一般，故称为声爆。强烈的声爆不仅会对地面建筑物产生损害，也会对飞行器本身伸出冲击面之外的部分产生破坏。

图 4 - A - 1　突破声障的瞬间

除此之外，由于在物体的速度快要接近声速时，周边的空气受到声波叠合而呈现非常高压的状态，因此一旦物体穿越声障后，周围压力将会陡降。在比较潮湿的天气，有时陡降的压力所造成的瞬间低温可能会让气温低于它的露点,使得水汽凝结变成微小的水珠,肉眼看来就像是云雾般的状态。但是,由于这个低压带会随着空气远离机身而逐渐恢复到常压,因此其形状像是一个以物体为中心轴、向四周均匀扩散的圆锥状云团。

接近声障

第二次世界大战后期,战斗机的最大速度已超过 700 km/h。要进一步提高飞行速度,就会遇到所谓声障问题。

由于受空气温度的影响,声音在空气中传播的速度是变化的;同时,大气温度也会随着高度的变化而变化,因此不同飞行高度的声速也不同。在国际标准大气情况下,声速在海平面为 1 227.6 km/h,在 11 000 m 的高空则为 1 065.6 km/h。时速 700 km 的飞机,迎面气流在流过机体表面的时候,由于表面各处的形状不同,局部时速可能远超出 700 km。这种"声障",曾使高速战斗机飞行员们深感迷惑。因为每当他们的飞机飞行速度接近声速时,飞机操纵上都会产生奇特的反应,处置不当就会机毁人亡。第二次世界大战后期,英国的"喷火"式战斗机(见图 4 - A - 2)和美国的"雷电"式战斗机,在接近声速的高速飞行时,最早感觉到空气的压缩性效应。也就是说,在高速飞行的飞机前部,由于局部激波的产生,空气受到压缩,阻力急剧增加。"喷火"式飞机用最大功率俯冲时,速度可达声速的十分之九。这样快的速度,已足以使飞机感受到空气的压缩效应。为了更好地表达飞行速度接近或超过当地声速的程度,科学家采用了一个反映飞行速度的重要参数:马赫数。Ma 是以奥地利物理学家伊・马赫的姓氏命名的。马赫曾在 19 世纪末期进行过枪弹弹丸的超声速实验,最早发现扰动源在超声速气流中产生的波阵面,即马赫波的存在。

图 4 - A - 2　"喷火"式战斗机

第二次世界大战后期,飞行速度达到了 650~750 km/h 的战斗机,已经接近活塞式飞机飞行速度的极限。例如美国的 P - 51D"野马"式战斗机,最大速度为 765 km/h,大概是用螺旋桨推进的活塞式战斗机中飞得最快的了。若要进一步提高飞行速度,必须增加发动机推力,但是活塞式发动机已经无能为力。航空科学家们认识到,要向声速冲击,必须使用全新的航空发动机,也就是喷气式发动机,如图 4 - A - 3 所示。

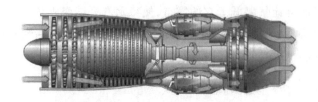

图 4-A-3　涡轮喷气发动机

早期尝试

二战末期,德国研制成功 Me-163 和 Me-262 新型战斗机,并投入苏德前线作战。这两种都是当时一般人从未见过的喷气式战斗机,具有后掠形机翼。前者装有 1 台液体燃料火箭发动机,速度为 933 km/h;后者装有 2 台涡轮喷气发动机,最大速度为 870 km/h,是世界上第一种实战喷气式战斗机。它们的速度虽然显著超过对手的活塞式战斗机,但是由于数量稀少,又不够灵活,它们的参战,对挽救德国失败的命运,实际上没有起什么作用。

德国喷气式飞机的出现,促使苏联、美国、英国等国加快了研制本国喷气式战斗机的步伐。英国的"流星"式战斗机很快也飞上蓝天,苏联的著名飞机设计局,如米高扬、拉沃奇金、苏霍伊和雅科夫列夫等飞机设计局,都相继着手研制能与德国新式战斗机相匹敌的飞机。

米格设计局研制出了伊-250 试验型高速战斗机(米格-13),它采用复合动力装置,由一台活塞式发动机和一台冲压喷气发动机组成。在高度 7 000 m 时,这种发动机产生的总功率为 2 059.4 kW,可使飞行速度达到 825 km/h。1945 年 3 月 3 日,试飞员杰耶夫驾驶伊-250 完成了首飞。伊-250 是苏联战斗机中飞行速度率先达到 825 km/h 的飞机。它进行了小批量生产。

苏霍伊设计局研制出苏-5 试验型截击机,也采用了复合动力装置。1945 年 4 月,苏-5 速度达到 800 km/h。另一种型号苏-7,除活塞式发动机外,还加装了液体火箭加速器(推力 2 940 N),可短时间提高飞行速度。拉沃奇金和雅科夫列夫设计的战斗机,也安装了液体火箭加速器。但是,用液体火箭加速器来提高飞行速度的办法并不可靠,其燃料和氧化剂仅够使用几分钟;而且具有腐蚀性的硝酸氧化剂,使用起来也十分麻烦,甚至会发生发动机爆炸事故。试飞员拉斯托尔古耶夫,就在一次火箭助推加速器爆炸事故中殉职。在这种情况下,苏联航空界中止了液体火箭加速器在飞机上的使用,全力发展涡轮喷气发动机。

涡轮喷气发动机的研制成功,冲破了活塞式发动机和螺旋桨给飞机速度带来的限制。不过,尽管有了新型的动力装置,在向声速迈进的道路上,也是障碍重重。

空气动力学家和飞机设计师们密切合作,进行了一系列的飞行试验,结果表明:要进一步提高飞行速度,飞机必须采用新的空气动力外形,例如后掠形机翼要设法减小厚度,使机翼变得更薄。苏联中央茹科夫斯基流体动力研究所的专家们,曾对后掠翼和后掠翼飞机的配置形式进行了大量的理论研究和风洞试验。由奥斯托斯拉夫斯基领导进行的试验中,曾用飞机在高空投放装有固体火箭加速器的模型小飞机。模型从飞机上投下后,在滑翔下落过程中,火箭加速器点火,使模型飞机的速度超过声速。专家们据此探索超声速飞行的规律性。苏联飞行研究所还进行了一系列研究,了解在空气可压缩性和气动弹性作用增大下,高速飞机所具有的空气动力特性。这些基础研究对超声速飞机的诞生都起到了重要作用。

突破声障

美国对超声速飞机的研究主要集中在贝尔 X - 1 型"空中火箭"式超声速火箭动力研究机上。研制 X - 1 最初的意图是想制造出一架飞行速度略微超过声速的飞机。X - 1 飞机的翼型很薄,没有后掠角。它采用液体火箭发动机做动力。由于飞机上所能携带的火箭燃料数量有限,火箭发动机工作的时间很短,因此不能用 X - 1 自己的动力从跑道上起飞,而需要把它挂在一架 B - 29 型"超级堡垒"重型轰炸机的机身下,升入天空。

飞行员在升空之前,已经在 X - 1 的座舱内坐好。轰炸机飞到高空后,像投炸弹那样,把 X - 1 投放出去。X - 1 离开轰炸机后,在滑翔飞行中,再开动自己的火箭发动机加速飞行。X - 1 进行第一次空中投放试验是在 1946 年 1 月 19 日;而首次在空中开动其火箭动力试飞,则等到当年 12 月 9 日才进行,使用的是 X - 1 的 2 号原型机。

又过了大约一年,X - 1 的首次超声速飞行才获得成功。完成人类航空史上这项创举的是美国空军的试飞员查克·耶格尔上尉。他是在 1947 年 10 月 14 日完成的。24 岁的查克·耶格尔从此成为世界上第一个飞得比声音更快的人,使他的名字载入航空史册。那是一次很艰难的飞行。耶格尔驾驶 X - 1 在 12 800 m 的高空,使飞行速度达到 1 078 km/h,相当于 $Ma = 1.015$。

在人类首次突破"声障"之后,研制超声速飞机的进展就加快了。美国空军和海军在竞创速度纪录方面展开了竞争。1951 年 8 月 7 日,美国海军的道格拉斯 D.557 - Ⅱ 型"空中火箭"式研究机的速度,达到 $Ma = 1.88$。有趣的是,X - 1 型和 D.558 - Ⅱ 型都被称为"空中火箭"。D.558 - Ⅱ 也是以火箭发动机为动力,由试飞员威廉·布里奇曼驾驶。8 天之后,布里奇曼驾驶这架研究机,飞达 22 721 m 的高度,使他成为当时不但飞得最快,而且飞得最高的人。接着,在 1953 年,"空中火箭"的飞行速度又超过了 $Ma = 2.0$,约 2 172 km/h。

人们通过理论研究和一系列研究机的飞行实践,包括付出了血的代价,终于掌握了超声速飞行的规律。高速飞行研究的成果,首先被用于军事上,各国竞相研制超声速战斗机。1954 年,苏联的米格-19(见图 4 - A - 4)和美国的 F - 100"超佩刀"问世,这是两架最先服役的仅依靠本身喷气发动机即可在平飞中超过声速的战斗机;很快,1958 年 F - 104 和米格- 21 又将这一

图 4 - A - 4　米格-19

纪录提高到了 $Ma=2.0$。尽管这些数据都是在飞机高空中加力全开的短时间才能达到的,但人们对追求这一瞬间的辉煌还是乐此不疲。将"高空高速"这一情结发挥到极致的是两种"双三"飞机,米格-25 和 SR-71,它们的升限高达 30 000 m,最大速度则达到了惊人的 $Ma=3.0$,已经接近了喷气式发动机的极限。随着近年来实战得到的经验,"高空高速"并不实用,这股热潮才逐渐冷却。

结构特点

超声速飞机的机体结构与亚声速飞机相当不同:机翼必须薄得多,即厚弦比小。以亚声速的活塞式飞机来说,轰炸机的宽高比为 17%,歼击机是 14%;但对超声速飞机来说,厚弦比就很难超过 5%,即机翼厚度只有弦线的 1/20 或更小,机翼的最大厚度可能只有十几厘米。超声速飞机的翼展不能太大,而是趋向于较宽较短,弦线增大。设计师们想出的办法之一是将机翼做成三角形,前缘的后掠角较大,翼根很长,从机头到机尾同机身相接(如幻影-2000)。另一个办法,把超声速机翼做得又薄又短,可以不用后掠角,如 F-104,如图 4-A-5 所示。

图 4-A-5　F-104(星战士)

由上可以知道,根据一架飞机的外形,我们就基本上可以判断出它是超声速还是亚声速的飞机了。

得益于南京航空学院(现南京航空航天大学)航空发动机系严格、系统的工科高等教育,以及不断积累的丰富经验,在科研试飞的过程中,李中华发挥自己既懂工程设计,又精通飞行的优势,努力使自己成为部队飞行员与飞机设计师之间沟通的纽带,并使飞机获得更好的品质与性能。可以"飞出与计算机模拟一样完美曲线"的他,迅速成为飞机设计和试飞专家眼中"会飞行的工程师",极大地推动了歼-10战机以及其他新型战机的试飞进程。[①]

——《"八一勋章"英模风采录》评试飞英雄李中华关于工科高等教育的重要性

第5章 飞机的高速空气动力特性

当高速气流流过飞机时,流场中的空气密度和压力等都发生显著变化,Ma 越大变化越大,所以空气压缩性的影响会使飞机的高速空气动力特性与低速时明显不同。本章在高速气流特性的基础上,分别从机翼的剖面形状和平面形状入手,分亚声速、跨声速和超声速三个不同阶段来分析飞机的高速空气动力特性。

5.1 翼型的高速空气动力特性

5.1.1 翼型的亚声速空气动力特性

亚声速是指飞行 Ma 大于 0.3,流场中各点处的气流 Ma 都小于 1 的情形。在亚声速飞行中,空气压缩性的影响已不容忽视,否则会导致较大的误差。

根据关系式

$$\frac{\mathrm{d}\rho}{\rho} = -Ma^2 \cdot \frac{\mathrm{d}V}{V}$$

可知,若 $\mathrm{d}V/V = 1.0\%$,当 $Ma = 0.3$ 时,$\mathrm{d}\rho/\rho = -0.09\%$;而 $Ma = 0.8$ 时,$\mathrm{d}\rho/\rho = -0.64\%$。空气密度随 Ma 的显著变化,导致翼型的压力分布和空气动力特性发生明显变化。由于 $Ma < 0.3$ 时,速度变化时空气密度相对变化量很小,可以不考虑压缩性的影响,所以 $Ma < 0.3$ 的气流被称为不可压缩气流;而 $Ma > 0.3$,空气压缩性影响明显,不可忽略,$Ma > 0.3$ 的气流称为压缩性气流。

---

① 中央军委政治工作部. "八一勋章"英模风采录[M]. 北京:人民出版社,2017.

1. 空气压缩性对翼型表面压力分布的影响

在不可压缩气流中,翼型表面的压力系数分布仅取决于迎角和翼型,而与来流 Ma 的大小无关,其压力系数分布如图 5-1-1 虚线所示。但在亚声速可压缩气流中,空气流过翼型表面,在负压区(吸力区)流速增加,根据 $\mathrm{d}\rho/\rho = -Ma^2 \cdot \mathrm{d}V/V$ 密度减小,根据高速能量方程 $V^2/2 + 3.5p/\rho =$ 常数,压力会额外降低,即吸力有额外增加;同理,在正压区,流速减慢,密度增大,压力会额外升高。因此,翼型迎角一定,气流速度从低速增大到亚声速的过程中,由于空气压缩性的影响,与低速时相比,在亚声速可压缩气流中的翼型表面"吸处更吸,压处更压",压力系数分布如图 5-1-1 中的实线所示,且飞行 Ma 越大,压缩性的影响越明显,正压区压力更大,吸力区吸力更大。

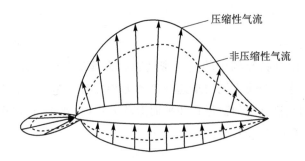

图 5-1-1　压缩性气流与非压缩性气流中的机翼压力分布

2. 翼型的亚声速空气动力特性

(1) Ma 增大,升力系数和升力系数曲线斜率增大

理论计算表明,亚声速阶段,薄翼型机翼在中小迎角下的压力系数可按下列普朗特-葛劳尔特(Prandtl - Glauert)公式作近似计算,即

$$\bar{p}_{可压} = \frac{\bar{p}_{不可压}}{\sqrt{1 - Ma^2}} \tag{5-1-1}$$

式中,$\bar{p}_{可压}$ 为可压缩气流中机翼表面的压力系数;$\bar{p}_{不可压}$ 为不可压缩气流中机翼表面的压力系数;Ma 为飞行马赫数。

因为亚声速,$0 < Ma < 1$,有

$$\frac{1}{\sqrt{1 - Ma^2}} > 1$$

所以

$$|\bar{p}_{可压}| > |\bar{p}_{不可压}|$$

根据式(5-1-1),可压缩气流中机翼上下表面压力系数与不可压缩气流中机翼上下表面压力系数的关系为

$$\bar{p}_{上可压} = \frac{\bar{p}_{上不可压}}{\sqrt{1 - Ma^2}}$$

$$\bar{p}_{\text{下可压}} = \frac{\bar{p}_{\text{下不可压}}}{\sqrt{1-Ma^2}}$$

将上式代入式(3-2-6)整理,得

$$C_{y,\text{可压}} = \frac{C_{y,\text{不可压}}}{\sqrt{1-Ma^2}} \tag{5-1-2}$$

$$C_{y,\text{可压}}^{\alpha} = \frac{C_{y,\text{不可压}}^{\alpha}}{\sqrt{1-Ma^2}} \tag{5-1-3}$$

式(5-1-2)和式(5-1-3)表明,在亚声速阶段,机翼的升力系数和升力系数曲线斜率都随 Ma 的增大而增大。图5-1-2所示为某教练机不同迎角下的升力系数 C_y 随飞行 Ma 变化的曲线,图5-1-3所示为某教练机不同 Ma 下的升力系数随迎角变化的曲线。从图5-1-2可以看出,迎角一定,随 Ma 增大,升力系数逐渐开始增大;尽管 Ma 仍小于1,但升力系数分别在某一 Ma 后开始下降。其原因将在5.2节翼型的跨声速空气动力特性中讨论。

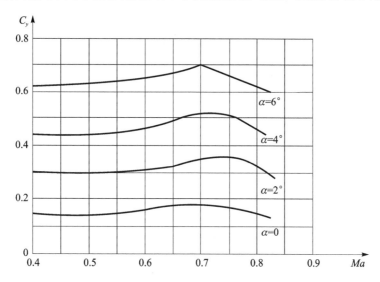

图 5-1-2 某教练机不同迎角下的升力系数随飞行 Ma 变化的曲线

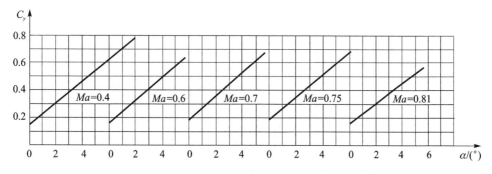

图 5-1-3 某教练机不同 Ma 下的升力系数随迎角的变化曲线

(2) Ma 增大,临界迎角和最大升力系数减小

正迎角时,飞行 Ma 增大,机翼上表面的额外吸力增加,但各点额外吸力增加的数值却不

同。在最低压力点附近,因流速增加得多,密度减小得多,额外吸力增加得就多;而在上表面后缘部分,流速增加得少,密度减小得少,额外吸力增加得少,如图 5-1-4 所示。结果,随 Ma 增大,后缘部分的压力比最低压力点处的压力大得更多,逆压梯度增大,导致边界层空气更容易倒流,这就有可能在比较小的迎角下,出现严重的气流分离,所以飞机的临界迎角和最大升力系数一般要随 Ma 的增大而降低。

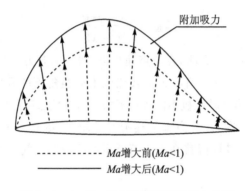

图 5-1-4　Ma 增大前后翼型的压力比较

同理,飞机的抖动迎角和抖动升力系数 C_{ybf} 一般也随飞行 Ma 的增大而减小,图 5-1-5 所示为某教练机最大升力系数和抖动升力系数随 Ma 的变化曲线。

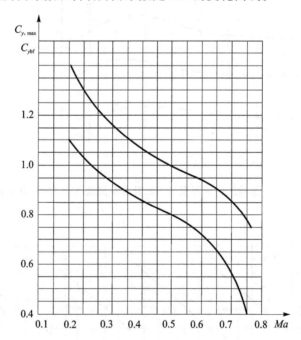

图 5-1-5　某教练机最大升力系数和抖动升力系数随 Ma 的变化

在高空飞行,飞机的抖动表速会随高度升高而增大,这是因为随高度增加,相同表速时真速增大而声速降低,致使飞行 Ma 增大,引起抖动迎角对应的升力系数降低。

（3）Ma 增大,阻力系数基本不变

飞行 Ma 增大,一方面,前缘压力额外增加,压差阻力系数增大,但增大有限。另一方面,

飞行 Ma 增大是因为气流速度大或声速小，而声速小说明温度低，空气的黏性系数小，空气微团的黏性力小，从而使摩擦阻力系数减小，但减小有限。一般压差阻力系数的增大与摩擦阻力系数的减小大体相抵，结果机翼型阻系数（压差阻力系数与摩擦阻力系数之和）基本不随飞行 Ma 变化。

（4） Ma 增大，压力中心前移

根据普朗特-葛劳尔特公式，亚声速飞行时，在空气压缩性的影响下，整个翼型表面各点的压力系数都增大为原来的 $1/\sqrt{1-Ma^2}$ 倍，各点的压力也都为原来的 $1/\sqrt{1-Ma^2}$ 倍，翼型表面的压力分布图形状没有改变，所以翼型各处升力的合力的作用点——压力中心位置基本不变。然而，在亚声速阶段，翼型压力中心位置实际上是随 Ma 的增大而前移的。

实际上，普朗特-葛劳尔特公式只是一个近似式，低亚声速下较准确，高亚声速就不准确了。更精确的理论计算表明，翼面上各点的压力系数并不为原来的 $1/\sqrt{1-Ma^2}$ 倍。$\bar{p}_{可压}$ 和 $\bar{p}_{不可压}$ 之间的精确关系可用由我国著名科学家钱学森和他的导师冯·卡门提出的卡门-钱学森公式（简称卡门-钱公式）进行计算。卡门-钱公式为

$$\bar{p}_{可压} = \frac{\bar{p}_{不可压}}{\sqrt{1-Ma^2} + \dfrac{1-\sqrt{1-Ma^2}}{2} \cdot \bar{p}_{不可压}} \qquad (5-1-4)$$

由该式计算出的翼型压力分布，不仅在低亚声速是准确的，而且在高亚声速也是准确的，卡门-钱公式与普朗特-葛劳尔特公式计算结果的比较见图 5-1-6。

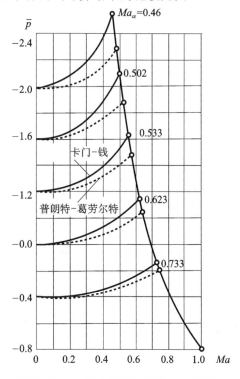

图 5-1-6　压力系数和飞行 Ma 的关系

式(5-1-4)更为准确地表达了在上翼面前段,由于 $\bar{p}_{可压}$ 绝对值较大,则 Ma 增大时 $\bar{p}_{可压}$ 绝对值增大的倍数多;而在后段,$\bar{p}_{可压}$ 绝对值增大的倍数少。这样,随飞行 Ma 的增大,压力中心就会逐渐向前移动。

5.1.2　翼型的跨声速空气动力特性

高速飞行中,在飞行速度还没有达到当时飞行高度上的声速,也就是飞行 Ma 小于 1 的情况下,翼型表面的局部区域有可能出现超声速气流并产生激波,这时飞机进入跨声速飞行。这种超声速气流和激波是在翼型表面的局部区域出现的,故称为局部超声速区和局部激波。局部激波的出现会显著改变翼型表面的压力分布,导致翼型空气动力特性发生急剧变化。

1. 临界 Ma

飞机以一定的速度作亚声速飞行时,空气流过翼型上表面凸起地方,由于流管收缩,局部流速加快。局部流速加快,又引起局部温度降低,从而使局部声速减小。所以,当飞行速度增大时,上表面最低压力点(流速最快的那一点)的气流速度随之不断增大,而该点的局部声速则不断减小。于是,局部流速与局部声速逐渐接近。

当飞行速度增大到某一速度时,翼型表面最低压力点的气流速度等于该点的声速,该点称为等声速点。这时的飞行速度称为临界速度,用 V_{cr} 表示(如图 5-1-7 所示,图中 a_{lo} 为当地声速)。飞机以临界速度飞行时的飞行马

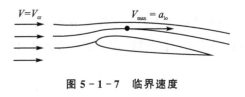

图 5-1-7　临界速度

赫数称为临界马赫数,用 Ma_{cr} 表示。显然,在数值上 Ma_{cr} 等于临界速度与飞机所在高度声速(a)的比值,即

$$Ma_{cr} = \frac{V_{cr}}{a}$$

若飞行 Ma 小于 Ma_{cr},则翼型表面各点气流速度都低于声速,全流场为亚声速流,气流特性不发生质变。若飞行 Ma 大于 Ma_{cr},翼型表面就会出现局部超声速区,并产生局部激波。在超声速区内,气流为超声速,其特性会发生质变。因此,Ma_{cr} 的大小可用来说明翼型上表面出现局部超声速气流时机的早晚,可以作为翼型空气动力特性即将发生显著变化的标志。

Ma_{cr} 的高低会因迎角的大小而不同。迎角增大时,翼型上表面最低压力点处的气流速度更大,温度更低,局部声速更小,于是在较小的飞行速度下,翼型上表面就可能出现等声速点,即 V_{cr} 和 Ma_{cr} 有所降低,所以,迎角增大,Ma_{cr} 降低;反之,迎角减小,Ma_{cr} 提高。

2. 局部激波的产生和发展

(1) 局部激波的产生

当飞行 Ma(来流马赫数 Ma_∞)大于 Ma_{cr} 时,等声速点的后面,流管扩张,空气膨胀加速,

出现局部超声速区。在超声速区内,压力下降,比大气压力小得多;但翼型后缘处的压力却接近大气压,这种较大的逆压梯度,使局部超声速气流受到阻挡,产生较强的压力波,压力波逆着翼型表面的气流向前传播。由于是强压力波,故传播速度大于当地声速,又因超声速区内的气流速度是大于局部声速的,所以当压力波传到某一位置,其传播速度等于迎面的局部超声速气流速度时,就不能再继续向前传播了,结果该压力波相对于翼型稳定在这一位置上。于是,翼型上表面出现一压力突增的分界面,这个分界面就是局部激波,如图 5-1-8 所示。气流通过局部激波后,即减速为亚声速气流,波后压力、温度、密度突然升高。显然,局部激波前,等声速线后是局部超声速区,流场中的其他区域则是亚声速区。此时,翼型周围既有亚声速气流,又有超声速气流。

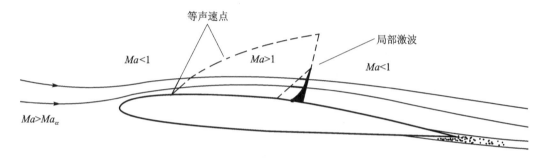

图 5-1-8　翼型局部激波的产生

(2) 局部激波的发展

下面以接近对称的薄翼型在同一小正迎角下的实验结果为例来说明随来流 Ma(飞行 Ma)增大的过程中,翼型局部超声速区和局部激波发展的一般规律。

飞机以正迎角飞行,翼型上表面的局部流速比下表面大,所以当飞行 Ma 超过 Ma_{cr} 后,翼型上表面首先出现范围较小的局部超声速区和强度较弱的局部激波,如图 5-1-9(a)所示。

保持迎角不变,飞行 Ma 增大,在翼型上表面激波前各点的气流速度都普遍加快,原来没有达到声速的,增加到了声速,流管截面积最小处前移,致使等声速点前移。同时因形状类似于拉瓦尔管的流管进口和出口的压力比增大,超声速区内的气流速度超过声速更多,大于激波的传播速度,迫使局部激波后移。等声速点前移和局部激波后移,都使得超声速区扩大,如图 5-1-9(b)所示。超声速气流速度增大,使局部激波前后的压力差增大,激波强度增强,传播速度加快;当局部激波后移到某一位置,其传播速度增大到与波前的超声速气流速度相等时,激波就稳定在新的位置上不再向后移动了。

飞行 Ma 再增大,翼型下表面也出现了局部超声速区和局部激波,如图 5-1-9(c)所示。因为实验中的翼型接近对称,且为正迎角,下翼面流管截面最细处比上翼面靠后,所以下表面等声速点的位置比上表面的靠后一些,局部超声速区和局部激波的位置也同样靠后。

飞行 Ma 继续增大,翼型上下表面的等声速线都前移,局部激波都后移,局部超声速区都扩大,如图 5-1-9(d)所示。但下表面的局部激波比上表面的后移得快些。这是因为接近对称的薄翼型,在正迎角下,上翼面流线弯曲程度大一些,下翼面流线弯曲程度小一些。因此,上翼面的流管后段沿途扩张得较快,压力沿弦向的变化也比较快;而下翼面后段流管沿途扩张得

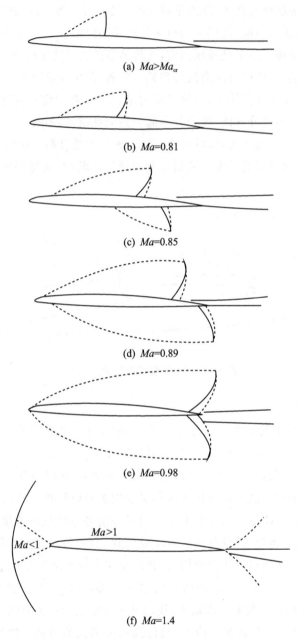

(a) $Ma>Ma_{cr}$

(b) $Ma=0.81$

(c) $Ma=0.85$

(d) $Ma=0.89$

(e) $Ma=0.98$

(f) $Ma=1.4$

图 5 - 1 - 9　机翼局部激波的发展

比较慢,压力沿弦向的变化也比较慢。在飞行 Ma 增大的过程中,假如上下翼面的局部激波后移同样的距离,下翼面局部激波前后压力差自然增加得少一些,传播速度也自然加快得少一些。由此可见,下翼面的局部激波要比上翼面的局部激波须向后移动更多的距离才能使其传播速度增大至与波前的超声速气流速度相等。所以说,翼型下表面的局部激波比上表面的向后移动得快一些,下表面局部激波的位置比上表面的靠后些。因此,当飞行 Ma 增大至一定程度,下表面的局部激波先移到后缘。

飞行 Ma 增大至接近 1 时,上表面的局部激波也移到后缘。此时,翼型后缘出现两道斜激波,这两道斜激波称后缘激波。此时上下表面几乎全是超声速区了,如图 5-1-9(e)所示。

　　飞行 Ma 大于 1 以后,翼型前缘出现前缘激波,后缘激波更向后倾斜,这时已是超声速了,如图 5-1-9(f)所示。

3. 激波与边界层干扰

　　高速气流流过翼型时,所产生的局部激波的形状与边界层的性质有关。翼型表面的边界层气流按其速度大小可分为两层。底层紧靠翼型表面,流速小于声速,为亚声速底层。离开翼面稍靠外,流速大于声速,为超声速外层。两层之间的分界线,流速等于声速,为等声速线。翼型表面的局部激波只能达到边界层的超声速外层,而达不到边界层的亚声速底层,如图 5-1-10 和图 5-1-11 所示。

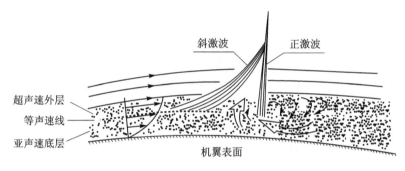

图 5-1-10　层流边界层与 λ 激波

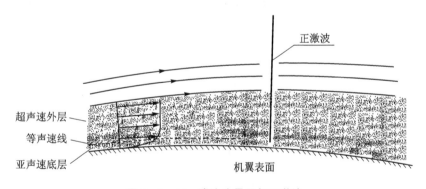

图 5-1-11　湍流边界层与正激波

　　激波与层流边界层和湍流边界层的干扰情形不同。层流边界层受激波的干扰影响要产生气流分离,激波的形状也改变为 λ 形。湍流边界层受激波的影响一般不产生气流分离,激波形状为正激波,其原因如下:

　　层流边界层虽然比较薄,由边界层外层到翼型表面气流流速是逐渐降低的,底层速度梯度小,所以边界层的亚声速底层较厚。局部激波后面突然升高的压力,通过边界层的亚声速底层可以逆气流传到激波前面,使得边界层亚声速底层气流受到阻滞,产生倒流,形成在激波处的气流分离。气流分离能波及边界层的超声速外层,引起超声速气流向偏离翼面方向偏折,像流过内凹曲面一样,在原来正激波之前又产生一系列斜激波,形状像希腊字母“λ”,故称 λ 激波,如图 5-1-10 所示。飞行 Ma 增大,激波处边界层的气流分离加剧。

　　湍流边界层其流速分布和层流边界层有所不同。其边界层底层的速度梯度大,靠近翼型表面的流速比邻近外层的流速小得多,边界层大部分是超声速外层,所以亚声速底层很薄。在这种情况下,局部激波后面突然升高的压力不容易通过亚声速底层传到激波前面去。这样,激波前的气流不致受到强烈阻滞,也就不会产生气流分离,结果不产生斜激波,而是只有一道较强的正激波(见图5-1-11)。

4. 翼型的跨声速升力特性

(1) 升力系数随飞行 Ma 的变化

　　图5-1-12所示为翼型升力系数 C_y 随飞行 Ma 变化的典型曲线($\alpha = 2°$)。从图中可以看出,在跨声速阶段,随飞行 Ma 的增大,升力系数先增大,随后减小,接着又增大。升力系数之所以有如此起伏变化,是翼型上下表面出现了局部超声速区和局部激波的结果。

　　如图5-1-12中点 A 以前的直线段对应于飞行 Ma 约小于0.3时的情形,翼型上下表面是低速气流,低速时翼型的升力系数取决于迎角和翼型,基本不随 Ma 变化。

　　飞行 Ma 小于临界马赫数(Ma_{cr})时,翼型上下表面全是亚声速气流,升力系数按亚声速规律变化,即 Ma 增大,升力系数增大,如图5-1-12中点 A 以前的曲线段所示。

　　图5-1-12中点 A 所对应的 Ma 为临界马赫数 Ma_{cr}。由图可见,飞行 Ma 超过 Ma_{cr} 后,升力系数随 Ma 的增大而迅速增加。这是因为此时翼型上表面已出现了局部超声速区和局部激波,并随 Ma 的增大而扩大。在超声速区里,流速不断增加,压力不断减小,即吸力不断增大。这种迅速增加的额外吸力导致升力系数迅速增大,如图5-1-12中曲线 AB 段所示。

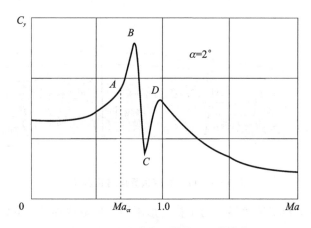

图5-1-12　升力系数随 Ma 的变化

　　飞行 Ma 进一步增大,翼型下表面也出现局部超声速区。随 Ma 增大,上下表面的局部超声速区都在扩展,由于下表面的局部超声速区比上表面的扩展得快,所以在 Ma 增大的过程中,翼型下表面产生的附加吸力更大,结果使翼型升力系数随飞行 Ma 的增大而减小,如图5-1-12中曲线 BC 段所示。

　　在翼型下表面的局部激波移到后缘而上表面的局部激部尚未移到后缘的情况下,随着飞行 Ma 的增大,上表面的局部激波继续后移,超声速区向后继续扩大,上翼面的附加吸力不断增大。于是,升力系数又重新增大,如图 5 - 1 - 12 中曲线 CD 段所示。

在 Ma 大于 1 以后的超声速阶段,翼型出现后缘激波和前缘激波,升力系数随飞行 Ma 的增大而不断下降,如图 5 - 1 - 12 中点 D 以后的曲线段所示。其原因将在 5.1.3 节翼型超声速空气动力特性中讲述。

(2) 压力中心随飞行 Ma 的变化

在跨声速飞行阶段,随飞行 Ma 增大,翼型压力中心先后移,接着前移,而后又后移。

飞行 Ma 超过 Ma_{cr} 后,翼型上表面首先出现了局部超声速区和局部激波。随 Ma 增大,激波后移,超声速区扩大。局部超声速区位于翼型中后段,且流速最快点位于激波前,这就引起翼型上表面中部和后段的吸力增大,产生正的附加升力 $\Delta Y'$,致使翼型压力中心向后移动,如图 5 - 1 - 13(a)所示。

飞行 Ma 再增大,翼型下表面也出现了局部超声速区和局部激波。由于下表面的局部激波靠后,并随 Ma 增大迅速移至后缘,这就引起翼型下表面后半段吸力增大,产生负的附加升力 $\Delta Y''$,致使压力中心前移,如图 5 - 1 - 13(b)所示。

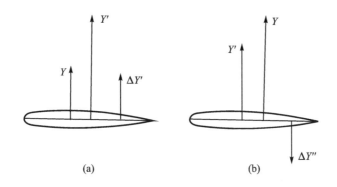

图 5 - 1 - 13 跨声速阶段压力中心位置的变化

当下表面局部激波移至后缘后,飞行 Ma 继续增大,由于上表面局部激波继续后移,超声速区扩大,后半部吸力增大,导致压力中心又后移。

5. 翼型的跨声速阻力特性

飞行 Ma 超过 Ma_{cr} 以后,阻力急剧增加。这是因为翼型上下表面出现了局部激波。这种由于出现激波而产生的额外阻力,称为跨声速飞行的激波阻力,简称波阻。

(1) 跨声速飞行时波阻产生的原因

飞行 Ma 超过 Ma_{cr} 以后,翼型表面出现了局部超声速区和局部激波,局部超声速区内吸力增大,且吸力增加较多的地方位于翼型的中后段,故总的增加的吸力方向向后倾斜,如图 5 - 1 - 14 所示。由于增加的吸力向后倾斜,使翼型前后平行于飞行速度方向的压力差额外增加。这种由于增加的吸力向后倾斜所产生的阻力是跨声速阶段激波阻力产生的主要原因。

另外,激波与边界层干扰而引起的边界层气流分离,也是激波阻力产生原因之一。

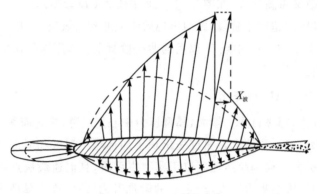

图 5 - 1 - 14　波阻的产生

（2）阻力系数随飞行 Ma 的变化

在迎角和翼型一定的条件下，在跨声速范围内阻力系数随飞行 Ma 的增加而增加，如图 5 - 1 - 15 所示。

在 Ma_{cr} 之前，阻力系数基本不随飞行 Ma 变化；接近 Ma_{cr} 时，阻力系数才稍有增加。

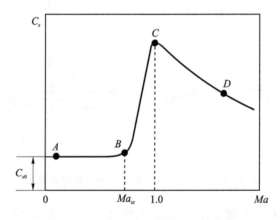

图 5 - 1 - 15　阻力系数随 Ma 的变化

飞行 Ma 超过 Ma_{cr} 不多时，翼型上表面的局部超声速区范围很小，附加吸力不很大，向后倾斜得也不厉害，所以翼型前后压力差额外增加得不多，阻力系数开始增加得比较缓慢。有的资料把 Ma 增加 1%，阻力系数也增加 0.1% 时的飞行 Ma 定义为阻力发散 Ma。

随着飞行 Ma 进一步增大，翼型上表面的局部激波逐渐后移，超声速区不断扩大，附加吸力越往后越大，并且越向后倾斜靠近飞行速度方向；另外，下表面也产生局部超声速区和局部激波，附加吸力也向后倾斜。这就使翼型前后压力差显著增加，导致阻力系数急剧增加，如图 5 - 1 - 15 中曲线 BC 段所示。

飞行 Ma 增到 1 附近时，阻力系数达到最大。当翼型出现前缘激波后，阻力系数随 Ma 增大而减小，其原因将在 5.1.3 小节翼型的超声速空气动力特性中讲述。

（3）不同迎角下阻力系数随飞行 Ma 的变化

前面已讲过，迎角增大，Ma_{cr} 降低，翼型表面也就更早地出现局部超声速区和局部激波。

迎角越大,阻力系数开始急剧增长的 Ma 相应减小。从图 5-1-16 中可见,2°迎角下阻力系数开始急剧增长的 Ma 比 0°迎角小。

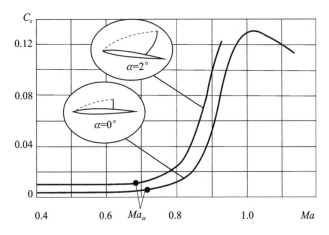

图 5-1-16 不同迎角下阻力系数随 Ma 的变化

迎角增大,翼型上表面的吸力增大,且更向后倾斜,致使前后压力差增大,阻力系数增大,这从图 5-1-17 中不同迎角下的压力分布就可以清楚地看出来。所以,如图 5-1-16 所示,大迎角下的阻力系数随飞行 Ma 的变化曲线位于小迎角的上方。

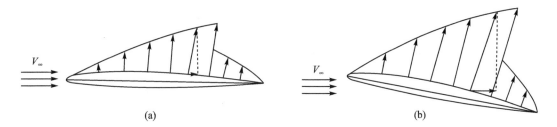

(a)   (b)

图 5-1-17 大小迎角下翼型压力分布比较

5.1.3 翼型的超声速空气动力特性

超声速飞机的机翼一般都采用对称薄翼型,而且迎角很小。在计算时,可以把它看作一个平板,然后对它进行厚度修正。

1. 平板翼型超声速升阻力的产生

当超声速气流以正迎角流过平板,在上表面前缘,超声速气流绕外凸角流动,产生膨胀波,如图 5-1-18 所示。气流经过膨胀波后,以较大的速度沿平板上表面等速向后流去。在下表面前缘,气流相当于流过内凹角的壁面,方向内折,产生斜激波。气流经过斜激波后,以较小的速度沿平板下表面等速向后流去。流至后缘,情况正好相反,上表面产生后缘斜激波,下表面产生后缘膨胀波。气流流过斜激波和膨胀波后,以同一方向同一速度流离平板。

气流经过平板上表面前缘的膨胀波,膨胀加速,压力降低,产生吸力。气流经过下表面前

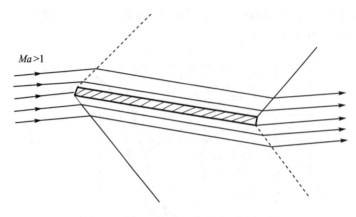

图 5 - 1 - 18　超声速气流流过平板时的流谱

缘的斜激波,压缩减速,压力增大,产生正压力。由于气流等速流过平板上下表面,所以吸力和正压力沿平板保持等值,如图 5 - 1 - 19 所示。可见,平板的总空气动力(R)作用在平板弦线的中点,并与平板垂直,即 $\overline{X}_{压} = 0.5$。R 沿垂直来流方向的分量为升力(Y);沿平行来流方向的分量为阻力(X_w)。因为这种阻力是由于超声速气流流过平板时,出现膨胀波和激波而产生的,故称为超声速飞行时的激波阻力,简称波阻。图 5 - 1 - 20 画出了平板翼型总空气动力系数 C_R 及其两个分力系数 C_y 和 C_{xw}(不计摩擦阻力系数)。

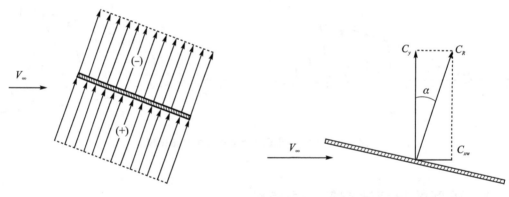

图 5 - 1 - 19　平板上的压力分布　　　　　　图 5 - 1 - 20　平板上的气动系数

2. 平板翼型超声速升阻力特性

理论和实验都证明,平板翼型在超声速小迎角条件下的升力系数、阻力系数、升力系数曲线斜率随 Ma 的变化关系,可用下式近似计算(详细推导见附录 4)。

$$C_y = \frac{4\alpha}{\sqrt{Ma^2 - 1}} \tag{5 - 1 - 5}$$

$$C_{xw} = \frac{4\alpha^2}{\sqrt{Ma^2 - 1}} \tag{5 - 1 - 6}$$

$$C_y^\alpha = \frac{4}{\sqrt{Ma^2 - 1}} \tag{5 - 1 - 7}$$

可见,迎角一定,当飞行 Ma 大于 1 时,升力系数、阻力系数和升力系数曲线斜率均随 Ma 的增大而减小。因为当飞行 Ma 增大时,膨胀波和斜激波都要更向后倾斜,其结果使得上表面膨胀波后的气流吸力减小,下表面斜激波后的气流正压力也减小,即上下表面压差程度减小,总空气动力系数 C_R 减小,升力系数和阻力系数必然减小(见图 5 - 1 - 12 和图 5 - 1 - 15)。

3. 对称薄翼型超声速升阻力的产生

如图 5 - 1 - 21 所示,在小迎角(迎角小于前缘内折角)下,超声速气流经过翼型前缘,相当于绕内凹角流动,产生两道附体斜激波。超声速气流通过斜激波,方向偏转到翼型前缘的切线方向,随后沿翼型表面流动,这相当于绕外凸曲面流动,产生一系列膨胀波而连续膨胀加速。从翼型前缘发出的膨胀波,将与前缘激波相交,削弱激波使激波角减小,最后退化为弱扰动波。当上下翼面的超声速气流到达后缘时,由于上下气流指向不一致(二者之差为后缘角),压力也不相等,故又产生两道斜激波,使汇合后的气流具有相同的指向和压力。后缘激波延伸中,被翼面延伸出来的膨胀波削弱,最后变成弱扰动波。

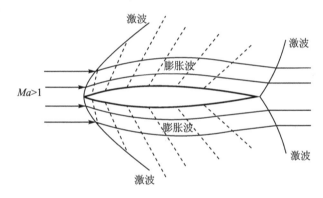

图 5 - 1 - 21　小迎角时超声速气流流过对称薄翼型的流谱

在正迎角下,下翼面比上翼面气流转折角大,激波强度大,波后 Ma 小,压力大,因而上下翼面产生压力差,压力差总和垂直于远前方来流方向的分力,就是升力;而平行于远前方来流方向的分力就是波阻。

4. 对称薄翼型超声速升阻力特性

对称薄翼型在小迎角条件下的升力系数、阻力系数,可按下式作理论计算,即

$$\begin{cases} C_y = \dfrac{4\alpha}{\sqrt{Ma^2 - 1}} \\[3mm] C_{xw} = \dfrac{4\alpha^2}{\sqrt{Ma^2 - 1}} + \dfrac{K\bar{c}^2}{\sqrt{Ma^2 - 1}} \\[3mm] \bar{X}_压 = 0.5 \end{cases} \qquad (5 - 1 - 8)$$

从式(5 - 1 - 8)可以看出,对称薄翼型超声速空气动力特性与平板翼型超声速空气动力特性仅差别在波阻系数上,即在翼型很薄,忽略厚度影响时,升力系数只取决于迎角和飞行 Ma,

与翼型的相对厚度无关。而相对厚度对波阻的影响却不能忽略。

由式(5-1-8)的前两式,可以推导出

$$C_{xw}=C_{x0w}+C_{xlw}=\frac{K\bar{c}^2}{\sqrt{Ma^2-1}}+\frac{\sqrt{Ma^2-1}}{4}\cdot C_y^2 \qquad (5-1-9)$$

式(5-1-8)和式(5-1-9)中的 K 是形状修正系数,K 值与翼型形状有关。双弧形翼型,$K=16/3$;亚声速对称薄翼型,$K=10\sim16$。式(5-1-9)中的第一项($K\bar{c}^2/\sqrt{Ma^2-1}$)为零升波阻系数,与翼型的形状和相对厚度有关,而与升力无关,所以又称为翼型波阻系数;零升波阻也是废阻力的一部分。式(5-1-9)中的第二项($\sqrt{Ma^2-1}\cdot C_y^2/4$)称为升致波阻系数,其大小与升力系数有关;由于升力而产生的阻力称为升致阻力,包括诱导阻力和升致波阻。

由式(5-1-8)还可以看出,对称薄翼型的压力中心位于弦线中间,并不随飞行 Ma 变化。其他翼型的压力中心位置,在超声速阶段也基本不随飞行 Ma 变化。这是因为在超声速阶段,翼型上下表面的局部激波均已移至后缘,局部超声速区已无法扩大,在飞行 Ma 增大的过程中,翼型上下表面各点的压力均大致按同一比例变化,所以压力中心的位置也基本不随飞行 Ma 变化。

5.1.4　高速飞机的翼型特点

现代高速飞机的翼型具有不同于低速飞机的一些特点。其主要目的是提高 Ma_{cr},延缓局部激波的产生,并在 Ma 超过 Ma_{cr} 以后,减小波阻。

1. 相对厚度小

相对厚度 $\bar{c}$ 减小,翼型上下表面的曲率也随之减小。空气流过翼型表面,流速增加比较缓慢,在同样的飞行速度下,最低压力点处的流速小,Ma_{cr} 得以提高。超过 Ma_{cr} 以后,由于翼型表面的曲率减小,局部超声速区的吸力向后倾斜的角度也小,波阻减小,同一 Ma 下阻力系数小。图 5-1-22 表明,相对厚度为 4% 和 6% 的高速翼型,其 Ma_{cr} 显然比相对厚度为 12% 和 18% 的低速翼型的都高,阻力系数也都小。

2. 相对弯度小

相对厚度相同的翼型,若相对弯度小,则接近对称形,其作用和相对厚度小是一样的。图 5-1-23 画出了三种相对弯度不同的翼型阻力系数随飞行 Ma 变化的曲线。从曲线对比中可以看出,相对弯度 $\bar{f}=0$ 时,翼型 Ma_{cr} 最高,即阻力系数要在较大的 Ma 下才开始急剧增大。

3. 最大厚度位置靠近弦线中间

低速翼型,最大厚度位置一般位于弦线的 30% 处。高速翼型,最大厚度位置则比较靠后,大约位于弦线的 35%～50% 处。最大厚度位置后移,使得翼型前段的曲率减小,最低压力点

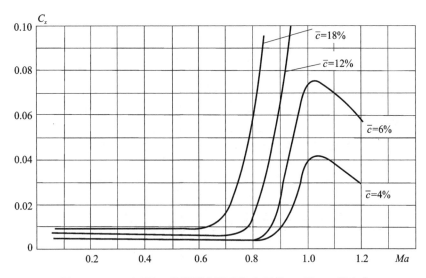

图 5 - 1 - 22　不同 $\bar{c}$ 的翼型在零升迎角下的 C_x 随 Ma 的变化

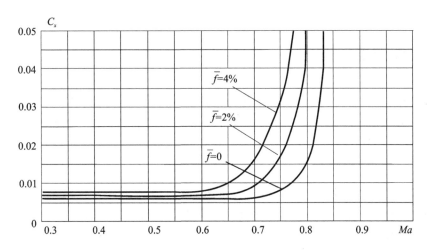

图 5 - 1 - 23　不同 $\bar{f}$ 的翼型在零升迎角下的 C_x 随 Ma 的变化

的局部流速减慢，Ma_{cr} 提高，波阻减小，如图 5 - 1 - 24 所示。但最大厚度位置不应过于靠后，否则将导致阻力系数在超过 Ma_{cr} 后急剧增大。

4. 前缘半径小

前缘的曲率半径小，即尖前缘，可以减小对迎面气流的阻滞，在超声速飞行中，可减弱前缘激波的强度，降低波阻。

总之，具有这些特点的翼型，适用于高速飞机，但也有不足之处，翼型表面的曲率小，气流增速慢，在同一迎角下所能获得的升力系数也就比较小。这是高速飞机起飞着陆速度比较大的原因之一。

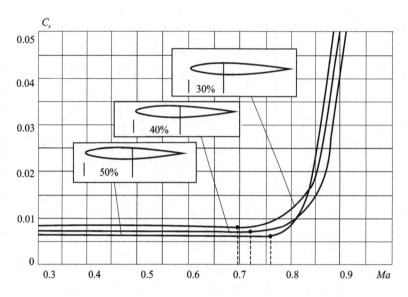

图 5 - 1 - 24　不同 $\bar{x}_c$ 的翼型在零升迎角下的 C_x 随 Ma 变化

5.1.5　高亚声速翼型

高速飞行中,升力系数的起伏变化和阻力系数的急剧增大会导致飞机性能变坏。为此,近年来发展了一些适用于高亚声速飞机的新翼型,称高亚声速翼型。现介绍如下。

1. 平顶翼型和尖峰翼型

平顶翼型和尖峰翼型都是可用于跨声速的翼型。所谓"平顶",是指上表面压力分布平坦,没有负压峰。最初为了提高 Ma_{cr},在设计上使翼型上表面具有均匀的压力分布,避免负压峰,使气流流过时均匀加速(见图 5 - 1 - 25(a)),这就是平顶翼型的由来。但实践说明,这种翼型提高 Ma_{cr} 的效果有限,超过了 Ma_{cr},激波的不利影响迅速增长。

所谓尖峰,是指上表面压力分布在前端具有尖的负压峰。气流经过翼型前缘很快加速到超声速,出现超声速区,所以尖峰翼型前部有一个负压峰。但只要翼型形状合理,上表面的激波很弱,气流经过一系列弱激波减速增压,最后减为亚声速,可以避免强激波所带来的损失(见图 5 - 1 - 25(b))。尖峰翼型的 Ma_{cr} 虽然不高,但阻力发散 Ma 很高,该 Ma 以前的超临界状态可以得到利用。

2. 超临界翼型

超临界翼型是在平顶和尖峰翼型的基础上研制出来的一种新翼型(见图 5 - 1 - 26)。这种翼型头部形状比较丰满,消除了前缘负压峰,使气流不致过早达到声速。翼型的上表面比较平坦,使 Ma 超过 Ma_{cr} 后,上表面即产生一弦向较均匀的低超声速流动,这样上表面超声速区结尾激波的伸展范围和强度都较弱,使边界层在该弱激波作用下不致分离,从而降低了翼型阻

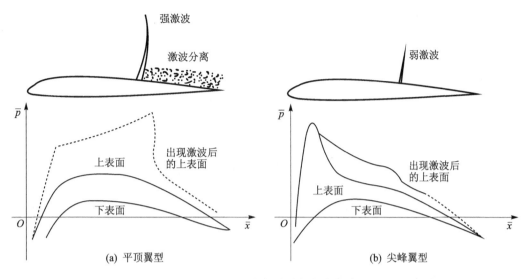

图 5 - 1 - 25　平顶翼型和尖峰翼型

力。为了补偿翼型上表面平坦而引起的升力不足,下表面后部有一个向里凹进去的"反曲段",使后部升力增加,称为后部加载。后缘上下表面相切,可缓和上表面的压力恢复。在 Ma_{cr} 以上的临界状态,虽有激波,但强度不大,甚至无激波。

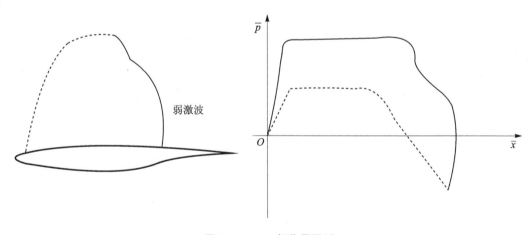

图 5 - 1 - 26　超临界翼型

5.2　后掠翼和三角翼的高速空气动力特性

5.2.1　后掠翼的亚声速空气动力特性

根据理论推导,在亚声速阶段,后掠翼的升力系数曲线斜率 C_y^α 为

$$C_y^\alpha = \frac{2\pi\lambda}{2 + \sqrt{\lambda^2(\beta^2 + \tan^2\chi_{0.5})/K^2 + 4}} \qquad (5-2-1)$$

式中,λ 为展弦比;$\chi_{0.5}$ 为机翼 1/2 弦线的后掠角;$\beta = \sqrt{1 - Ma^2}$;$K = \dfrac{C_{yl}^\alpha}{2\pi}$。

由式(5-2-1)可以看出,在亚声速阶段,后掠翼的升力系数曲线斜率同翼型 C_y^α 一样,随飞行 Ma 增大而增大。因为在此阶段,由于空气压缩性的影响,随着飞行 Ma 增加,机翼表面产生吸力的地方吸力更大,产生压力的地方压力更大,使得机翼上下表面压力差增大,升力系数曲线斜率增大。另外,在亚声速阶段,升力系数斜率还随后掠角 χ 增大而减小,随展弦比 λ 的增大而增大。因为当展弦比一定时,后掠角增大,它的垂直分速 V_n 减小,导致升力系数曲线斜率减小;而当后掠角一定时,展弦比增大,翼尖涡对机翼上下表面均压作用减弱,致使升力系数曲线斜率增大。

5.2.2　后掠翼的跨声速空气动力特性

1. 后掠翼的 Ma_{cr}

空气流过后掠翼时,其气动特性主要取决于垂直分速,而垂直分速总是小于飞行速度的。所以,在翼型和迎角相同,飞行速度增大到平直翼的临界速度时,后掠翼上还不会出现局部垂直分速等于局部声速的等声速点。只有当飞行速度增至更大时,后掠翼上才会出现等声速点,即后掠翼的 Ma_{cr} 比相同翼型平直翼的 Ma_{cr} 大。后掠角越大,其垂直分速越小,Ma_{cr} 也相应越大。后掠翼的 Ma_{cr} 可按下列经验公式估算:

$$Ma_{cr\chi} = Ma_{cr}\frac{2}{1 + \cos\chi} \qquad (5-2-2)$$

式中,χ 为前缘后掠角。例如 $\chi = 50°$,若平直翼的 Ma_{cr} 为 0.75,则后掠翼的 Ma_{cr} 为

$$Ma_{cr\chi} = Ma_{cr}\frac{2}{1 + \cos\chi} = 0.75 \times \frac{2}{1 + \cos 50°} = 0.91$$

计算结果表明,后掠翼的 Ma_{cr} 比平直翼的 Ma_{cr} 大得多。

2. 后掠翼在跨声速流中的激波系

飞行 Ma 大于 Ma_{cr} 后,由于后掠翼的翼尖效应,有可能首先在翼尖附近出现局部超声速区,并产生局部激波,称为翼尖激波。图 5-2-1 所示为前缘后掠角为 50° 的后掠翼,在迎角为 4°,飞行 Ma 为 0.95 时形成的翼尖激波。其方向几乎与远前方来流方向垂直,但激波强度还比较弱,并随着飞行 Ma 的增大而向后缘方向移动。

由于空气流过后掠翼,流线将左右偏斜呈 S 形,所以在翼根部分,从上翼面最低压力点往后,流线将偏向机身。当超声速气流流过机翼与机身结合部附近时,将受到机身的阻滞影响,会产生一系列弱扰动波,如图 5-2-2(a)所示。由于越往后流动越减速,所以激波角逐渐增大。这些弱压缩波在机翼某处汇合就形成了具有一定强度的强压缩波,称为后激波。

图 5-2-2(b)所示为后掠角为 53.5°的后掠翼,在迎角为 2°,飞行 Ma 为 1.05 时所形成的后激波。开始形成的后激波一般位于翼尖激波之前。实验表明,随着飞行 Ma 增大,后激波向后缘移动比翼尖激波来得快,会赶上翼尖激波并与之汇合。与此同时,后激波还向翼根发展,强度不断增强。

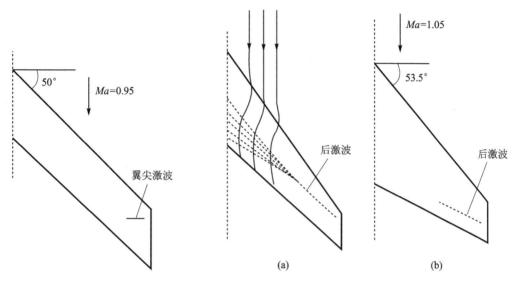

图 5-2-1　后掠翼的翼尖激波　　　　　　　　图 5-2-2　后掠翼的后激波

　　飞行 Ma 进一步增大,机翼上表面从翼尖到翼根相继出现局部超声速区,产生局部激波,称为前激波。图 5-2-3 表示迎角为 4°时,在不同飞行 Ma 下形成的前激波的位置。

　　飞行 Ma 再增大,前激波逐渐向机翼内侧和后缘移动,并与后激波相交,在交点外侧形成一较强的激波,称为外激波,如图 5-2-4 所示。外激波所在的翼面上将发生较严重的气流分离。

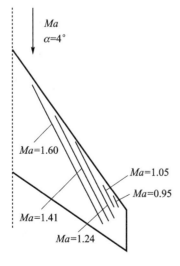

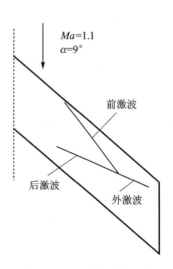

图 5-2-3　前激波的发展　　　　　　　　图 5-2-4　外激波的形成

3. 后掠翼的跨声速阻力特性

飞行 Ma 超过 Ma_{cr} 而进入跨声速后,即产生波阻,使阻力系数开始急剧增加。但不同后掠角的后掠翼同平直翼相比,阻力系数随 Ma 的变化趋势是不同的,如图 5 - 2 - 5 所示。

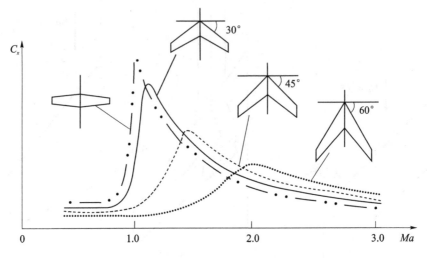

图 5 - 2 - 5 后掠翼的阻力系数随 Ma 的变化

后掠角越大,同一飞行 Ma 下的阻力系数越小,阻力系数随 Ma 的变化越缓和,这是因为后掠翼的空气动力决定于有效分速 V_n 的大小。有效分速引起的阻力 X_n 的方向与有效分速 V_n 的方向一致,即垂直于机翼前缘(见图 5 - 2 - 6)。而飞机阻力则与飞行速度方向平行。所以,有效分速产生的阻力 X_n 分解到平行于飞行速度方向的分力 X_χ 才是后掠翼的阻力。可见,即使后掠翼的有效分速(V_n)与平直翼的飞行速度相同时,后掠翼的阻力也小于平直翼的阻力。

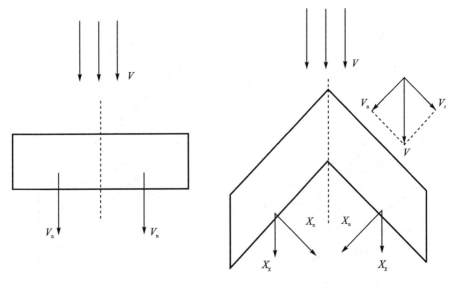

图 5 - 2 - 6 后掠翼的阻力

此外,随着飞行速度的增大,有效分速与飞行速度之间的差别越来越大,两者相对应的 Ma 差别也越大。同平直翼相比较,当 Ma_n 与平直翼的飞行 Ma 相同时,后掠翼不仅产生的阻力小,而且对应的飞行 Ma 大。所以,阻力系数随 Ma 变化的趋势比较缓和。后掠角越大,上述特点越突出,如图 5-2-7 所示。

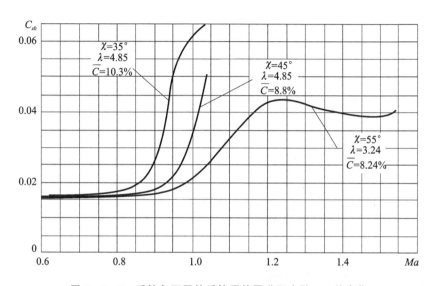

图 5-2-7　后掠角不同的后掠翼的零升阻力随 Ma 的变化

4. 后掠翼的跨声速升力特性

与平直翼相比,后掠翼的升力系数随 Ma 的变化比较缓和;后掠角越大,升力系数变化越缓和,如图 5-2-8 所示。这是因为一方面后掠翼的 Ma_{cr} 比较大,使 C_y 显著增减对应的 Ma 增大;另一方面,C_y 在跨声速阶段的增减幅度比较小。只有当有效分速对应的 Ma(Ma_n)同平直翼取得最大或最小升力系数的 Ma 相等时,后掠翼的 C_y 才达到最大或最小。这时后掠翼的升力与平直翼处于最大或最小升力系数情况下的升力相等,但飞行 Ma 却比平直翼大得多,因此,折算出后掠翼的最大或最小升力系数值要比平直翼的小。即一定迎角下,后掠翼的 C_y 随 Ma 增减的幅度小。

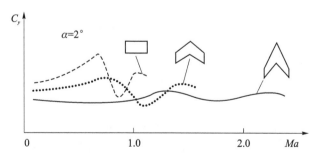

图 5-2-8　后掠翼的 C_y 随 Ma 的变化

此外,由于翼根效应和翼尖效应的存在,后掠翼沿翼展各处的局部超声速区和局部激波的产生和发展不一致,导致各剖面 C_y 的增减时机也各不相同,这也是造成后掠翼 C_y 随 Ma 变化缓和的原因。

图 5-2-9 所示为后掠角不同的后掠翼(包含展弦比和相对厚度不同)C_y 随 Ma 的变化曲线。

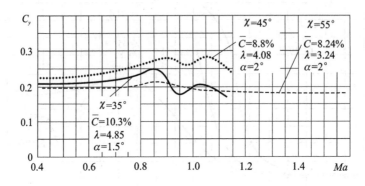

图 5-2-9   后掠角不同的后掠翼的 C_y 随 Ma 的变化

5.2.3   超声速前后缘与亚声速前后缘

机翼的边界可划分为前缘、后缘和侧缘,如图 5-2-10 所示。

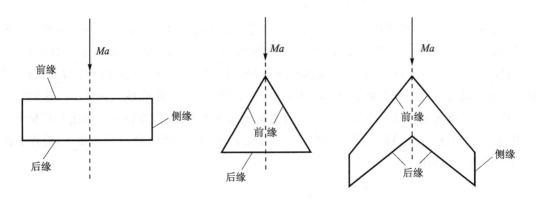

图 5-2-10   前缘、后缘和侧缘

空气流过后掠翼或三角翼,如果来流相对于前缘的垂直分速(V_n)小于声速($Ma_n < 1$),则该前缘称为亚声速前缘;反之,$Ma_n > 1$,则该前缘为超声速前缘。如果 $Ma_n = 1$,则称声速前缘。同理,后缘也可以按此划分。

对于后掠翼和三角翼飞机来说,是超声速前缘还是亚声速前缘,取决于来流 Ma 和后掠角 χ 的大小,因为 $Ma_n = Ma\cos\chi$。例如,某三角翼飞机后掠角为 $60°$,当飞行 $Ma = 2$ 时,$Ma_n = Ma\cos\chi = 1$,为声速前缘;$Ma < 2$ 时,$Ma_n < 1$,为亚声速前缘;只有当 $Ma > 2$ 时,$Ma_n > 1$,机翼才为超声速前缘。

　　理论和实践都证明,即使飞机作超声速飞行,只要是亚声速前缘,机翼就不会产生前缘激波,只有在超声速前缘的情况下,机翼才会产生前缘激波。

　　在亚声速前后缘情况下,后掠翼和三角翼的翼型流谱和压力分布与亚、跨声速的情况类似,其升、阻力特性就是后掠翼和三角翼的亚、跨声速升阻力特性。后掠翼在超声速前后缘情况下,其翼型的流谱和压力分布具有超声速的特点。升力特性同来流 Ma 为 Ma_n、迎角为 $\alpha_n = \alpha/\cos\chi$ 的无限翼展平直翼(二维翼)的升力特性一样。但就实际机翼(三维翼)来说,由于翼尖和翼根的存在,使同一迎角下机翼上下表面压力差减小,即升力和升力系数减小。后掠翼与翼型在超声速流中升力系数、波阻系数随 Ma 的变化趋势是一样的,也是随 Ma 的增大而减小。不同的是由于后掠翼的升力、阻力主要取决于有效分速 V_n 对应的 $Ma(Ma_n)$,所以同一 Ma 下的升力系数、波阻系数小,从而使升力系数、波阻系数随 Ma 增大而减小的趋势也比较缓和。

5.2.4　三角翼的跨、超声速空气动力特性

　　空气以超声速流过三角翼,对于前缘圆钝的翼面,在亚声速前缘情况下,气流仍是从前缘下表面的驻点开始分为上下两股。一股绕过前缘流向上表面,流速增大,吸力增大,前缘附近的吸力很高;另一股在下表面驻点附近,流速减慢,压力增大。因此,在机翼前缘附近上下表面的压力差较大,如图 5-2-11 所示。在超声速前缘情况下,空气流至前缘,突然减速,产生前缘激波,因而机翼前缘附近上下表面的压力差是均匀分布的,如图 5-2-12 所示。

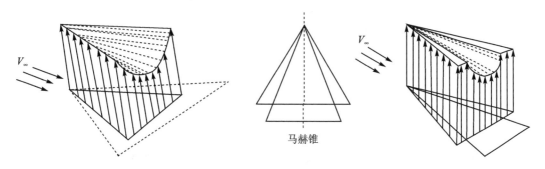

图 5-2-11　亚声速前缘压力差分布　　　　图 5-2-12　超声速前缘压力差分布

　　由于三角翼一般都具有大后掠角、小展弦比的特点,因此无论是在超声速前缘情况下还是在亚声速前缘情况下,其升力系数和升力系数曲线斜率都是比较小的。

　　对于大后掠角小展弦比的三角翼而言,因为 Ma_{cr} 较大,所以阻力系数在更大的 Ma 下才开始增长。阻力系数增长的趋势较缓和,最大阻力系数较小,如图 5-2-13 所示。

　　有资料表明,具有大后掠角小展弦比的三角翼,其最大阻力系数是在飞行 Ma 大于 1 而又属于亚声速前缘的情况下才会出现。某飞机的零升阻力系数随 Ma 的变化如图 5-2-14 所示。

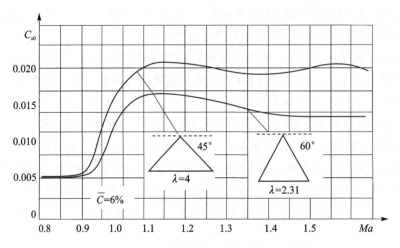

图 5 - 2 - 13　三角翼的阻力系数随 Ma 的变化

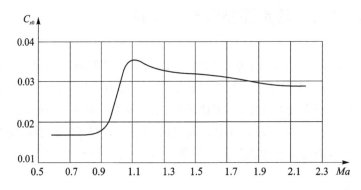

图 5 - 2 - 14　某飞机的零升阻力系数随 Ma 的变化($H = 5\ 000$ m)

5.3　空气动力干扰

　　飞机是由机翼、机身、尾翼等部件组成的。由于空气绕一个部件的流动会影响绕另一个部件的流动,因此几个部件组合在一起的组合体的升力和阻力并不等于各单个部件的升力和阻力之和,这种现象称为空气动力干扰。就整架飞机来说,各部件之间都应该存在干扰,但其中影响最大的是机翼与机身的相互干扰以及机翼对水平尾翼的干扰,本节将讨论这两个问题,此外,还将介绍跨声速和超声速的面积律,这是积极利用干扰现象以改善飞机气动性能的范例。

5.3.1　机翼与机身的相互干扰

　　为简单起见,现以绕中单翼式翼身组合体的低速流动为例进行分析。

　　先看组合体中机身对机翼的影响。当机身的迎角不为零时,在机身两侧会形成上洗流,如图 5 - 3 - 1 所示。此上洗流引起机翼的有效迎角增大,因此组合体中机翼上的升力比没有机身时的升力大。此外,由于越靠近翼根的地方机身产生的上洗速度越大,机翼的局部迎角也越大,所以半个外露机翼上升力作用点(压力中心)与单独半个机翼相比,要靠近机身一些。同时压力中心的前后位置一般也会改变。

再看机翼对机身的影响。当机翼有升力时,机翼的翼尖涡要产生向上的诱导速度。位于机翼前面的机身部分在上洗作用下,迎角增大;位于机翼后面的机身部分在下洗作用下,迎角减小;在翼身相连接的一段,气流沿机翼流动,当机翼无安装角时,这段机身的迎角为零,如图 5 - 3 - 2 所示。由此可见,在机翼的影响下,机身的气流方向是逐渐变化的,从而改变了机身的局部迎角。另一方面,我们已经知道,当机翼有升力时,机翼上表面流速快,压力小;机翼下表面流速慢,压力大。在与机翼相连的机身段上,由于受机翼的影响,机身上部流速增大,压力减小,而机身下部流速减慢,压力增大,从而使机身产生的升力增大。

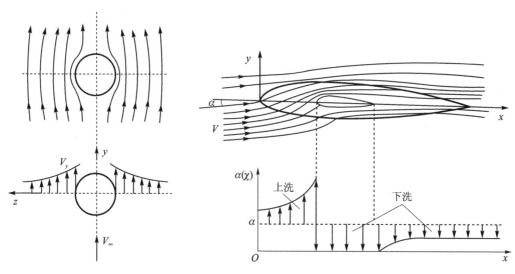

图 5 - 3 - 1 机身引起的上洗速度　　　图 5 - 3 - 2 机翼引起的诱导速度

机翼与机身的相互影响还会使组合体的阻力发生变化。如前面讲过的,翼身结合部导致黏性压差阻力增大(详见第 3.3 节)。此外,由于翼身结合部中段机翼与机身表面都向外凸出,流管收缩,局部流速增大,会使 Ma_{cr} 降低,激波阻力增大。在翼身结合部安装整流包皮不仅可以减小黏性压差阻力,而且对提高 Ma_{cr}、减小波阻也有一定作用。

同理,平尾和机身的相互干扰,从本质上说与机翼和机身的相互干扰是一样的。

5.3.2 机翼对平尾的干扰

机翼对平尾的干扰主要表现在两个方面:一是阻滞作用;二是下洗作用。

空气流过机翼,由于黏性的影响,要损失一部分能量,使气流受到阻滞。这样,流向平尾的气流速度 V_t 就会小于远前方来流 V_∞。两者的关系可表示为

$$V_t^2 = k_q \cdot V_\infty^2 \qquad\qquad (5 - 3 - 1)$$

式中,k_q 为速度阻滞系数,其大小与平尾和机翼相对位置有关,由实验确定,数值一般为

0.85～1.0。

空气流过机翼形成下洗，机翼后面的气流方向不同于远前方来流方向，导致平尾迎角减小，如图 5 - 3 - 3 所示。

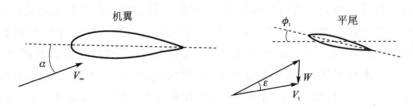

图 5 - 3 - 3　流过机翼的下洗流使平尾迎角减小

平尾迎角与机翼迎角的关系可表示为

$$\alpha_t = \alpha + \phi_t - \varepsilon \tag{5-3-2}$$

式中，ϕ_t 为平尾安装角；ε 为机翼引起的下洗角。

下洗角的大小与机翼的升力系数有关。在机翼展弦比一定时，升力系数大，下洗角也大，两者的关系可表示为

$$\varepsilon = D \cdot C_y \tag{5-3-3}$$

式中，$D = \varepsilon / C_y$，为下洗角随升力系数而变的导数，其大小与机翼平面形状、平尾同机翼的相对位置以及飞行 Ma_{cr} 等因素有关。

综合考虑机翼的阻滞作用和下洗作用，平尾的升力计算式为

$$Y_t = \frac{1}{2} k_q \rho V_\infty^2 C_{yt}^\alpha (\alpha + \phi_t - \varepsilon) S_t \tag{5-3-4}$$

机身对平尾的空气动力也有一定影响。与机翼相比，影响一般较小，道理基本相同。实际应用中，机翼和机身常作为翼身组合体一起考虑。

5.3.3　跨声速面积律与超声速面积律

1. 跨声速面积律

跨声速阶段，机翼阻力急剧增加（见图 5 - 1 - 15），以机翼和机身为组合体的飞机也是这样。为了寻找机翼和机身组合的最好形式，把阻力尽可能降下来，美国惠特康姆在前人研究的基础上，于 1965 年提出了跨声速面积律。跨声速面积律最初是根据跨声速流动的一些特点提出的，通过实验得到论证，以后才导出解析的证明。

跨声速面积律含义是：小展弦比机翼和细长旋成体机身的组合体，在跨声速阶段的零升波阻系数增量 ΔC_{x0}，在一定条件下，主要取决于组合体横截面积（迎风面积）沿机身纵轴方向的分布，而与组合体的外形没有关系。

也可以这样说，如图 5 - 3 - 4 中两个物体②和③所示，一个是带小展弦比的切边三角翼的细长旋成体，一个是中段外鼓的细长旋成体，尽管两物体的横截外形并不相同，但在同一 Ma_∞

下,只要:① 两物体的横截面积轴向分布 $S(x)$ 相同(S 表示横截面积,x 表示轴向距离);② 底面的形状相同(两物体的底端都是柱形或者都缩成尖端),并且在底面处横截面积分布的轴向斜率 $\mathrm{d}S/\mathrm{d}x$ 相同,那么,空气流过两物体的流动图形几乎一样,可见零升波阻也是相等的。

实验结果如图 5-3-4 所示。翼身组合体和中段外鼓的旋成体,两者横截面积轴向分布相同,它们在跨声速阶段的零升波阻系数增量 ΔC_{x0} 也几乎相同。

面积律反映了声速附近($Ma_\infty \approx 1$)的气流特点,其物理意义大致是这样:在跨声速气流中,$Ma = 1$ 对应流管喉部。流管喉部的横截面积(S)沿管轴 x 方向的变化率 $\mathrm{d}S/\mathrm{d}x = 0$。此时,流速变化引起流管横截面积的变化很小。另一方面,$Ma = 1$ 的马赫线与主流方向垂直,物体对气流的扰动是在垂直于轴线的平面上传播。在这个平面上,物体外形的局部变化对广大的扰动区影响很小。而波阻的大小取决于全部扰动区的流动变化。也就是说,两物体外形差别的影响是次要的,而横截面积轴向分布则起决定性作用。

图 5-3-5 说明,把机身中段向里收缩,修形为蜂腰形,使组合体的横截面积轴向分布 $S(x)$ 变得平滑顺溜,和波阻很小的细长旋成体差不多,这就可以大大降低零升波阻。这就是面积律的应用。

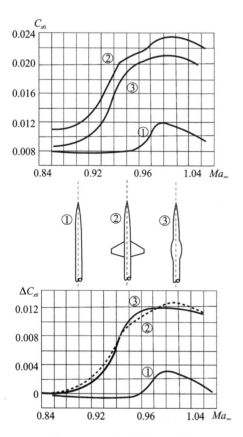

图 5-3-4　阻力随 Ma 变化

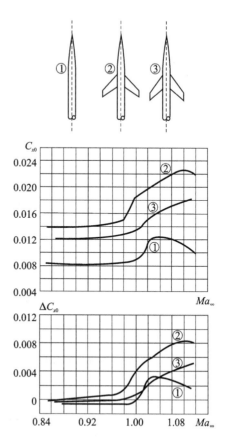

图 5-3-5　后掠翼/机身组合体的阻力
系数随 Ma 变化

2. 超声速面积律

跨声速面积律只适用于声速附近的跨声速段，并不适用于 $Ma_\infty > 1.4$ 的超声速段。美国的强斯(R. T. Jones)早在 1955 年就提出了超声速面积律。Ma_∞ 高达 2.5 或 3.0 时，这个面积律仍适用。

跨声速面积律不适用于超声速，因为随着 Ma_∞ 进一步增大，物体上的正激波向后倾斜成为锥面斜激波，在横截面上的扰动区缩小，而只局限于从物体头部所发出的马赫锥内。在此同时，物体附近的流管，其横截面积因局部流速改变而引起的变化程度也变大了。

图 5-3-6 所示为一个矩形翼与细长机身的组合体。现在取的截面积不是与轴向垂直的横截面积，而是与锥形激波面平行，或者说与马赫波面(马赫角 $\mu = \arcsin(1/Ma_\infty)$)平行的横截面积。此斜切面积 S 在与轴向垂直的平面上的投影面积为

$$S_n = S \cdot \sin\mu \qquad\qquad (5-3-5)$$

当然，此投影面积，随所取截面的位置而不同。超声速面积律含义是：在一定 Ma_∞($Ma_\infty > 1$)下，翼身细长组合体的零升波阻，取决于此 Ma_∞ 相对应的斜切投影面积 S_n 的轴向分布，而与组合体的几何外形无关。

从物理意义来说，在超声速气流中，扰动是沿马赫线进行，顺马赫线向后传播的，其影响区也比较大。只要物体外形细长，而且斜切投影面积轴向分布相同，则物体附近局部流场的差异对广大扰动区域的影响就很小。因此，取决于流动状态的零升波阻也几乎是一样的。

按照超声速面积律，机翼机身细长组合体的斜切投影面积的轴向分布平滑顺溜，可以降低零升波阻。同跨声速面积律比较，要求机身收缩成蜂腰的部分长度更长，并且随着 Ma_∞ 的增大而加长。超声速面积律应用于 $Ma_\infty \approx 1$ 时，也就是跨声速面积律。

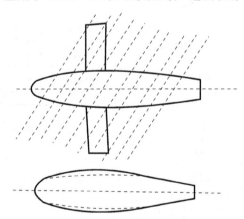

图 5-3-6 矩形翼细长机身组合体沿马赫线斜切截面积的变化

本章小结

由于空气压缩性的影响，与低速时相比，翼型表面的压力分布在高速时发生显著变化，进

而导致翼型的气动特性发生剧烈变化。随着马赫数的逐渐增大,翼型表面将出现局部激波,产生激波阻力;由于前缘后掠,后掠翼和三角翼的临界马赫数要比平直机翼的大得多,因此可以延缓局部激波的产生和发展。当前缘和后缘处于不同流动速度时,后掠翼和三角翼的气动特性也不同;现代战斗机采用了多种航空新技术,形成了多种多样的气动布局,提高了飞机的气动特性;由于飞机的各个部件之间存在空气动力干扰,飞机在高速飞行时,其气动布局要遵守跨声速面积律和超声速面积律。

思考题

1. 空气压缩性对翼型表面压力分布有何影响? 为什么? 试画出双凸形翼型当下表面产生正压力时,压缩性气流和非压缩性气流的压力分布示意图。

2. 说明翼型的亚声速空气动力特性,并解释原因。

3. 什么是临界马赫数? 说明其物理意义。

4. 翼型表面局部激波是怎样产生的? 又是怎样发展的? "局部激波总是先在翼型上表面产生"对吗? 为什么?

5. 画出翼型升力系数随 Ma 变化的曲线示意图,说明跨声速时的变化规律,并解释原因。

6. 跨声速飞行时,翼型波阻是怎样产生的?

7. 跨声速飞行时,翼型压力中心随飞行 Ma 是怎样变化的? 为什么?

8. 画出翼型阻力系数随 Ma 变化的曲线示意图,说明跨声速阶段阻力系数随 Ma 急剧增大的原因。

9. 同一架飞机,以同一迎角和表速在不同的高度上高速飞行,升力是否相同? 为什么? 以同一表速在不同高度上作水平飞行,迎角是否相同? 为什么?

10. 同一架飞机,只要迎角不变,飞行速度或飞行高度变化时,升阻比是否变化? 为什么?

11. 超声速飞行时,薄板翼型的升、阻力是怎样产生的?

12. 超声速飞行时,对称薄翼型的升、阻力是怎样产生的?

13. 比较后掠翼与平直翼的跨声速阻力特性,并解释原因。

14. 比较后掠翼与平直翼的跨声速升力特性,并解释原因。

15. 已知某型飞机质量为 5 400 kg,机翼面积为 22.6 m²,零升迎角为 0°,飞行 Ma 为 0.6 时的升力系数曲线斜率为 0.069/°,求在 5 000 m 高度($\rho=0.736\ 1\ \text{kg/m}^3$,$a=321\ \text{m/s}$)以该 Ma 作水平飞行时的迎角和升力系数是多少?

16. 什么是亚声速前缘和超声速前缘? 某型飞机($\chi=55°$,最大允许 Ma 为 1.6)是亚声速前缘还是超声速前缘? 某型飞机($\chi=57°$,最大允许 Ma 为 2.05)是亚声速前缘还是超声速前缘?

17. 什么是跨声速面积律和超声速面积律?

18. 什么是附着流型、脱体涡流型和混合流型? 它们各有什么优缺点?

扩展阅读　高超声速飞行器

高超声速飞行器具有速度快、高度高、巡航距离远和突防能力强等特点,有着巨大的军事价值和潜在的经济价值。其一般采用一种高升阻比和强机动性的气动外形,目前适合高超声速飞行器的外形有升力体、翼身融合体、轴对称旋成体和乘波体等。

升力体飞行器

相对于传统飞行器,升力体飞行器(见图 5-A-1)是一种完全不同的概念。它没有常规飞行器的主要升力部件——机翼,而是用三维设计的翼身融合体来产生升力。这种设计可消除机身等部件所产生的附加阻力和机翼与机身间的干扰,从而有可能在较低的速度下获得较高的升阻比,达到提高全机性能的目的。

图 5-A-1　升力体飞行器

升力体式设计的思想是艾格尔斯和阿伦两位科学家于 1957 年在美国航空航天局(NASA)艾姆斯研究中心从事弹道导弹再入问题研究时偶然发现的。1963 年,NASA 开始为返回式飞船进行一系列的选型,其基本设计就是升力体。从 1963 年到 1975 年,NASA 进行了 M2-F1、M2-F2、M2-F3、HL-10、X-24 和 X-24B 等升力体的试飞研究。这些试验机可谓是可重复使用航天器及航天飞机研制的开路先锋,为当今乃至未来的太空旅行铺平了道路。通过它们的飞行,有关部门制定出了无动力着陆的规程,美国航天飞机的设计人员也据此取消了航天飞机的着陆发动机,大大增强了航天飞机的性能,简化了设计,提高了运载能力。

翼身融合体飞行器

一般的飞机是由机翼与机身两个部件接合而成的。在机翼与机身的交接处,机身的侧面与机翼表面构成直角(或接近于直角),这样的组合,由于浸润面积大,阻力也较大。为了减少翼身组合体的阻力,有些飞机在机翼与机身的交接处增装了整流带(亦称整流包皮),使二者间圆滑过渡。在设计上,整流带一般是不承受载荷的,但在飞行时,它很难不受气动力的影响,往往会发生变形。后来,研究人员根据翼身整流带的优缺点,提出了翼身融合体的概念,即把飞行器的机翼和机身合成一体来设计制造,二者之间没有明显的界限。翼身融合体的优点是结构质量轻、内部容积大、气动阻力小,可使飞机的飞行性能有较大改善。后来还发现,由于消除了机翼与机身交接处的直角,翼身融合体也有助于减小飞机的雷达反射截面积,改善隐身性能。翼身融合体的缺点是:外形复杂,设计和制造比较困难。采用翼身融合体的有:X - 48B、Saab - 35。许多高机动性战斗机(如 F - 16、苏 - 27 等)都采用了翼身融合技术。

乘波体飞行器

所谓乘波体(Waverider)(见图 5 - A - 2)是指一种外形是流线型,其所有的前缘都具有附体激波的超声速或高超声速的飞行器。通俗地讲,乘波体飞行时其前缘平面与激波的上表面重合,就像骑在激波的波面上,依靠激波的压力产生升力,所以称为乘波体。如果把大气层边缘看作水面,乘波体飞行时就像是在水面上打水漂(这个比喻可能不够恰当,因为打水漂是一种不稳定的跳跃式飞行,而乘波体飞行时很稳定)。乘波体飞行器不用机翼产生升力,而是靠压缩升力和激波升力飞行,像水面由快艇拖带的滑水板一样产生压缩升力。超声速飞行形成的激波不仅是阻力的源泉,也是飞行器"踩"在激波的锋面背后"冲浪"的载体。

图 5 - A - 2　乘波体飞行器

乘波体的概念是在 1959 年由诺威勒(Nonweiler)提出的,诺威勒首先提出根据已知流场构造三维高超声速飞行器的想法,用平面斜激波形成流场构造出一种具有 Λ 形横截面的高超声速飞行器。美国马里兰大学 Rasmussen 等人发表了中锥形流动生成乘波体的论文。值得一提的是,与 Nonweiler 的二维 Λ 形设计相比,由圆锥流场生成的乘波体容积率大得多,且具有较高的升阻比。1989 年,由 NASA 赞助,在马里兰大学举行了乘波体国际会议,会上 Sobieczky 等人提出了用相切锥生成乘波体的方法,其特点是通过使用多个锥体来设计激波模式,这使得人们可以根据飞行器的需要来设计复杂构型,从而使乘波体飞行器具有向实用性发展的可能。

基础的空气动力知识是最重要的,以及对飞机各系统的综合认识下的飞机操纵特点,是处理飞机特殊情况的关键。"①

——波音公司的飞行机组训练手册中谈空气动力学知识对飞行职业的重要性

第6章　螺旋桨的性能

对于安装活塞发动机或涡轮螺旋桨发动机的飞机来说,飞机前进的动力是由螺旋桨产生的拉力。活塞式飞机前进的动力全部由螺旋桨拉力提供;涡轮螺旋桨飞机前进的动力大约90%由螺旋桨拉力提供,而10%左右由涡轮喷气产生的推力所提供。实质上,拉力也是推力,只是对于螺旋桨飞机,习惯上称为拉力。螺旋桨工作的好坏直接关系拉力的大小,对飞机的飞行性能影响极大。为了帮助飞行员正确使用螺旋桨,本章着重分析螺旋桨拉力的产生及其变化规律,介绍有关螺旋桨的功率、效率、负拉力和副作用等内容。

6.1　螺旋桨空气动力特性

6.1.1　螺旋桨一般介绍

1. 螺旋桨的几何参数

现代空气螺旋桨主要由桨叶、桨毂及桨叶变距机构等组成,如图 6-1-1 所示。桨叶的平面形状很多,使用较多的有椭圆形、矩形和马刀形等,如图 6-1-2 所示。桨叶的剖面形状与翼型相似,前后桨面分别相当于机翼的上下表面,如图 6-1-3 所示。螺旋桨旋转时,桨尖所画圆的直径称为螺旋桨直径(D),该圆的半径称为螺旋桨半径(R),由螺旋桨旋转轴线至某一剖面的距离称为该剖面的半径(r),比值 r/R 称为相对半径($\bar{r}$)。

桨叶剖面前缘与后缘的连线称为桨弦(b),或桨叶宽度。桨叶宽度与螺旋桨直径之比(b/D)称为桨叶相对宽度($\bar{b}$)。桨叶剖面的最大厚度称为该剖面的桨叶厚度(c)。桨叶厚度与该剖面的桨弦之比(c/b)称为桨叶厚弦比($\bar{c}$)。

桨叶旋转时所画的平面称为旋转面,它与桨轴垂直。桨弦与旋转面之间的夹角称为桨叶角(ϕ)。桨叶角不能改变的螺旋桨称为定距螺旋桨;桨叶角能够改变的螺旋桨称为变距螺旋

① 向小军.飞机性能[M].大连:大连海事大学出版社,2017.

桨。桨叶角增大,称为变大距;桨叶角减小,称为变小距。现代飞机都使用自动变距螺旋桨。

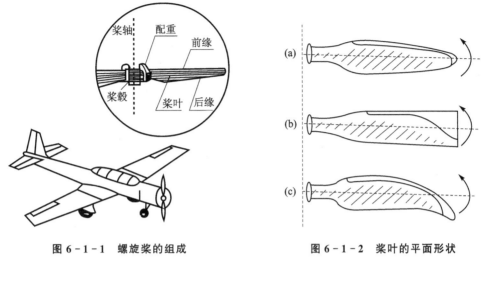

图 6 - 1 - 1　螺旋桨的组成　　　　　　　图 6 - 1 - 2　桨叶的平面形状

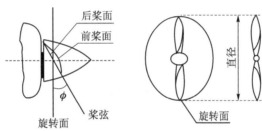

图 6 - 1 - 3　螺旋桨的直径、旋转面和桨叶角

2. 螺旋桨的运动参数

　　飞行中,螺旋桨的运动是一面旋转,一面前进的。桨叶上每一点的运动轨迹都是一条螺旋线,如图 6 - 1 - 4 所示。因此,桨叶各剖面都具有两种速度:

　　① 前进速度(V),即飞机的飞行速度;

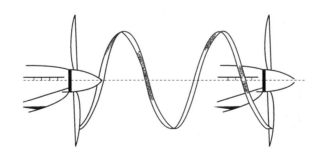

图 6 - 1 - 4　桨叶上某点的运动轨迹

② 切向速度(U),因旋转而产生的圆周速度,其大小取决于螺旋桨的转速和各剖面的半径,即

$$U = 2\pi rn \qquad (6-1-1)$$

式中,n 为螺旋桨转速。

桨叶剖面的合速度(W)为切向速度与前进速度的合速度,即 $W = U + V$,如图 6-1-5 所示。桨叶剖面的合速度方向,可用前进比(λ)表示。前进比是飞行速度同螺旋桨的转速与直径的乘积两者之比,即

$$\lambda = \frac{V}{nD} \qquad (6-1-2)$$

若合速度与旋转面之间的夹角以 γ 表示,则有

$$\tan\gamma = \frac{V}{U} = \frac{V}{2\pi rn} = \frac{\lambda}{\pi} \qquad (6-1-3)$$

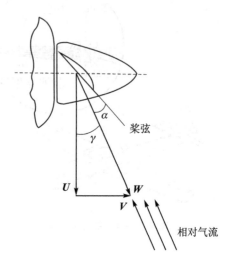

图 6-1-5　桨叶剖面的合速度和相对气流

由此可见,前进比越大,γ 也越大,说明合速度的方向偏离旋转面越多。反之,前进比越小,说明合速度的方向越接近旋转面。

桨叶剖面相对气流方向与桨弦之间的夹角称为桨叶迎角(α),如图 6-1-5 所示。桨叶迎角随桨叶角、飞行速度和转速的改变而变化,桨叶迎角的大小可由下式确定:

$$\alpha = \phi - \gamma = \phi - \arctan\frac{V}{2\pi rn} \qquad (6-1-4)$$

由上式可见,桨叶迎角与桨叶角、飞行速度、螺旋桨转速和桨叶半径有关。当飞行速度和转速一定时,桨叶迎角随桨叶角的增大而增大,随桨叶角的减小而减小;在桨叶角和转速不变的情况下,桨叶迎角随飞行速度的增大而减小,随飞行速度的减小而增大。飞行速度增大到一定程度,桨叶迎角可能减小为零,甚至变为负值;在桨叶角和飞行速度一定的情况下,桨叶迎角随转速增大而增大,随转速减小而减小。此外,随着剖面半径的加大桨叶迎角也会变大。

为使桨叶各剖面迎角基本相等,把桨叶做成扭转的,即从桨根到桨尖,桨叶角逐渐减小,如图 6-1-6 所示。对于几何扭转的桨叶,通常用 $r = 0.75R$ 处桨叶剖面的桨叶角代表整个桨叶的桨叶角。

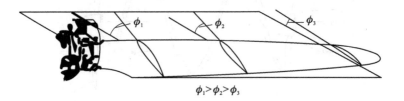

图 6-1-6　桨叶的扭转

6.1.2　螺旋桨的拉力

1. 螺旋桨拉力的产生

螺旋桨的拉力是由各个桨叶的拉力构成的。桨叶的剖面形状与机翼剖面相似,螺旋桨产生拉力的原理也和机翼产生升力的原理基本相同。

螺旋桨桨叶的剖面形状与机翼的翼型相似,相对气流流过桨叶的前桨面,就像流过机翼上表面一样,流管变细,流速加快,压力降低;相对气流流过桨叶的后桨面,就像流过机翼下表面一样,流管变粗,流速减慢,压力升高。桨叶前后桨面形成压力差,压力差的总和就是桨叶的总空气动力(R)。

桨叶总空气动力可以分解为两个分力:一个与桨轴平行,称拉力(P);另一个与桨轴垂直,阻碍螺旋桨旋转,称旋转阻力(Q),如图 6 - 1 - 7 所示。

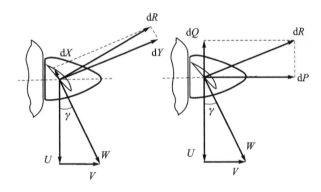

图 6 - 1 - 7　螺旋桨的空气动力及其分力

螺旋桨拉力可按下式(公式推导见附录 5)计算,即

$$\mathrm{d}R = C_R\rho\frac{W^2}{2}\mathrm{d}S \tag{6-1-5}$$

$$P = C_P\rho n^2 D^4 \tag{6-1-6}$$

式中,C_P 为拉力系数,综合表示了桨叶迎角、合速度方向、桨叶形状及数目、飞行 Ma 等因素对拉力的影响,其大小由实验确定。

2. 螺旋桨拉力在飞行中的变化

现代螺旋桨飞机都采用能自动保持转速不变的恒速螺旋桨。因此,拉力主要随飞行速度、油门位置和飞行高度而变化。

(1) 拉力随飞行速度的变化

飞行速度和螺旋桨拉力之间有着互相联系和互相制约的关系。这种关系表现在两个方面:一是拉力直接决定着飞行速度的大小,例如增大速度,通常都要增大拉力;二是飞行速度改变后,又反过来引起拉力大小的变化,例如,在油门位置、飞行高度不变的条件下,随着飞行速度的增大,拉力逐渐减小。下面主要分析拉力随飞行速度变化的原因和规律。

在油门位置和飞行高度不变的情况下,飞行速度增大,如果桨叶角不变,则桨叶迎角会减小,螺旋桨旋转阻力会减小,致使转速增大。为保持转速不变,调速器迫使桨叶角增大。当桨叶角增大到旋转阻力恢复到原来大小、转速恢复原来大小时,桨叶角停止增大,如图 6-1-8 所示。在新的条件下,因桨叶合速度方向更加偏离旋转面,桨叶空气动力更偏离桨轴,为保持转速,旋转阻力会不变,即 $Q_1=Q_2$,结果拉力减小了。飞行速度越大,拉力也相应越小。当飞行速度增大到一定程度,拉力可以减小到零,甚至变为负拉力(关于涡轮螺旋桨的负拉力问题见第 6.3 节);反之,飞行速度减小,则拉力增大。

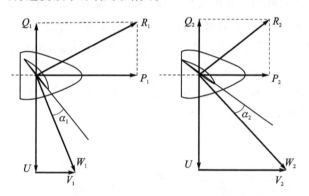

图 6-1-8　拉力随飞行速度的变化

(2) 拉力随油门位置的变化

在飞行速度和高度不变的条件下,加大油门,螺旋桨拉力将增大。这是因为加大油门,发动机有效功率提高,力图使螺旋桨转速增大,为了保持转速不变,调速器迫使桨叶变大距,使得桨叶迎角增大,拉力也就增大,如图 6-1-9 所示。反之,收小油门,则拉力减小。改变油门大小(涡轮螺旋桨发动机油门的大小以度表示,其值为油门杆转动角度,按刻度盘读数),拉力的变化情形如图 6-1-10 所示。

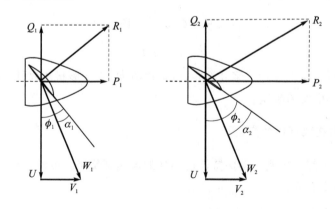

图 6-1-9　拉力随油门位置的变化

(3) 拉力随飞行高度的变化

飞行速度和油门位置不变,飞行高度改变,空气密度变化,发动机有效功率发生变化,拉力

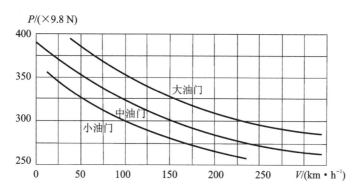

图 6 - 1 - 10　螺旋桨拉力随油门位置的变化

也发生变化。

对于吸气式活塞发动机来说,随着飞行高度的增加,发动机有效功率一直降低,所以螺旋桨的拉力也一直减小,如图 6 - 1 - 11 所示。

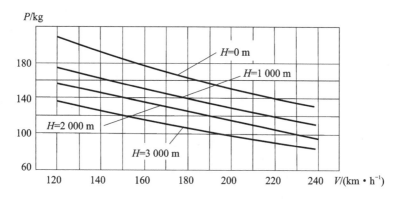

图 6 - 1 - 11　某吸气式发动机在不同高度的拉力曲线

对于增压式活塞发动机来说,在额定高度以下,高度增加,发动机有效功率增大,拉力也就增大。在额定高度以上,高度增加,发动机有效功率减小,拉力也减小。在额定高度上,拉力最大,如图 6 - 1 - 12 所示。

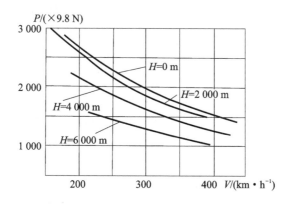

图 6 - 1 - 12　某增压式发动机在不同高度的拉力曲线

对于涡轮螺旋桨发动机来说,在功率限制高度以下,因当量功率(涡轮螺旋桨发动机的总功率称为当量功率,它是涡轮传给螺旋桨的轴功率与喷气推进功率折合成螺旋桨轴功率之和)保持基本不变,故拉力随高度增加而减小不明显。在功率限制高度以上,发动机当量功率随高度增加而减小,拉力显著下降。

6.1.3 螺旋桨的副作用

螺旋桨在工作过程中,除能产生拉力外,还会产生一些副作用,给飞机的正常飞行带来不利影响。

螺旋桨的副作用主要包括螺旋桨的滑流、螺旋桨进动和螺旋桨反作用力矩等,本节将分别分析它们的产生原因和对飞行的影响。

1. 螺旋桨滑流

螺旋桨旋转时,桨叶拨动空气,使空气向后加速流动,并向螺旋桨旋转方向扭转。这股被螺旋桨拨动而向后加速和扭转的气流,称为螺旋桨的滑流。滑流速度(V)与飞机远前方相对气流速度(V_∞)之间的夹角称为滑流扭转角,图 6 - 1 - 13 所示。

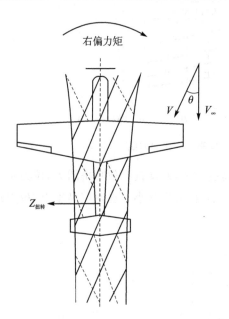

图 6 - 1 - 13　左转螺旋桨的滑流
所引起的偏转力矩

如某初教机的螺旋桨是向左旋转的,滑流流过机翼时被分成上下两层。上层滑流自右向左后方扭转,下层滑流自左向右后方扭转。垂直尾翼和机身尾部主要受上层滑流的影响。所以,在垂直尾翼和机身尾部产生向左的侧力($Z_{扭转}$),对飞机质心形成右偏力矩,迫使机头向右偏转,如图 6 - 1 - 13 所示。同理,右转螺旋桨飞机的滑流扭转作用产生会使机头左偏的力矩。

螺旋桨滑流扭转作用的强弱主要取决于发动机功率。在速度不变时,发动机功率增大,滑流扭转角和滑流速度同时增大,致使垂直尾翼和机身尾部上向左的侧力增大,使机头右偏力矩增大。反之,收油门,使机头右偏的力矩减小。

在油门位置不变,即发动机功率不变的条件下,当飞行速度增大时,滑流扭转角变小,抵消了动压增大的影响,使得偏转力矩基本不变。所以滑流的扭转作用可以近似认为不随飞行速度变化。

飞行中,为了消除滑流的影响,对于左转螺旋桨飞机来说,加油门时,需要适当蹬左舵,产生方向操纵力矩,抵消右偏力矩,保持方向平衡;反之,收油门时,应适当回左舵。在油门不动而飞行速度增大时,由于方向操纵力矩增大,需要减小蹬舵量以保持方向平衡。反之速度减小时,需要加大蹬舵量。例如,某初教机在起飞加油门时,滑流产生的右偏力矩很大,飞行员应相应蹬左舵,并随着速度增大而减小左舵量,以保持滑跑方向。此外,在飞行中,加减油门改变发动机功率,因滑流速度变化将导致水平尾翼的升力变化,破坏飞机的俯仰平衡,因此还应当推拉驾驶杆,克服这一影响。

总之,在飞行中,螺旋桨滑流不仅影响飞机的方向平衡,还影响飞机的俯仰平衡;其影响随油门的加大而增强,随油门的收小而减弱。为了克服这一影响,应在改变油门位置时,操纵杆舵进行修正。

2. 螺旋桨的进动

对于螺旋桨飞机来说,当飞机俯仰转动或偏转时,即改变螺旋桨转轴方向时,会由于螺旋桨的陀螺效应而产生陀螺力矩使机头绕另一个轴转动,这种现象称为螺旋桨进动。例如,某初教机飞行员拉杆使机头上仰时,飞机会向左进动,如图 6-1-14 所示。

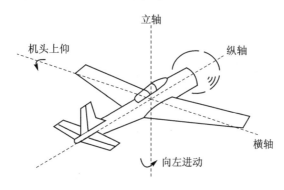

图 6-1-14　螺旋桨进动

螺旋桨陀螺力矩的大小用下式计算:

$$M_{进} = J\Omega\omega \qquad\qquad (6-1-7)$$

式中,$M_{进}$ 为陀螺力矩,N·m;J 为发动机和螺旋桨转动惯量,kg·m^2;Ω 为螺旋桨旋转角速度,1/s;ω 为飞机俯仰转动和偏转角速度的合角速度,1/s。

由式(6-1-7)可以看出,飞行条件一定时,即 J、Ω 一定时,$M_{进}$ 正比于 ω。也就是说飞机转动越快,陀螺力矩越大,进动作用越强。螺旋桨的进动方向可由以下两种方法加以判断。

(1) 绘图法

如图 6-1-15 所示,先画一圆圈,表明螺旋桨旋转方向;再从圆心向外画箭头指向机头转动方向。该箭头指到圆周上那一点的切线速度方向就是飞机进动方向。右转螺旋桨飞机的进动方向与左转螺旋桨的相反。

(2) 手示法

如图 6-1-16 所示,左转螺旋桨用左手(右转螺旋桨用右手),手心面向自己(以座舱位置为准),以四指代表机头转动方向,伸开的大拇指方向就是螺旋桨的进动方向。

由上述可见,在飞行中,飞机发动机和其他转动部件在飞机转动时产生陀螺力矩会使飞机进动。例如,某初教机做筋斗飞行,飞机不断地上仰转动,此时螺旋桨的陀螺力矩使机头向左偏转。为防止机头左偏,飞行员应相应地蹬右舵修正。这里还应指出,不仅螺旋桨飞机有进

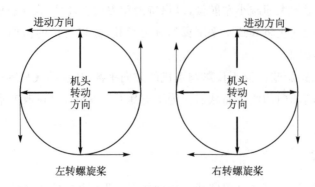

图 6 - 1 - 15   绘图判断螺旋桨进动的方向

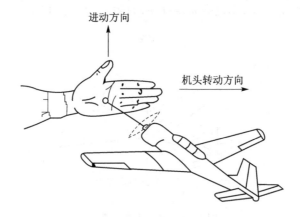

图 6 - 1 - 16   用左手判断左转螺旋桨进动的方向

动,喷气式飞机的发动机转子也能产生陀螺力矩使飞机进动,并给机动飞行带来影响。

3. 螺旋桨的反作用力矩

螺旋桨在转动中会产生旋转阻力,旋转阻力对桨轴形成的力矩称为螺旋桨的反作用力矩。这个力矩通过发动机传给飞机,迫使飞机向螺旋桨转动的反方向倾斜。例如,左转螺旋桨飞机在螺旋桨反作用力矩的作用下会向右倾斜,如图 6 - 1 - 17 所示。

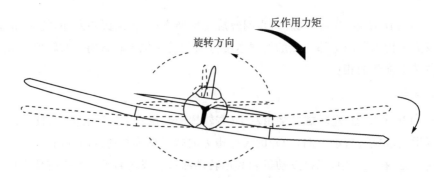

图 6 - 1 - 17   螺旋桨反作用力矩

飞行中,恒速螺旋桨的反作用力矩的大小正比于发动机功率,功率越大反作用力矩越大。

为了克服螺旋桨反作用力矩对飞行的影响,有的飞机调整质心位置,使质心偏出对称面一定距离,利用飞机升力对质心的滚转力矩抵消反作用力矩的作用。

因为反作用力矩的大小随发动机功率而变,所以在加减油门的同时,还需要相应地压杆修正反作用力矩的影响。

4. 气流斜吹

飞行中,飞行速度方向(相对气流方向)与桨轴方向不平行,即相对气流斜着吹向螺旋桨,这种现象称为气流斜吹。在气流斜吹的情况下,螺旋桨会产生拉力力矩和侧力力矩,对飞行有一定的影响。现以左转螺旋桨为例,分析拉力力矩和侧力力矩产生的原因及其对飞行的影响。

如图 6-1-18 所示,在相对气流从桨轴下方吹来的情况下,把飞行速度(V)分解成平行于桨轴的分速(V_1)和垂直于桨轴的分速(ΔV)。由于垂直分速(ΔV)的存在,转到左边的桨叶的切向速度随之增大,其合速度也随之增大,而且靠近旋转面,结果桨叶迎角($\alpha_{左}$)增大,桨叶拉力($P_{左}$)和旋转阻力($Q_{左}$)都增大。同样,转到右边的桨叶的切向速度减小,合速度减小,且偏离旋转面,结果桨叶迎角($\alpha_{右}$)减小,桨叶拉力($P_{右}$)和旋转扭力($Q_{右}$)都随之减小。这样,左边桨叶所产生的拉力和旋转阻力都比右边大。其拉力差对飞机质心形成的力矩,就是拉力力矩,如图 6-1-19 所示。两边桨叶旋转阻力的合力垂直于桨轴方向,这个力称为螺旋桨侧力($Y_{桨}$)。由螺旋桨侧力对飞机质心形成的力矩就是螺旋桨侧力力矩,如图 6-1-20 所示。

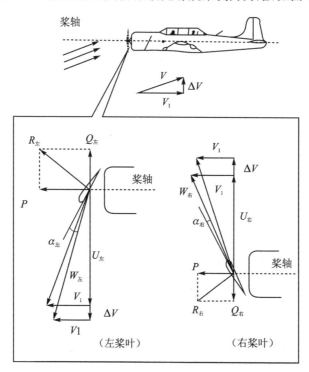

图 6-1-18　气流斜吹时,左、右桨叶的拉力和旋转阻力

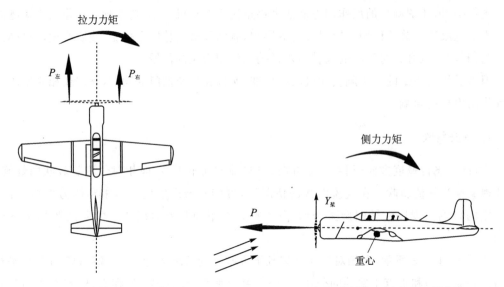

图 6 - 1 - 19　螺旋桨拉力力矩的产生　　　图 6 - 1 - 20　螺旋桨侧力及侧力力矩的产生

同理,当相对气流从桨轴的上方或侧方(飞机带侧滑的情况)吹来时,螺旋桨也会产生拉力力矩和侧力力矩,只是它们的方向随气流斜吹方向的不同而不同。

右转螺旋桨气流斜吹产生的拉力力矩和侧力力矩方向与左转螺旋桨刚好相反。

螺旋桨拉力力矩和侧力力矩的大小取决于油门及飞行速度方向与桨轴之间夹角的大小。油门越大,拉力力矩和侧力力矩越大,飞行速度方向与桨轴之间的夹角越大,拉力力矩和侧力力矩也越大。现仍以相对气流从桨轴下方吹来的情况为例分析。在油门增大的情况下,左右桨叶的拉力是按同样的倍数增大的,左右桨叶的旋转阻力也是按同样的倍数增大的。这样,左右桨叶的拉力以及旋转阻力的差值也都增大,所以拉力力矩和侧力力矩都增大。飞行速度方向与桨轴之间的夹角增大,则飞行速度的垂直分速(ΔV)增大,使左右桨叶的迎角和合速度的差值都增大,因此左右桨叶的拉力差值和旋转阻力差值都随之增大,拉力力矩和侧力力矩也都增大。相反,若油门及飞行速度方向与桨轴之间的夹角减小,则拉力力矩和侧力力矩都减小。

由上述分析可知,飞行中,螺旋桨在气流斜吹的情况下会产生的拉力力矩和侧力力矩,进而影响飞机的俯仰平衡和方向平衡。比如左转螺旋桨飞机在大迎角飞行中,拉力力矩力图使飞机向右偏转,侧力力矩力图使飞机上仰增大迎角。在油门及飞机迎角的大小改变时,因为拉力力矩和侧力力矩都要随之变化,就可能破坏飞机的俯仰和方向平衡。飞行员应当根据具体情况相应地操纵杆、舵,以克服拉力力矩和侧力力矩的影响。应该指出的是,拉力力矩因其力臂较短,其值不大,对飞行的影响常可忽略。

6.2　螺旋桨的功率和效率

6.2.1　螺旋桨旋转所需功率

带动螺旋桨旋转所消耗的功率称为螺旋桨旋转所需功率,用 $N_{桨需}$ 表示。设螺旋桨旋转阻力力矩为 M,由力学原理可知,转动螺旋桨所需要消耗的功率为

$$N_{桨需} = M\omega \qquad\qquad (6-2-1)$$

式中,ω 为螺旋桨旋转时角速度,$\omega = 2\pi n$,$1/s$。

可以证明 $N_{桨需}$ 满足

$$N_{桨需} = \beta \rho n^3 D^5 \qquad\qquad (6-2-2)$$

式中,β 为螺旋桨功率系数。

螺旋桨的功率系数 β 的大小取决于桨叶角、前进比、桨叶的形状、飞行马赫数以及雷诺数,β 大小由实验确定。图 6-2-1 给出了不同桨叶角下功率系数 β 随前进比 λ 变化的曲线。图 6-2-2 所示为某运输机的螺旋桨在不同前进比下,β 随 ϕ 变化的曲线。

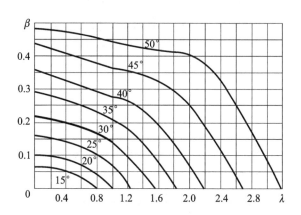

图 6-2-1　某螺旋桨的功率系数曲线

6.2.2　螺旋桨有效功率

螺旋桨的拉力在单位时间内对飞机所做的功称为螺旋桨有效功率或螺旋桨推进功率,用 $N_{桨}$ 表示,它等于拉力与飞行速度的乘积。螺旋桨有效功率的计算式为

$$N_{桨} = P \cdot V \qquad\qquad (6-2-3)$$

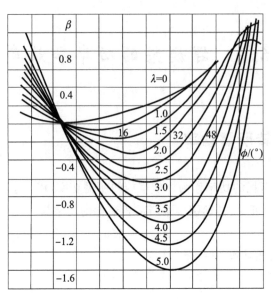

图 6 - 2 - 2　某螺旋桨的功率系数曲线

6.2.3　螺旋桨效率

螺旋桨是由发动机带动旋转的。螺旋桨的作用是把发动机传给桨轴的功率转变成拉飞机前进的推进功率。但是,螺旋桨在工作过程中要消耗一部分发动机功率。因此,螺旋桨的有效功率总是小于发动机的有效功率。螺旋桨有效功率与发动机有效功率之比称为螺旋桨效率,用 η 表示,即

$$\eta = \frac{N_桨}{N_{有效}} \qquad\qquad (6 - 2 - 4)$$

式中,$N_{有效}$ 为发动机有效功率。

螺旋桨效率是衡量螺旋桨性能好坏的重要标志。螺旋桨效率高,表明发动机有效功率损失小,螺旋桨的性能好。现代螺旋桨效率最高可达 90%。

螺旋桨等速旋转时,发动机有效功率与螺旋桨旋转所需功率相等,即

$$N_{有效} = N_{桨需}$$

故螺旋桨效率又可写为

$$\eta = \frac{N_桨}{N_{桨需}} = \frac{C_P \rho n^2 D^4 V}{\beta \rho n^3 D^5} = \frac{C_P V}{\beta n D} = \frac{C_P}{\beta}\lambda \qquad (6 - 2 - 5)$$

可见,螺旋桨效率等于拉力系数与功率系数之比乘以前进比。

对飞行员来说,了解螺旋桨效率在飞行中变化的规律,充分发挥螺旋桨的性能是很重要的。以下将着重分析飞行中螺旋桨效率的变化。

1. 螺旋桨效率随前进比的变化

在桨叶角一定的条件下,螺旋桨效率随前进比的变化如图 6 - 2 - 3 所示。图中表明,前进

比过大或过小,螺旋桨效率都很低。只有在某一前进比下才能获得最高的螺旋桨效率。这个前进比称为有利前进比。

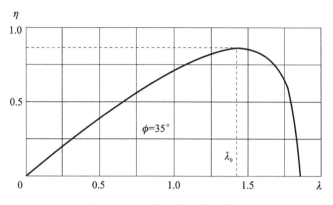

图 6 - 2 - 3　某螺旋桨效率曲线

为什么前进比过大或过小螺旋桨效率都很低呢? 因为前进比过小,即前进速度很小,例如起飞滑跑的前半段,螺旋桨拉力虽然很大,但前进速度很小,以致螺旋桨有效功率很小,螺旋桨效率很低。反之,前进比过大,也就是飞行速度很大,此时,桨叶总空气动力的方向非常靠近旋转面,螺旋桨的拉力和有效功率很小,故螺旋桨效率也很低。

2. 螺旋桨效率随桨叶角的变化

在前进比一定的情况下,桨叶角过大或过小,螺旋桨效率都很低;只有在某一桨叶角下,螺旋桨效率才较高,这个桨叶角称为有利桨叶角。因为桨叶角过小,桨叶迎角也过小,螺旋桨的拉力和有效功率很小,所以螺旋桨效率很低;反之,桨叶角过大,桨叶迎角很大,此时因旋转阻力迅速增大,故螺旋桨效率也很低。那么,究竟用多大的桨叶角才能获得较高的螺旋桨效率呢? 这要根据前进比的大小而定。如图 6 - 2 - 4 所示,前进比越大,能获得较高效率的桨叶角(有利桨叶角)也越大。

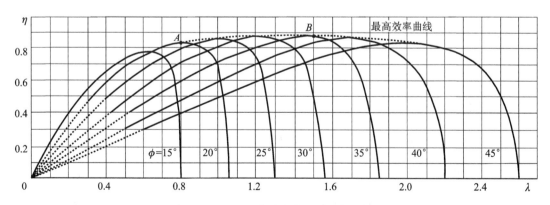

图 6 - 2 - 4　不同桨叶角的螺旋桨效率曲线

综上分析可知:如果桨叶角固定不变,那么只能在较小的前进比范围内获得较高的螺旋桨效率。要使螺旋桨在较大前进比范围内都能保持较高的效率(图 6 - 2 - 4 中的最高效率曲线），则必须根据前进比的增减，相应地改变桨叶角，使其大小恰好等于各个前进比的有利桨叶角。这也是现代螺旋桨采用变距螺旋桨的原因。

6.3　螺旋桨的负拉力

　　某些运输机的螺旋桨为涡轮螺旋桨，其空气动力有个突出特点，就是在一定的条件下，螺旋桨能产生很大的负拉力。在着陆滑跑中，利用螺旋桨产生的负拉力，可以缩短着陆滑跑距离；但在空中飞行时，一旦产生大的负拉力，就会使飞机急剧减速，并严重破坏飞机的平衡。因此，了解负拉力的产生及变化规律，对于正确使用动力装置、保证飞行安全有着重要意义。

　　本节将首先介绍螺旋桨的基本工作状态，然后着重分析在飞行中发动机正常工作和停车时，负拉力产生的原因及变化规律。

6.3.1　螺旋桨的基本工作状态

　　根据螺旋桨空气动力特点，可以将螺旋桨的工作状态分为五种，如图 6-3-1 所示，图中各矢量方向均指螺旋桨桨叶转至图示瞬间位置时的矢量方向。

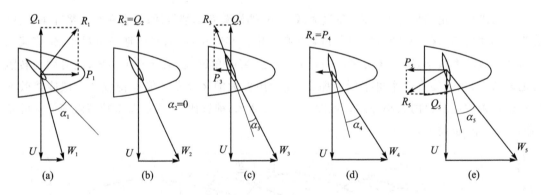

图 6-3-1　螺旋桨基本工作状态示意图

1. 正拉力状态

正拉力状态下，桨叶迎角为正，产生正拉力（见图 6-3-1(a)），螺旋桨由涡轮带动旋转。

2. 零拉力状态

在这种状态下，桨叶迎角很小，螺旋桨的总空气动力 R_2 同旋转面一致，只起旋转阻力作用（$Q_2 = R_2$），拉力等于零（见图 6-3-1(b)），螺旋桨仍由涡轮带动旋转。

3. 制动状态

在这种状态下,桨叶迎角极小或为负迎角,前桨面的压力大于后桨面的压力,空气动力 R_3 指向后上方(见图 6 - 3 - 1(c))。此时,R_3 平行于桨轴的分力指向后方,形成负拉力(P_3);垂直于桨轴的分力(Q_3)仍然阻止螺旋桨旋转,所以螺旋桨仍由涡轮带动转动。

4. 自转状态

在这种状态下,空气动力 R_4 同桨轴平行,指向后方(见图 6 - 3 - 1(d)),全部起负拉力作用($R_4 = P_4$),旋转阻力等于零。这种状态下,螺旋桨不是靠涡轮带动旋转,而是靠自身的惯性旋转,因此又称为惯性转动状态。

5. 风转(车)状态

在这种状态下,桨叶负迎角较大,空气动力 R_5 指向后下方,其平行于桨轴的分力(P_5)仍为负拉力;而垂直桨轴的分力(Q_5)变为和螺旋桨旋转的方向一致,成了推动螺旋桨继续沿原来转动方向旋转的动力(见图 6 - 3 - 1(e))。这种状态和风车相似,所以称为风转(车)状态。

在风转状态下,螺旋桨是自动旋转的,自转转速包括风车状态下的转速。螺旋桨在风车状态下恒速转动时,负旋转阻力迫使螺旋桨旋转的功率(称为风车功率)正好与发动机压缩器等部件转动所需功率互相平衡。

6.3.2　发动机正常工作时产生的负拉力

从螺旋桨的基本工作状态可知,螺旋桨的负拉力仅在桨叶迎角很小或变为负值时产生。飞行中,如果发动机和螺旋桨的工作都正常,在下述几种情况下也会产生负拉力:

① 在油门位置不变的情况下飞行速度过大;
② 收油门过多或收油门时忽视外界大气温度;
③ 螺旋桨桨叶结冰。

1. 速度增大产生负拉力的原因

飞行中在保持油门位置一定的情况下,随着飞行速度的增大,螺旋桨调速器为保持转速不变,迫使桨叶角增大,但此时桨叶迎角却逐渐减小,因而桨叶总空气动力不断减小并逐渐靠近旋转面(见图 6 - 3 - 2(a)、(b));当飞行速度增大到一定程度,桨叶总空气动力与旋转面平行,此时螺旋桨处于“零拉力状态”(见图 6 - 3 - 2(c));如果飞行速度进一步增大,调速器在保持转速不变的情况下,迫使桨叶迎角进一步减少,甚至形成负迎角,桨叶总空气动力指向旋转面的后方,螺旋桨产生负拉力(见图 6 - 3 - 2(d))。

如果不减少发动机的供油量,则负拉力仅在速度大大超过最大允许速度时才会产生,这种情况是不允许出现的。

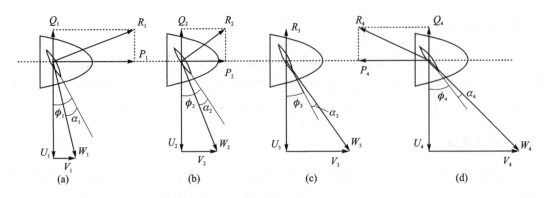

图 6 - 3 - 2　飞行速度增大时负拉力的产生

2. 收油门过多产生负拉力的原因

　　飞行中,螺旋桨的工作状态和拉力的大小首先决定于发动机的功率大小,而发动机的功率又取决于油门的大小。应当注意的是,飞行中发动机转子和螺旋桨的转速都是恒定的,与油门大小并无关系。

　　图 6 - 3 - 3 给出了在飞行速度和高度不变的情况下,涡轮功率($N_{涡}$)和压缩器及其他附件旋转所需的功率($N_{压}$)与油门大小的关系。从图中可以看出,在上述条件(V、ρ、n 均为常数)下,压缩器及其他附件旋转所需功率与油门大小无关,而涡轮功率却随油门的增大而增大。当油门为 0°时,涡轮功率最小,且小于压缩器旋转所需功率;当油门最大时,涡轮功率最大。这时,发动机的有效功率最大,螺旋桨是在最大正拉力状态下工作的。涡轮功率与压缩器旋转所需功率之差称为涡轮剩余功率,又称为轴功率。在图 6 - 3 - 3 中,涡轮功率曲线与压缩器旋转所需功率曲线之间的部分就是涡轮剩余功率。

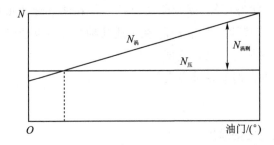

图 6 - 3 - 3　涡轮功率和压缩器及其他附件旋转所需功率与油门大小的关系

　　在飞行速度不变的情况下收小油门,涡轮功率随之减小,这时为了维持转速不变,调速器控制桨叶角和桨叶迎角逐渐减小,以减小桨叶旋转阻力,保证旋转轴上的力矩平衡。在油门从最大减小到 0°的过程中,螺旋桨要经历图 6 - 3 - 1 所示的五种状态。

　　如上所述,收油门过多,调速器控制桨叶角迅速减少,桨叶迎角也相应减小,以至桨叶迎角变为负值,桨叶总空气动力指向后桨面的方向,从而形成负拉力。为了防止负拉力过大,螺旋桨通常会设置限动机构:如果螺旋桨在"限动"位置,当桨叶角减小到限动角时就不能再减少,可以避免桨叶形成很大的负迎角而产生很大的负拉力。

　　图 6-3-4 所示为某螺旋桨的拉力曲线。随着油门的收小,拉力减小,拉力曲线下移,油门小于 6°后开始出现负拉力。在油门位置一定(如 3°)时,随着飞行速度的减小,负拉力先增大后减小,其原因如下:在小油门大速度下产生负拉力后,保持油门位置一定,速度减小时,桨叶合速度方向靠向旋转面,桨叶负迎角和转速有减小的趋势,桨叶就会自动变低距,减小桨叶角,保持转速不变。速度减小,桨叶变低距后,桨叶负迎角增大,前后桨面压力差增大,总空气动力 R 靠向桨轴,故在保持旋转阻力一定的情况下,负拉力增大,如图 6-3-5 所示。飞行速度减到某一数值(如某运输机油门 3°时,该值约 300 km/h),桨叶变低距达到了限动位置(以 ϕ_{xd} 表示),如某运输机 $\phi_{xd}=19°$,负拉力达到最大值。这时的飞行速度是调速器能控制转速的最小飞行速度,称为调速器控制速度(V_{kz}),飞行速度继续减小,桨叶不再变低距,桨叶角停留在 ϕ_{xd} 上,桨叶负迎角将随速度的减小而减小,总空气动力 R 靠向旋转面,负拉力减小,旋转阻力增大,如图 6-3-6 所示,转速下降。速度减小到一定程度(3°油门时为 100 km/h)后,桨叶迎角变为正值,螺旋桨由产生负拉力变为产生正拉力。

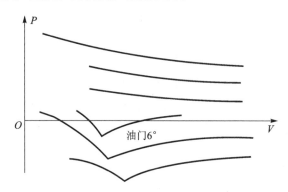

图 6-3-4　某螺旋桨拉力曲线

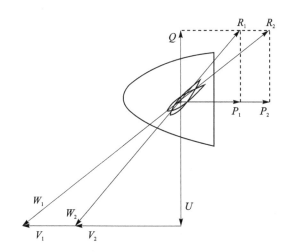

图 6-3-5　$V>V_{kz}$ 时负拉力随速度的变化

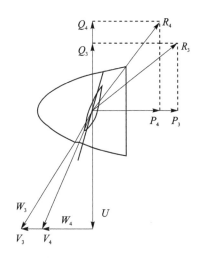

图 6-3-6　$V<V_{kz}$ 时负拉力随速度变化

　　可见,负拉力随速度变化的具体规律是:当 $V>V_{kz}$ 时,速度减小,负拉力增大;当 $V=V_{kz}$ 时,负拉力最大;当 $V<V_{kz}$ 时,速度减小,负拉力减小,速度减到一定程度后,变为正拉力。

　　由图6-3-4可知负拉力随油门位置的变化。在油门6°时仅在较小的速度范围内产生负拉力,其值较小;随着油门继续减小,负拉力在较大的速度范围内产生,同一速度下的负拉力增大,调速器控制速度增大。这是由于油门越小,恒速螺旋桨为保持转速不变,桨叶需要变低距越多,使同一速度下的桨叶角越小,正桨叶迎角也就越小或负桨叶迎角越大,所以在$V>V_{kz}$时,负拉力开始产生的速度越大,桨叶角达到限动位置的速度(V_{kz})越大;$V<V_{kz}$后,负拉力变为正拉力的速度越小。

　　为了防止在飞行中由于油门过小产生负拉力,在发动机的油门操纵系统中装有锁键限动器。锁键限动器位置相当于保证飞机在飞行中不产生负拉力的最小供油量的油门杆位置。某运输机锁键限动器的原始位置相当于发动机油门杆指示器13°位置,它保证飞机在-10 ℃以上外界大气温度下具有正的拉力,该位置也就是发动机空中小油门位置。飞行中,除了着陆飞机已接地,或在高空进行应急下降之外,都不允许收油门过卡销,否则,涡轮功率急剧下降,负拉力可能达到很大数值。着陆目测过高,也绝对不允许用负拉力进行修正。

　　涡轮螺旋桨飞机的螺旋桨都装有桨叶中间限动器,其作用是防止空中停车或误将油门收过卡销产生过大的负拉力。

　　图6-3-7给出了某运输机6°油门,大气温度为-10 ℃和-60 ℃的负拉力曲线。从图中可知负拉力随气温的变化规律,即气温越低,负拉力越大。为了避免在着陆前的下滑中产生负拉力,转入下滑前,飞行员应询问着陆机场的气温,将锁键限动器调到相应的位置上。某运输机不同气温下的锁键限动器位置见表6-1。

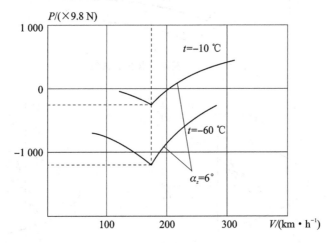

图6-3-7　负拉力随气温的变化(油门6°)

表6-3-1　某运输机不同气温下的锁键限动器位置

飞行状态	锁键限动器位置					
外界温度/℃	-10~60	-20~-11	-30~-21	-40~-31	-50~-41	-60~-51
空中小油门/(°)	13	15	17	19	21	23

　　在小油门下,飞行速度小于调速器控制速度后,解除限动,负拉力增大。因为解除限动后,桨叶角从19°降至8°,使同一速度下的桨叶负迎角增大,故负拉力增大。所以,飞机着陆放下

前轮后,要求解除限动,以缩短着陆滑跑距离;若解除不了限动,滑跑距离将明显增长,这时可采用关车的方法缩短滑跑距离。

3. 外界大气温度变化产生负拉力的原因

涡轮螺旋桨发动机对外界大气温度的变化是非常敏感的。飞行中,如果大气温度降低,空气流量增大,引起压缩器旋转所需功率和涡轮功率都增大。但因涡轮功率增大得慢一些,所以轴功率减小。为保持转速不变,调速器控制桨叶角和桨叶迎角减小。如果气温降低很多,加上油门较小,就可能出现涡轮功率稍大甚至小于压缩器旋转所需功率的情况,此时为保持转速不变,调速器将控制桨叶形成负迎角,产生负拉力,甚至用螺旋桨的风车功率帮助涡轮带动压缩器。

如果外界大气温度升高,同样可能产生负拉力。因为气温升高,空气流量减小,压缩器旋转所需功率和涡轮功率都要减小,并在气温高于 25 ℃的情况下,为了保持涡轮前燃气温度不致过高,燃油调节器自动减小供油量,致使涡轮功率进一步降低,在油门较小时,甚至低于压缩器旋转所需功率。这种情况下,调速器就控制桨叶形成负迎角和产生负拉力,用螺旋桨的风车功率来弥补涡轮功率的不足。

可见,飞行中,无论大气温度降低还是升高,都可能产生负拉力,气温变化越大,负拉力也越大,特别是在小油门的情况下,很容易因气温改变而产生负拉力。为了避免在下滑着陆前产生负拉力,必须按外界气温的变化调整过渡锁的位置。因此,在着陆前,飞行员应及时询问着陆机场的气温,确定空中小油门(空中允许使用的最小油门)的度数,以防油门过小而产生负拉力,影响飞行安全。

4. 桨叶结冰

桨叶结冰也会产生负拉力,因为发动机功率要克服增加了的螺旋桨旋转阻力力矩,当其不足以克服阻力力矩时就会产生负拉力。因此,一般飞机上的螺旋桨都有防冰和除冰装置。

6.3.3　发动机空中停车时产生的负拉力

1. 顺　桨

顺桨就是指在发动机空中停车后,通过专门机构将飞机的桨叶转到与飞行方向接近平行(桨叶角增大到 90°左右)状态的操纵动作。此时桨叶顺着气流的方向使螺旋桨自转,减小飞行的阻力。

顺桨有人工和自动两种方式。当螺旋桨的负拉力增大到某一规定值,或发动机传给螺旋桨的扭矩突然下降到某一规定值时,螺旋桨自动进入顺桨,分别称为负拉力自动顺桨和扭矩自动顺桨;由人工控制使螺旋桨进入顺桨称为人工顺桨。在自动和人工两种方式都发生故障时,飞机上还设有应急顺桨系统。桨叶从顺桨位置回到一般将叶位置称为回桨,回桨完成后发动机应该达到启动转速。

2. 发动机空中停车时负拉力产生的原因

发动机在空中停车后,涡轮所产生的扭力矩很快消失,转速有下降趋势,螺旋桨调速器使桨叶变低距,减小桨叶角。如果不顺桨,桨叶角将减小到使桨叶迎角变为负迎角,螺旋桨呈风车工作状态,产生负拉力和负旋转阻力,由负旋转阻力带动发动机压缩器等部件旋转。这时发动机和螺旋桨的转速等于或小于平衡转速。

3. 自转转速随飞行速度和桨叶角的变化

(1) 自转转速随飞行速度的变化

自转转速随飞行速度的变化如图 6-3-8 所示。当速度大于螺旋桨自转状态的调速器控制速度(396 km/h)时,螺旋桨在调速器的控制下自转,发动机、螺旋桨保持恒定转速(分别为15 800 r/min 与 1 300 r/min),桨叶角随速度减小而减小;当速度小于 396 km/h 后,桨叶角停留在中间限动位置,保持 19°不变,成了定距螺旋桨,自转转速随速度减小而迅速下降。图中下边一条曲线为桨叶处于最低距位置($\phi=8°$)的 $n \sim V$ 曲线,其自转转速值比桨叶处于中间限动位置时的相应值小。

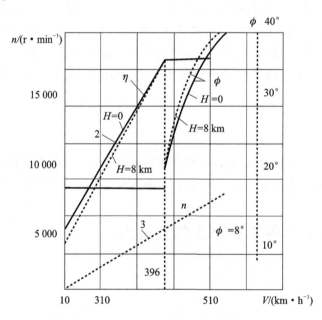

图 6-3-8　自转转速随飞行速度的变化

(2) 自转转速随桨叶角的变化

图 6-3-9 所示为自转转速随桨叶角的变化曲线。从图中可以看出,在同一飞行速度下,桨叶角大于或小于 22°~23°,自转转速都要减小。这是因为在同一飞行速度下,桨叶角过大,桨叶迎角会显著减小,引起负旋转阻力迅速降低,导致自转转速减小;桨叶角过小,桨叶在旋转方向的迎风面积显著减小,也会引起负旋转阻力迅速降低,导致自转转速减小;当空中解除限动,桨叶角变到最小值(8°)时,自转转速也达到最小。

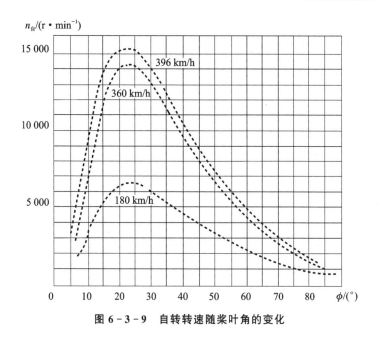

图 6 - 3 - 9 自转转速随桨叶角的变化

（3）发动机停车不能顺桨时负拉力随飞行速度和飞行高度的变化

发动机空中停车，顺桨装置全部发生故障而不能顺桨时，负拉力随飞行速度和飞行高度的变化情况如图 6 - 3 - 10 所示。

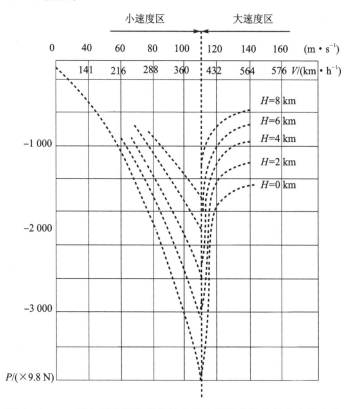

图 6 - 3 - 10 停车不能顺桨时负拉力随飞行速度和飞行高度的变化

从图中可以看出,负拉力随飞行速度变化的曲线与小油门时相比,既有相同之处,又有不同之处。相同之处是变化规律相似,都是随速度减小,负拉力先增大而后减小;不同之处是,停车自转时,同一速度下的负拉力值大,最大负拉力及调速器控制速度变大,负拉力随速度的变化率大,这时螺旋桨全部处于风转状态,不会产生正拉力。具体变化情况是,飞行速度大于调速器控制速度 V_{kz} 时,负拉力随飞行速度的减小而迅速增大。这是因为随着飞行速度的减小,桨叶合速度方向逐渐靠近旋转面,桨叶迎角有减小的趋势,桨叶便自动变低距,减小桨叶角,以保持转速不变。桨叶总空气动力(R)随着合速度方向靠近旋转面而逐渐靠近桨轴,在保持所需负旋转阻力的情况下,负拉力增大。当飞行速度减小到 V_{kz} 时,桨叶角减小到中间限动角(19°),负拉力达到最大。$H=0$ 时,其值比发动机在原地以起飞工作状态工作时的正拉力值还大。飞行速度小于 V_{kz},负拉力随飞行速度的减小而降低,这是因为桨叶角保持(19°)不变,自转转速随速度减小而下降。

在同一速度下,高度降低,负拉力增大。例如,在调速器控制速度 V_{kz} 下,飞机在 6 000 m 高度上飞行负拉力约为 21 000 N,而在海平面飞行时,负拉力达 38 000 N,这是由于高度降低,空气密度增大的缘故。

根据负拉力随飞行速度和飞行高度的变化规律,可以推知飞行员为保持平衡所需要的驾驶盘力及脚蹬力随飞行速度及飞行高度的变化规律是:

① 同一高度上飞行,当飞行速度大于 V_{kz} 前,飞行速度减小,负拉力增大,所需驾驶盘力和脚蹬力增大;飞行速度达到 V_{kz} 时,负拉力最大,所需驾驶盘力和脚蹬力也最大;飞行速度小于 V_{kz} 后,飞行速度减小,负拉力减小,所需驾驶盘力和脚蹬力减小。

② 在同一飞行速度下,高度降低,负拉力增大,所需驾驶盘力和脚蹬力增大,并在接近地面时达到最大。

(4) 发动机停车不能顺桨时负拉力随时间的变化

发动机在飞行速度小于调速器控制速度(V_{kz})停车而螺旋桨不能顺桨时,螺旋桨的转速、桨叶角和拉力随时间的变化如图 6-3-11 所示。

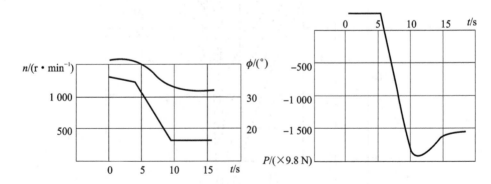

图 6-3-11　发动机停车后,桨叶角、转速和负拉力随时间的变化
(低空、标准大气条件,$V=260$ km/h)

从图中可以看出,在发动机停车后的 5～7 s 之内,调速器使桨叶变低距,减小桨叶角,直至限动角。发动机转速在停车后 2～3 s 内缓慢减小,在 12～15 s 后减到与停车飞行速度相适

应的自转转速。螺旋桨拉力在停车 2～3 s 后,急剧减小到零,而转为负拉力;在 5～7 s 左右,负拉力值达到最大;随后,负拉力又有所减小,达到该飞行高度和飞行速度所对应的负拉力值。

发动机停车后,在短时间内所产生的最大负拉力称为动负拉力。经过一段时间后,所达到的同该飞行速度和飞行高度相适应的负拉力称为静负拉力。在飞行中,动负拉力比静负拉力更有害。这不仅是因为动负拉力比静负拉力大,而且动负拉力一般在 5～10 s 内出现,足以严重破坏飞机的侧向平衡。

动负拉力之所以比静负拉力大,是因为发动机停车后,桨叶角减小很快,而转速减小慢,当桨叶角减至限动位置时,转速尚未达到相应的稳定自转转速,还在继续减小。

飞机的飞行速度越接近 V_{kz},发动机停车时出现的静负拉力和动负拉力越大,飞机向停车发动机一边的偏转和倾斜越剧烈。

如果发动机在飞行速度大于 V_{kz} 的范围内停车,出现负拉力的情况与上述情况相似,但转速保持平衡转速不变,桨叶角停留在停车前桨叶角与中间限动角之间的某一角度上。

(5) 解除限动对负拉力的影响

当发动机停车时的飞行速度大于调速器控制速度时,由于调速器的作用能保持平衡转速不变,在一定的速度下解除限动后,桨叶角仍保持比中间限动角大的某一角度不变,所以负拉力保持不变。但在减速过程中,通过调速器控制速度时,由于已解除限动,桨叶角减小过程中不受中间限动器的限制,将继续减小直至最小桨叶角(8°)。这样使对应于控制速度的最大负拉力增大,向停车发动机一边偏转、倾斜的力矩加大,飞行员需要用更大的蹬舵力和压杆力才能保持飞机的平衡。

若飞行速度小于调速器控制速度,解除限动后,转速减小,负拉力将减小,如图 6-3-12 中虚线所示。

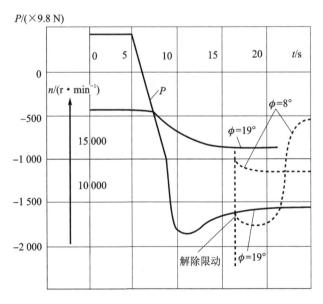

图 6-3-12　发动机停车不能顺桨时解除限动对负拉力的影响

从图中可知,解除限动后的几秒钟,负拉力暂时有所增大,然后迅速下降,稳定后负拉力仅是未解除限动前的 50% 左右。这是由于解除限动,桨叶角很快减到 8°,而自转转速尚未减到相应数值,所以负拉力暂时增大,以后随着自转转速的减小,负拉力又迅速减小。

根据以上分析,发动机停车不能顺桨且速度大于 V_{kz} 时,不宜解除限动;速度小于 V_{kz} 时,解除限动可以减小负拉力。当停车速度大于 V_{kz} 时,应先减小速度(例如安-24 飞机要求将速度减至 250~260 km/h),方可解除限动。

(6) 发动机停车时,顺桨过程中拉力和转速的变化

飞行中,在发动机停车的情况下,克服负拉力危险的唯一可行的办法就是要在飞机平衡遭到破坏之前,迅速将螺旋桨顺桨,以消除风车现象,减小负拉力和避免损坏发动机。

在顺桨装置正常的情况下,发动机停车后,螺旋桨可自动顺桨或人工顺桨。顺桨过程中,桨叶角、转速和拉力随时间的变化情况如图 6-3-13 所示。

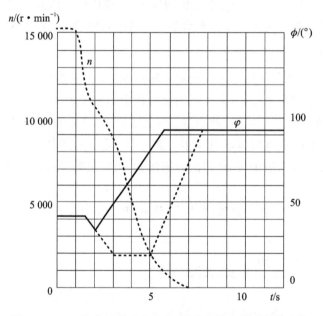

图 6-3-13　顺桨过程中桨叶角、转速和拉力随时间的变化

图中实线表示自动顺桨时,桨叶角、转速和拉力随时间的变化情况。发动机停车后,桨叶角开始在调速器的作用下有所减小,随后在顺桨装置的作用下迅速增大,直至达到顺桨位置(92°30′),顺桨所需时间为 3~5 s,顺桨以后几秒钟,发动机就停止转动。拉力在最初瞬间急剧减小,开始顺桨后由于桨叶角增大而转速尚未降低下来,拉力又有所增大。随后由于转速显著下降,拉力又逐渐减小,螺旋桨快停止旋转时,拉力减小到零,然后转为不大的负拉力(约 300~500 N)。

图中虚线表示人工顺桨时,桨叶角、转速和拉力随时间的变化情况。发动机停车,桨叶角在调速器的作用下,先减至中间限动位置,随后在人工顺桨装置的作用下,迅速增大到顺桨位置。当桨叶角减小时,拉力迅速减小,然后产生较大的负拉力;当桨叶角增大后,负拉力又迅速减小下来,并在短时间内产生一定的正拉力;螺旋桨停止旋转后,正拉力又减小到零,并转为不大的负拉力。

(7) 空中启动回桨过程中拉力的变化

回桨就是使桨叶退出顺桨位置。当飞行中发动机停车时,一般禁止空中启动。只有当发动机完全良好,因机组人员操纵错误而停车和进行专门空中启动训练或试飞时,才允许进行空中启动。

空中启动前,油门应在0°,螺旋桨处在限动位置。启动时,先将启动开关板到"启动"位置,然后进行回桨。在回桨过程中,当桨叶角减小到一定程度,形成一定的负迎角时,螺旋桨就会在负旋转阻力的作用下带动压缩器等部件加速旋转,同时产生负拉力。当转速上升到15%~18%时,停止回桨,桨叶在其离心力作用下继续变小距。发动机启动后,随着涡轮功率的增大,转速逐渐增大,负拉力逐渐减小到零,并转为正拉力。

空中启动时,负拉力的大小与启动时的飞行高度、速度有关。启动时的速度越接近调速器控制速度或高度越低,则负拉力越大。因此,规定某运输机启动的飞行表速不超过 300 km/h,飞行高度 6 000 m 以下。启动过程中拉力的变化将破坏飞机的平衡,应注意根据变化趋势保持好平衡。

本章小结

对于螺旋桨飞机,其产生拉力的原理和机翼产生升力的原理基本相同。拉力的大小主要受到飞行速度、油门位置和飞行高度等因素影响。在飞行中,螺旋桨还会产生滑流、进动和反作用力矩等副作用,影响螺旋桨飞机的平衡和操纵。为了获得较高的螺旋桨效率,提高螺旋桨的有效功率,满足螺旋桨旋转所需功率,现代螺旋桨飞机一般采用可以变距的恒速螺旋桨。此外,在发动机正常工作和停车时,螺旋桨还会产生负拉力,影响螺旋桨飞机的安全飞行。

思考题

1. 解释下列名词

桨叶角 桨叶迎角 螺旋桨有效功率 螺旋桨效率 螺旋桨滑流 螺旋桨进动

2. 桨叶迎角随哪些因素变化?如何变化?

3. 螺旋桨拉力是怎样产生的?螺旋桨拉力随飞行速度、油门位置和飞行高度是怎样变化的?为什么?

4. 小油门时,负拉力随速度如何变化?随油门如何变化?

5. 发动机停车后自转转速与桨叶角有何关系?

6. 发动机停车后负拉力随速度如何变化?

7. 发动机功率和飞行速度对滑流扭转角有何影响?

8. 滑流对飞行有何影响?如何修正?

9. 如何判断螺旋桨进动方向？

10. 螺旋桨反作用力矩对飞行有何影响？如何修正？

11. 为什么说螺旋桨反作用力矩的大小正比于发动机功率？

12. 发动机功率不变，飞行速度变化时，螺旋桨反作用力矩的大小如何变化？

扩展阅读　竹蜻蜓与螺旋桨

竹蜻蜓是我国发明的一种与飞行有关的古老玩具，其外形呈 T 字形，横的一片像螺旋桨，如图 6 - A - 1 所示。从对大自然中蜻蜓飞翔的观察中受到启示，公元前 500 年就制成了会飞的竹蜻蜓。

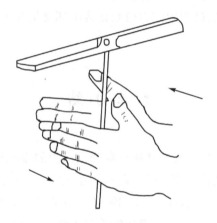

图 6 - A - 1　竹蜻蜓

晋朝（公元 265 年—420 年），葛洪所著《抱朴子》记述："或用枣心木为飞车，以牛革结环剑，以引其机。或存念作五蛇六龙三牛，交罡而乘之，上升四十里，名为太清。太清之中，其气甚罡，能胜人也。"语虽夸张，但文中的"飞车"，被认为是关于竹蜻蜓最早的记载。这种简单而神奇的玩具，曾令西方传教士惊叹不已，将其称为"中国螺旋"。

竹蜻蜓由两部分组成。一是竹柄。用一根竹片削成长 20 cm、直径 4～5 mm 的竹竿（柄）。二是"翅膀"。用一片长 18～20 cm，宽 2 cm，厚 0.3 cm 的竹片，中间打一个直径 4～5 mm 的小圆孔，用于安装竹柄。然后在小孔两边对称各削一个斜面，以起到竹蜻蜓随空气漩涡上升的作用。翅膀做好后，将竹柄插入其小孔中。玩时，用双手掌夹住竹柄，快速一搓，双手一松，竹蜻蜓就飞向了天空，之后竹蜻蜓会在半空中停顿回旋而成自由落体落下，但在落地前却又出现逆回旋的现象。在制作和玩耍竹蜻蜓的过程中，可以领略中国古老儿童玩具的趣味和科学技术的奥妙。

竹蜻蜓的叶片和水平旋转面之间有一个倾角。当竹蜻蜓旋转时，旋转的叶片将空气向下推，形成一股强风，而空气也给竹蜻蜓一股向上的反作用力——升力。当升力大于竹蜻蜓的重力时，竹蜻蜓便可向上飞起。

17 世纪中国苏州巧匠徐正明，用心琢磨小孩玩的竹蜻蜓，想制造一个类似蜻蜓的直升飞机,并能带人升空。10 年后,他研制出一架"直升飞机",这架"直升飞机"有一个像竹蜻蜓一样的螺旋桨,驾驶座有一把圈椅,依靠脚踏板通过传动机构来带动螺旋桨旋转。试飞时,它居然飞离地面一尺多高,还飞过一条小河沟。直至 20 世纪 30 年代,德国人根据"中国螺旋"的形状和原理发明了直升机的旋翼。

竹蜻蜓两千多年来一直是中国孩子手中的玩具。在 18 世纪传到欧洲,启发了人们的思路,被誉为"航空之父"的英国人乔治·凯利一辈子都对竹蜻蜓着迷。他的第一项航空研究就是在 1796 年仿制和改造了"竹蜻蜓",并由此悟出螺旋桨的一些工作原理。他的研究推动了飞机研制的进程,并为后来的设计师带来了研制直升机的灵感。

世界上第一架飞机的发明人——莱特兄弟小的时候,父亲给他们买了一个能飞的竹蜻蜓,兄弟俩十分喜欢,并开始仿制不同尺寸的竹蜻蜓,从此,兄弟俩的一生与飞行结下了不解之缘。后来,莱特兄弟发明了第一架飞机,其动力装置的主要组成部分——空气螺旋桨发明的灵感就来自于竹蜻蜓。

保障飞行安全,飞行员必须具有丰富的空气动力学和飞行原理专业知识。当然在飞行训练中,不可能将你培养成为航空工程师。正如我们大多数人不完全明白计算机的内部工作原理,但是我们却可以充分利用它完成所需要的一切一样。学习需要知道的东西,了解飞机是怎样飞行的,以及如何使飞机按照你的意愿去飞行。

你的学习态度也是相当重要的因素,它可以影响一个好教官的教学效果。归根结底,我们要牢记:人类的知识不是被人教会的而是通过实践得到的。没有一个教官能够将知识灌输到我们的脑海中。①

——飞行员艾肯伯格谈空气动力学等专业知识学习和学习态度问题

第7章　典型飞机气动布局

飞机气动布局主要是指飞机的外部形状,包括各部件的形状及相互搭配关系,通常指机翼、平尾、垂尾等的形状与布置。气动布局与飞机的用途有着直接的关系,不同的气动布局适合于不同的用途。

飞机设计首先要在气动性能上满足设计要求。全机的气动性能取决于各承力面的形状、尺寸以及它们之间的相互位置。机翼是飞机主要的承力面,是产生升力的主要部件,而鸭翼、平尾、立尾等是辅助承力面,主要用于保证飞机的稳定性与操纵性。现代作战飞机的气动布局种类众多,根据机翼和各辅助翼面的相对位置及辅助面的数量,气动布局形式主要包括:

① 正常(平尾)布局:水平尾翼在机翼之后;

② 无尾或飞翼布局:目前研究和采用的无尾布局通常是指飞机没有水平尾翼,而飞翼布局的飞机只有机翼;

③ 鸭式布局:鸭翼在机翼之前;

④ 变后掠翼布局:机翼的后掠角可根据需要改变;

⑤ 三翼面布局:机翼前有鸭翼,后有水平尾翼。

这些布局都有各自的特点。下面将分别介绍边条翼、变后掠翼、鸭式布局、无尾布局、翼身融合体、双三角翼、前掠翼、三翼面等现代战斗机常用的气动布局形式。

7.1　边条翼

边条翼是一种组合机翼,它由中等后掠角、中等展弦比的基本翼和位于翼根前部的大后掠

---

① 艾肯伯格. 你的飞行员执照[M]. 杨新湜, 王同乐, 译. 北京: 航空工业出版社, 2006.

角、小展弦比、尖前缘的边条组成,如图 7 - 1 - 1 所示。F - 16、F/A - 18、苏 - 27、米格 - 29 等现代战斗机均采用了边条翼,它能显著改善飞机大迎角时的气动特性。

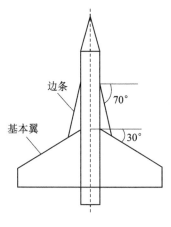

图 7 - 1 - 1　边条翼

7.1.1　边条翼上空气流动特点

中等后掠角和中等展弦比的机翼,气流附着在机翼表面上,到后部才分离,这种流型称为附着流型。这种机翼在小迎角下升阻特性好,但大迎角下气流易分离。而大后掠角小展弦比机翼上的气流是脱体涡流型。气流从前缘处分离,卷成一个脱体涡。脱体涡能产生较大的涡升力,提高大迎角下的升力系数曲线斜率,但在小迎角下由于前缘气流分离,失去了前缘吸力,因而压差阻力大。既然附着流型和脱体涡流型在小迎角飞行中的优缺点正好相反,那么,自然会想到能否综合附着流型和脱体涡流型的优点,避免它们的缺点呢? 经过深入的研究和实验,终于建立起混合流型的概念。混合流型就是在一个翼面上同时存在附着流型和脱体涡流型。边条翼就是按混合流型概念设计的。在亚声速范围内,在不太大的迎角下,气流从边条前缘分离,产生强烈的脱体涡,而机翼外侧部分保持附着流型。这样,内翼是脱体涡流型,外翼是附着流型(故边条翼也称为“混合流型”机翼)。边条翼的升力系数要明显高于无边条机翼(见图 7 - 1 - 2)。

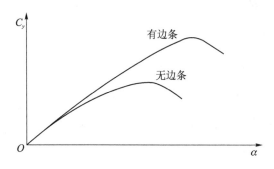

图 7 - 1 - 2　混合流型机翼的升力系数

7.1.2   边条翼的空气动力特性

1. 在亚、跨声速范围内飞行

在中等以上迎角飞行中,由于边条尖前缘产生随迎角增加而增强的脱体涡,会在边条内翼处上表面形成强烈的低压区,增加了涡升力;同时,一方面因内翼压力小,抑制外翼边界层的展向流动,另一方面脱体涡的诱导作用增加外翼边界层气流的动能,抑制外翼的气流分离。所以,边条翼在中等以上迎角飞行,可用升力大,如图 7-1-3 所示。

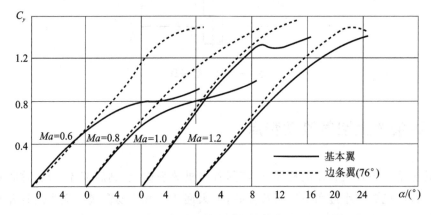

图 7-1-3   边条翼和基本翼的亚跨声速升力特性

在较大迎角条件下,由于基本翼的后掠角较小,依然保持着附着流型,所以压差阻力较小,加上脱体涡形成的涡升力,飞机的升阻比较大,如图 7-1-4 所示。采用边条后,其最大升力系数和最大抖动升力系数比没有采用边条时的基本翼提高50%以上,如图 7-1-5 所示。

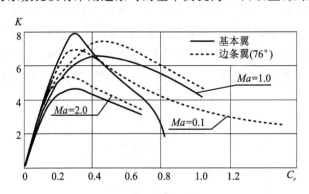

图 7-1-4   边条翼和基本机翼的升阻比

在大迎角下为了保证基本翼上依然是附着流型,外翼部分常要设计为可变弯度机翼。通常用前后缘机动襟翼,能随迎角和飞行 Ma 变化自动调节前后缘偏度,保证气流不发生分离现象。

在小迎角时,上述优点不能实现,因为小迎角脱体涡的增升作用甚小,而边条的后掠角十

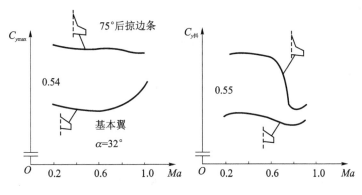

图 7 - 1 - 5　边条翼和基本机翼的 $C_{y,\max}$ 与 $C_{y抖}$ 比较

分大,产生升力效果差;加上前缘尖锐,失去了附着流型的前缘吸力。因而边条翼在小迎角下的升阻特性不如面积相同的无边条机翼好。

2. 在超声速范围内飞行

就超声速波阻而言,虽然基本翼的后掠角小,在超声速时它的波阻较大,但内翼部分由于边条后掠角大,加上内翼相对厚度明显减小,因而提高了临界 Ma,减小了波阻,足以弥补外翼波阻的增大,如图 7 - 1 - 6 所示。

在飞行 Ma 较大时,由于基本翼的后掠角不大(通常不大于 $45°$),因此在较大 Ma 飞行时(例如 $Ma>1.4$)就会变成超声速前缘,这样前缘吸力自然消失。所以,边条翼不适合大 Ma 飞行。

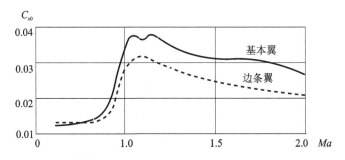

图 7 - 1 - 6　边条机翼和基本机翼零升阻力特性

7.2　变后掠翼

机翼后掠角在飞行中可以改变的飞机,称为变后掠翼飞机,例如,美国的 F - 111 (见图 7 - 2 - 1)、F - 14 和俄罗斯的米格 - 23。

变后掠翼飞机有如下主要优点。

1. 总阻力较小

高速飞行中,零升阻力是机翼阻力的主要成分,诱导阻力退居次要。这时,变后掠翼处于最大后掠角位置,因而零升阻力较小。

低速飞行中,诱导阻力比重加大。这时变后掠翼处于最小后掠角位置,展弦比较大,诱导阻力较小,因而机翼阻力也较小。

2. 最大可用升力系数较大

低速飞行中,变后掠翼处于小后掠角大展弦比状态,升力线斜率较大,同时机翼前、后缘增升装置效率也较高,因而机翼最大可用升力系数较大,从而改善了飞机机动性,提高起飞、着陆性能。

3. 最大升阻比高

变后掠翼飞机能够在不同速度下以变动机翼的后掠程度来获取最佳的升阻特性。例如,F-111 的后掠角可在 16°~72.5°范围内变化。在起飞时为 16°,着陆及亚声速飞行时为 26°,此时机翼都处于大展弦比和小后掠角位置,最大升阻比较高;在超声速飞行时可选用 72.5°以下的适当后掠角,以获取较好的升阻特性。不同后掠角状态下,飞机的最大升阻比随 Ma 变化如图 7-2-2 所示。

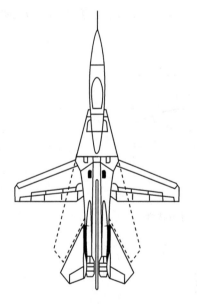

图 7-2-1　F-111 变后掠翼飞机

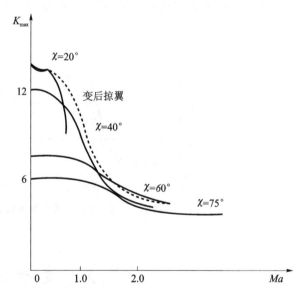

图 7-2-2　K_{max} 随 Ma 的变化

可见,与固定翼相比,变后掠翼飞机能够在不同飞行 Ma 下都保持最佳数值,能得到较高的升阻比,这对于提高航程和航时以及飞行性能的发挥都是有利的。

7.3　鸭式布局

　　航空界把主翼(机翼)前配置有小翼的飞机称为鸭式布局飞机,简称鸭式飞机,如图 7 - 3 - 1 所示。放在机翼前面的小翼(称为前翼或鸭翼)取代了常规布局的水平尾翼。例如,瑞典的 Saab - 37"雷"、JAS - 39"鹰狮"、法国的 Rafale"阵风"、欧洲四国联合研制的 EF - 2000"台风" 等战斗机都采用了鸭式布局。

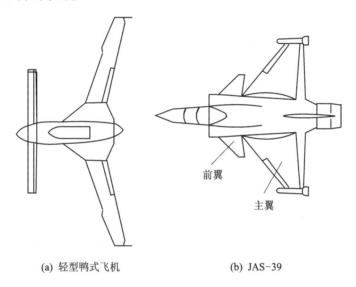

(a) 轻型鸭式飞机　　　　　　　(b) JAS-39

图 7 - 3 - 1　鸭式布局飞机

7.3.1　鸭式布局飞机的优点

　　鸭式布局飞机在气动方面具有如下主要优点。

1. 可得到正的配平升力

　　常规布局飞机为了俯仰平衡,水平尾翼需要产生负升力(称为挑式飞机,即机翼升力不仅要平衡飞机重力,还要克服平尾的负升力),从而削弱了飞机总升力。鸭式布局飞机正好相反,前翼提供正的配平升力(称为抬式飞机,即前翼与主翼共同平衡飞机重力),增大了飞机总升力,如图 7 - 3 - 2 所示。另外,由于前翼承受了一部分载荷,减小了机翼承受的载荷,因而机翼面积可减小,结构质量可减轻。

2. 近距耦合可获得涡升力

　　近些年研究发现,只要将前翼与主翼之间恰当地配置,就能得到它们的有利干扰,这种配

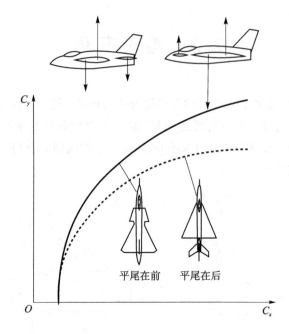

图 7 - 3 - 2   鸭翼产生正配平升力

置称为近距耦合。将前翼靠近主翼,置于稍高于主翼的位置上,鸭翼与主翼之间的垂直距离和水平距离往往只有鸭翼弦长的 1/4。在中等迎角下,前翼会产生脱体涡,脱体涡流经机翼上表面,降低主翼上表面的压力,使其产生附加的涡升力。当然,涡升力的好处在小迎角时不明显。这说明现代战斗机利用近距耦合鸭式布局是适宜的。

3. 配平阻力较小

鸭式布局在阻力上的好处来自两方面。一是由于增加了涡升力,在机翼上产生相同升力的条件下,诱导阻力随之减小;二是由于平衡时前翼提供正升力,增加了总升力,飞机为达到平衡时阻力随之减小。当然,与无尾飞机相比,前翼会增加零升阻力,如图 7 - 3 - 3 所示。

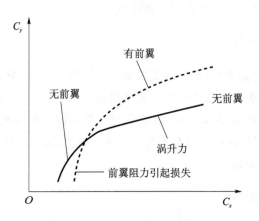

图 7 - 3 - 3   有无前翼的极曲线比较

4. 抗螺旋能力强

前翼处于机翼的上洗流流场中,大迎角飞行时前翼迎角较大,如果前翼作为操纵面,偏转后提供配平升力,则前翼的迎角比机翼的迎角大得更多,因此,鸭式布局飞机总是前翼比机翼先发生气流分离,前翼升力减小,要机头"下俯",这就减小了机翼迎角,防止飞机失速,减小了飞机进入螺旋的危险。一些轻小型飞机常用鸭式布局,这是一个重要原因。

5. 前翼操纵效能高

前翼由于不受机翼干扰,故其操纵效能比位于机翼后的水平尾翼高。

7.3.2　鸭式布局的弱点

任何布局形式都会有它自己的弱点,鸭式布局也不例外,主要缺点如下。

1. 俯仰操纵性差,附加阻力大

近距耦合鸭式布局以前翼作为操纵面,虽然可以得到正的配平升力,但力臂短,操纵力矩小;另外,操纵前翼的偏转角和飞机迎角增量方向相同,但前翼的实际迎角较大,如图 7 - 3 - 4 所示。迎角过大,会引起前翼首先失速,配平升力下降,削弱俯仰操纵。而且,前翼经常处于大迎角状态,对应的配平阻力也较大。

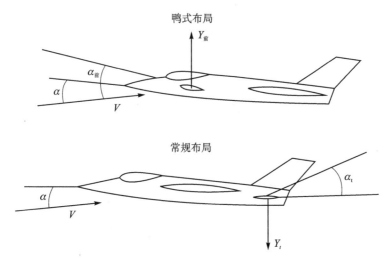

图 7 - 3 - 4　前翼的实际迎角大

2. 大迎角削弱方向稳定性

鸭式布局飞机在侧滑中,前翼的尾涡有可能打在垂直尾翼上,使垂直尾翼侧滑的一面压力降低,引起扩大侧滑角的方向力矩,削弱方向稳定性,如图 7 - 3 - 5 所示,但也有可能利用前缘涡的有利干扰,减弱这个缺点。

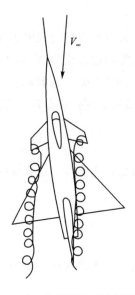

图 7 - 3 - 5　前翼涡流对垂尾的影响

3. 主翼在前翼之后,受前翼干扰较大

由于前翼产生的下洗,使主翼的有效迎角减小,升力减少。

7.4　无尾布局

无尾布局是指采用没有水平尾翼的气动布局形式,目前有多种战机采用了这种布局形式,如法国的幻影-2000 飞机(见图 7 - 4 - 1)和幻影-4000 飞机。

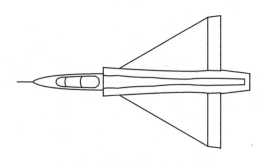

图 7 - 4 - 1　幻影-2000

无尾飞机与有尾飞机相比,在同一条件下,零升阻力较小,如图 7 - 4 - 2 所示。取消了水平尾翼,使机身的承力特性得到改善,不仅机身结构简单,而且质量也可减小。所以,相同条件下,无尾飞机大 Ma 飞行的速度性能较好,上升率较大。

但是,无尾飞机也存在起落性能较差等缺点。

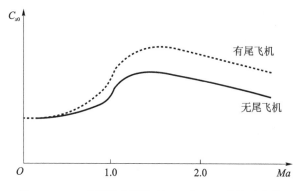

图 7 - 4 - 2　有尾和无尾飞机 C_{x0} 与 Ma 的关系曲线

7.5　翼身融合体

在常规设计中,典型的旋成体机身接上薄板状机翼,两者间有明显界限,而翼身融合体,就是不论是从横截面,还是从平面来看,很难分清机身与机翼的交接线,如图 7 - 5 - 1 所示,两者之间有圆滑的过渡,已融为一体。

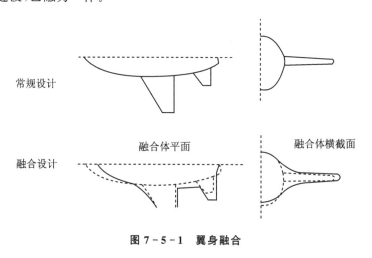

图 7 - 5 - 1　翼身融合

翼身融合体的主要优点有:

① 增大了升力面积,减小了诱导阻力、激波阻力(见图 7 - 5 - 2)和干扰阻力,显著改善了升阻特性。

② 机身两侧整流罩部分产生附加升力,机翼中间部分升力增加,使半边机翼的压力中心内移,减小了机翼在大载荷时的弯曲力矩,从而改善了翼身连接结构的受力情况,减小了结构质量。

③ 扁宽的前体,在大迎角飞行中有横向流时,不致像细长的圆柱形机身那样出现气流分离现象,如图 7 - 5 - 3 所示。

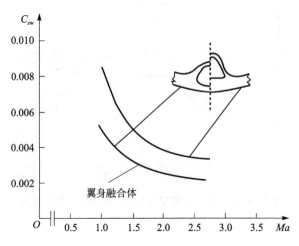

图 7 - 5 - 2　翼身融合体布局降低激波阻力

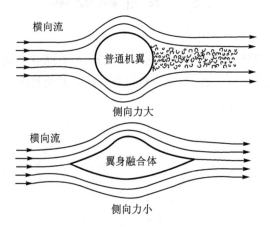

图 7 - 5 - 3　机身前段在横向流中的流谱

④ 在翼身融合部位,有较大的内部容积可以利用,如 F - 16 飞机因此而增大全机内部容积的 6%。如果要保持相同容积而采取非翼身融合体布局,机身就得加长 1.67 m,结构质量要增大 145 kg,并且将增大垂尾面积,从而使亚声速的最小阻力系数增大,超声速的波阻也增加,以致最后不得不放弃增大容积的考虑。

7.6　前掠翼

前掠翼好像"颠倒"的后掠翼,其布局如图 7 - 6 - 1 所示。美国的 X - 29 和俄罗斯的苏 - 47 "金雕"战斗机采用了前掠翼布局。

在相同条件下,前掠翼与后掠翼相比,气流流过机翼产生的翼根效应和翼尖效应相反,气流流过前掠翼,不是向外偏斜而是向内偏斜,如图 7 - 6 - 2 所示。因而,前掠翼的载荷展向分布情况和后掠翼不同,翼根部分载荷大,翼尖部分载荷小,如图 7 - 6 - 3 所示。

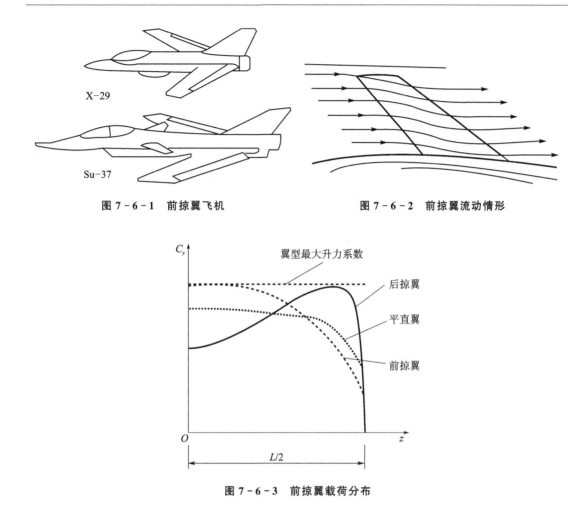

图 7 - 6 - 1　前掠翼飞机　　　　　图 7 - 6 - 2　前掠翼流动情形

图 7 - 6 - 3　前掠翼载荷分布

因此,在相同条件下,前掠翼的气动特性优于后掠翼,主要有以下几点。

① 诱导阻力小,升阻比大。从前掠翼的载荷展向分布可见,前掠翼的翼尖部分载荷变化率小,故翼尖涡流相对较小,升力相同时诱导阻力小,总阻力也小,所以升阻比大。此外,由于前掠翼载荷分布比较靠近翼根,同一升力下产生的弯矩小于后掠翼,因此,结构质量较小。如产生相同的弯矩,其展弦比就可比后掠翼大,从而减小诱导阻力。

② 翼根气流先分离。前掠翼与后掠翼相反,首先在翼根部分发生气流分离,翼尖部分气流分离较迟。翼根气流分离对副翼的操纵效能没有影响,所以大迎角飞行操纵性能好;翼根气流分离形成的滚转力矩小,因而失速特性好。

③ 飞机可用升力系数较大。前掠翼采用鸭式前翼布局或附加机翼边条,就能利用脱体涡有效地控制翼根气流分离,提高机翼最大的可用升力。

④ 机身和机翼的结合更符合面积律的要求,飞机横截面积沿纵轴的分布变化缓和平滑,有利于减小跨声速飞行时的阻力,如图 7 - 6 - 4 所示。

⑤ 由于机翼安装靠后,机翼承力机件靠后,使质心附近的有效容积增大,便于设计布局。

但是,前掠机翼存在着气动弹性发散问题。如图 7 - 6 - 5 所示,对于后掠机翼,当机翼迎角增大,升力增大时,机翼产生的扭转变形使机翼后缘提高,前缘降低,机翼相对于来流的迎角

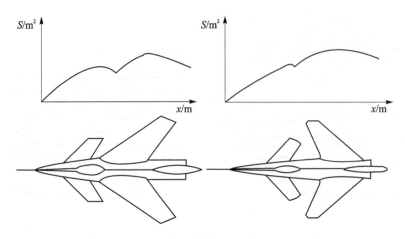

图 7-6-4　前掠翼和后掠翼截面积分布

减小,从而减小升力,亦即机翼的结构是稳定的。而前掠机翼则相反,当迎角增大,升力增大时,机翼产生的扭转变形使得前缘提高,后缘降低,机翼相对于来流的迎角增大,从而使机翼升力和扭转变形继续增大,这种不稳定性称为气动弹性发散现象。前掠角越大,气动弹性发散现象越严重。为消除气动弹性发散现象,必须增加机翼结构刚度,但加强结构刚度会使飞机质量大大增加,从而抵消了前掠机翼的优越性。这就是前掠机翼技术多年没有得到发展的主要原因。

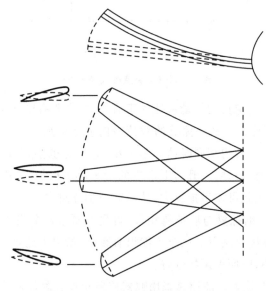

图 7-6-5　机翼受载时的扭转情形

　　20 世纪 70 年代以来,复合材料的发展给前掠机翼带来了新的希望。1975 年有人首次提出,用方向性碳纤维叠层复合材料来解决气动弹性发散问题。通过改变机翼结构的碳纤维的方向和厚度,可以控制飞机弯曲轴的方向,从而控制机翼受载时弯扭的方向,这种方法称为气动弹性剪裁。现在可以说,通过气动弹性剪裁,可以使前掠机翼变成稳定结构,而其本身质量增加很少。因此,前掠机翼才开始进入实用阶段。

7.7　三翼面布局

飞机同时具有鸭面、机翼和平尾的布局称为三翼面布局。俄罗斯的苏-37就是一种三翼面布局的飞机,如图7-7-1所示,它是在苏-27基础上增加鸭面发展而成的。

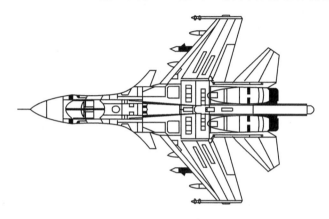

图 7-7-1　三翼面布局飞机

三翼面与二翼面布局飞机相比,具有如下主要优点。

1. 升力特性好

如图7-7-2所示,在$Ma=0.67$时,三翼面与二翼面布局相比,不但升力系数曲线斜率

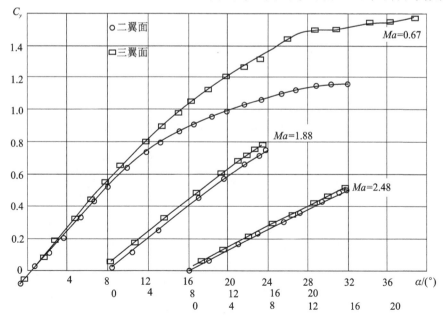

图 7-7-2　三翼面布局与二翼面布局的升力比较

增大,失速迎角增加,更主要的是大迎角时的升力有明显增加,这表明鸭面控制机翼气流分离的作用在三翼面布局上依然存在。在超声速时,三翼面的升力比二翼面稍有加大,这主要是鸭面的影响。

2. 诱导阻力小

三翼面布局和二翼面布局的诱导阻力比较见图 7-7-3,图中 A 为诱导阻力因子。对于 50°后掠机翼,在 $\alpha \geqslant 8°$ 以后,即可看出三翼面诱导阻力比二翼面要小。迎角增大,诱导阻力的减小更为明显,而且在 Ma 达到 0.9 时,减阻效果未有明显降低。另外,三翼面布局的诱导阻力与鸭翼布局相比减小并不多,可是与二翼面平尾布局相比,降低诱导阻力的作用非常明显。这表明三翼面减小诱导阻力的原因主要是鸭面改善了机翼大迎角的分离状况。

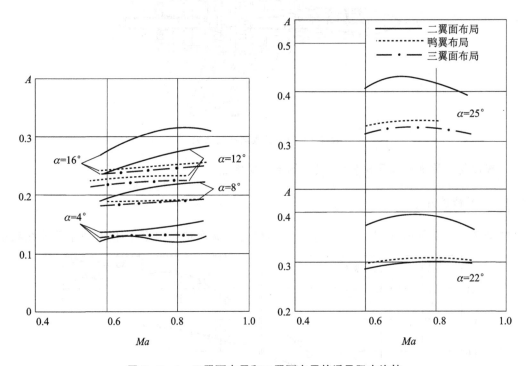

图 7-7-3　三翼面布局和二翼面布局的诱导阻力比较

三翼面布局与二翼面布局相比,除了升、阻特性和机动性能都有明显的提高外,三翼面布局还有一个重要的潜在优势,就是它可以比较容易地实现直接力控制,达到飞行轨迹的精确控制。

三翼面布局飞机由于增加一个升力面,三翼面布局在小迎角时的阻力比二翼面布局要大,超声速状态下影响更为明显。对于强调超声速性能的飞机,三翼面布局是否是一种很好的选择需要综合衡量。此外,虽然三翼面布局的全机气动载荷在几个翼面上分配更为合理,对结构质量有好处,但由于增加了一个升力面(同时也是操纵面)和相应的操纵系统,三翼面布局是否能减轻全机质量,需要通过具体的飞机设计才能最后得出结论。

7.8　隐身飞机气动布局

第四代战斗机要求飞机必须具有隐身性能,隐身性能包括雷达隐身、红外隐身、声隐身和可见光隐身四个方面。

在现代先进技术的条件下,影响战斗机突防能力和生存能力的主要是雷达隐身和红外隐身,影响最大和技术最复杂的是雷达隐身。下面仅介绍飞机的雷达隐身气动布局设计问题。

雷达隐身性能指标是雷达散射截面(Radar Cross - Section,RCS)的大小,隐身设计的目的是尽可能减小 RCS。RCS 的大小取决于飞机的几何面积和几何特性、雷达波的反射方向、雷达波的反射率三个因素。前面两个因素由飞机的外形决定,也就是隐身气动布局设计的问题。后一个因素取决于雷达吸波材料(Radar Absorbing Material,RAM)和雷达吸波结构(Radar Absorbing Structure,RAS)。良好的隐身性必须将隐身气动外形、RAM 和 RAS 相结合,但下面仅讨论隐身气动布局设计问题,不涉及 RAM 和 RAS。

7.8.1　隐身气动设计原则

1. 减小飞机的尺寸和部件

面积越大,雷达反射信号越强,减小飞机尺寸是减小 RCS 最直接的方法,但也是最难实现的方法。减少飞机的部件当然也可以减小 RCS,例如去掉平尾,将平尾与垂尾合并为"燕形"尾翼,甚至将尾翼完全取消并将机身与机翼融合成为"飞翼"式布局,则 RCS 可以减到最小。

2. 排除平面的镜面反射

一是用曲面代替平面,或者将平面对雷达入射倾斜一定角度,使反射波偏离主要的威胁方向。

3. 消除角反射器

飞机上平面相交的直角,如机身/机翼、机身/尾翼、机身/进气道的结合处有角反射器的作用,雷达信号很强。对这些直角相交部位应以圆弧整流,最好将机身设计为融合体式。外挂的武器和发动机短舱除了其本身有很强的雷达反射信号以外,还与挂架和机体形成角反射器效应,因此应将武器和发动机安装在飞机内部。对于武器也可以采取保形外挂的方式,如贴合式、半埋式或整流罩式。

4. 形成少量的反射波束

将飞机的所有边缘设计为少数几个平行的方向,使所有边缘的雷达散射波集中形成少数几个固定方向的反射波束,其他方向的反射波很弱,如图 7-8-1 所示。这样在雷达上是闪烁的信号,不易判别。对于后掠机翼最好将后缘前掠,如前、后缘均斜掠 45°,则只在 45°方向有4 个反射波束,仅在两个方向上有强的雷达反射信号,最大限度地提高了隐身性。

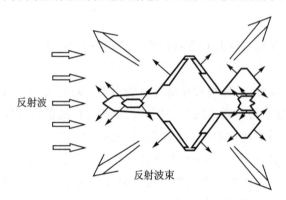

图 7-8-1　用少量的反射波束提高隐身性

5. 翼型头部尖削并减小相对厚度

这两个措施可以减小机翼和尾翼的前后缘雷达反射信号强度,尖头翼型的效果更好。

6. 消除或减弱散射源

飞机上的凸出物、鼓包、台阶和缝隙等都是雷达散射源。虽然它的强度相对较小,但在飞机的主要部件采取有效的隐身措施以后,它们对 RCS 的影响就不能被轻视。飞机有许多口盖和舱门,将垂直入射波的口盖和舱门的缝隙设计成锯齿形,使锯齿边平行于飞机的主要边缘(机翼前后缘),可将缝隙的散射波纳入飞机少数几个反射波束中,有助于减小 RCS,如图 7-8-1所示。

7. 利用部件相互遮蔽

在雷达照射的方向,如一个部件(例如进气口)在另一部件(例如机翼)的遮蔽之下,则可大大减小该部件的反射波强度,从而减小全机 RCS。

7.8.2　隐身气动设计措施

1. 机　翼

从隐身的角度看,应选用后掠角大、展弦比小和梢根比小的机翼。小展弦比机翼由于展长的减小,有降低雷达信号的作用。梢根比小的机翼根弦长,对机身侧面的遮蔽效果明显,而侧面是机身反射波最强的方向。最突出的例子是 F-117 攻击机,它的基本机翼参数为后掠角 $\chi=67.5°$,展弦比 $\lambda=2.0$,F-117 是远程亚声速攻击机,从气动力观点最合理的选择应是小后掠角、大展弦比的机翼,而 F－117 为保证良好的隐身性能而牺牲气动效率。为弥补大后掠角、小展弦比机翼气动效率低的缺点,在大约 40% 半翼展以内,机翼后缘改为前掠角约 50°,增大机翼面积,同时便于内翼后缘作为发动机喷口,如图 7－8－2 所示。内翼后缘前掠增大机翼根弦的长度,在侧向对整个机身起遮蔽作用。

B－2 是远程轰炸机,由于技术取得了新进展,已经不需要像 F－117 攻击机那样牺牲气动效率的设计。它的特点是去掉了平尾和垂尾,采用大展弦比的"飞翼"式布局,如图 7－8－3 所示,得到良好的隐身性和气动效率的结合。为保证机翼后缘的方向操纵面的效率,机翼前缘后掠角不大(33°)。B－2 机翼后缘是综合考虑几个方面要求的结果:

① 有利于隐身性。几段后缘只有两种后掠角,分别平行左右机翼前缘,使飞机的反射波形成 4 个波束(见图 7－8－1),提高隐身性能。

② 提高俯仰和方向操纵面的效率。对于"飞翼"式布局,保证后缘操纵面有足够的力臂是一个困难问题,一般的解决方法是增大机翼后掠角,但这与亚声速巡航效率有矛盾。在前缘后掠角不太大的前提下,双 M 形后缘可以使靠近翼尖后缘的航向操纵面和内侧后缘的俯仰操纵面得到较大的力臂。

③ 最大限度地增大翼根弦长,既保证了座舱、武器舱和发动机的安排,又增大了根部结构高度,对结构受力和减小重力有利。

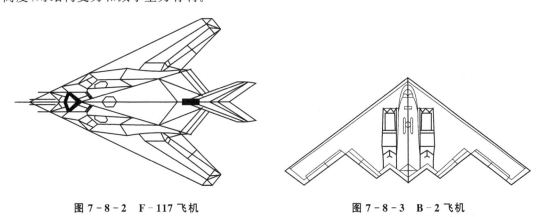

图 7－8－2　F－117 飞机　　　　　　　　　　图 7－8－3　B－2 飞机

F－22 和 YF－23 是超声速巡航战斗机,从机翼设计来看,YF－23 更有特色。YF－23 的机翼为标准的菱形,前缘后掠 40°,后缘前掠 40°,展弦比 2.0,梢根比 0.08;"燕形"尾翼、俯视投影的前后缘后掠角与机翼相同,构成典型的接近 45° 的四反射波束。而 F－22 的基本翼为三角翼,从隐身角度,YF－23 的机翼更为优越。

从隐身角度,翼型不但相对厚度要小,而且前缘要尖削,前缘半径要小,最好是尖头。F－117 就是采用平板前后缘削尖的翼型,这种翼型虽然隐身特性好,但在小迎角时前缘发生分离,诱导阻力大,可以说 F－117 是为获得良好的隐身性而牺牲了气动效率。

2. 机　身

F－117 的机身由多面体构成,如图 7－8－2 所示,这主要是从隐身考虑。机身的每块平面有空间倾角,垂直平面倾斜角和水平平面内的后掠角都较大,周围来的雷达波都向上折射,地面雷达和水平面上敌机的雷达都接收不到,对降低机身的雷达反射信号强度有明显的作用。但这种多棱边机身很容易产生气流分离,阻力很大,对结构受力也不利。

B-2的机身在机翼上表面,类似一个流线型的大鼓包,从前到后宽度基本保持不变。机身两侧为发动机短舱。从侧面看,机身外形接近翼型。突出机翼下表面的机身在展向与机翼下表面和缓地过渡,没有明显的界限。总的来看,机翼与机身有很好的融合,外形过渡缓和光滑,将良好的隐身性与气动外形结合在一起。

F-22为上单翼,机身上部与机翼融合在一起,如图7-8-4所示。机身侧面为向内倾斜约35°的平面,使反射波避开雷达威胁的主要方向(一般认为侧面在30°以内)。机身下部基本为平面,有武器舱门。在进气口以前的前机身截面类似菱形,下部也是向内倾斜约30°的平面。上部略带弧度,以便与座舱盖构成融合体。座舱盖的侧面与机身也形成倾斜约35°的曲面。F-22机身外形的隐身设计主要靠倾斜的平面和机身上部的融合体。F-22机头倾斜的平面在两侧形成棱边,大迎角时能保证左右旋涡的对称,对防止失控和提高大迎角飞行品质有好处。

YF-23采用宽间距双喷管布局,形成两个明显的发动机短舱,如图7-8-5所示。机身外形为一个两头尖的流线体,后端在机翼中部结束。机身和发动机短舱与机翼构成融合体外形,前机身也是一个理想的融合体外形,并且与座舱盖融合在一起。

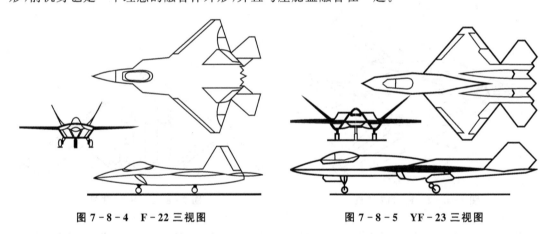

图7-8-4　F-22三视图　　　　　　图7-8-5　YF-23三视图

3. 尾　翼

按照隐身的要求最好是去掉尾翼(平尾和垂尾),B-2就是这样做的。

F-117取消了平尾,由于是大后掠机翼,俯仰操纵利用机翼外侧的后缘操纵面。双垂尾向外倾斜40°,反射波避开了主要威胁的雷达的方向。

YF-23是将平尾和垂尾合并,成为"燕尾"形尾翼,同时具备俯仰和航向操纵的能力。双尾翼在发动机舱后端的两侧,相距很远,外倾47°。尾翼前后缘俯视投影的后掠和前掠角与机翼完成相同。从隐身性的角度看,YF-23尾翼的布局是一个比较好的设计,特点是:

① 去掉了平尾;

② 很大的外倾角,在侧向很大范围内避开威胁的雷达;

③ 尾翼前后缘分别与机翼平行,使侧向反射波成为典型的 4 波束系;

④ 对发动机短舱在侧面形成较好的遮蔽作用。

F-22 为常规尾翼布局,双垂尾外倾 27°,能满足躲开侧向雷达的大部分要求(30°)。平尾与机翼在同一水平面上并与机翼后缘相邻,对机身侧面起遮蔽作用,降低 RCS。平尾的前后缘与机翼前后缘平行,垂尾前缘俯视投影的后掠角与机翼前缘相同(后缘不相同),这有助于将翼面前后缘的反射波集中在少数几个方向,对隐身有好处。但 F-22 机翼后缘前掠角 17°与前缘后掠角 47°不一致,形成 8 个主要反射波束,而且垂尾后缘前掠角与其他翼面不一致,隐身性能不及 YF-23 的典型 4 波束系。

7.9　自适应机翼

自适应机翼亦称变弯度机翼,是一种有柔性的前缘和后缘,翼面为连续、光滑、没有开缝或滑动接头的机翼。该机翼的外形及弯度可根据任务需要而改变。

自适应机翼的翼型由内部联动装置来控制,使其能随飞行高度、Ma、后掠角和所需要的升力变化而变化,其目的是改变机翼表面流动情况,减少分离,使其在每一个飞行状态下都能获得最大的升阻比和升力系数,以改善其气动性能。

自适应机翼的主要功能有:

① 直接升力控制。自适应机翼通过改变机翼表面弯度而不需改变机翼迎角,就能使飞机的升力发生变化。因此,可使飞机在不改变姿态的情况下,改变飞行高度。

② 巡航弯度控制。通过精确地调整翼型,使飞机获得最大升阻比,从而提高航程。

③ 机动载荷控制。机动飞行时,通过机翼内外段弯度控制,使机翼内段弯度大于外侧弯度,从而降低机翼弯矩。这样,一定强度的机翼结构,就可承受更大过载,使歼击机具有良好的机动性能。而相对于一定的机动过载而言,则可以减轻机翼的结构质量。

④ 减缓阵风载荷。在遇到向上阵风时,变弯度机翼外侧翼段弯度自动减小,从而减小阵风引起的附加升力,减小低空飞行时的颠簸,同时亦可提高飞机的疲劳寿命。

⑤ 横滚控制。通过左右机翼弯度控制,代替左右副翼偏转造成左右升力不同而进行横滚控制。例如,左翼弯度比右翼大,则左翼升力大于右翼,飞机右滚。

自适应机翼将在下一代先进技术战斗机上得到应用。有资料指出,应用自适应机翼可使飞机总质量下降 10%,航程增大 15%,升限提高 25%,可用过载提高 20%。自适应机翼的前期技术为空战襟翼,或称机动襟翼,该技术目前已在战斗机上得到应用。机动襟翼通常由前缘襟翼和后缘襟翼两部分组成。该襟翼与普通襟翼最大的区别在于,它不仅仅是在飞机起飞着陆时使用,还能根据飞行状态(飞行 Ma 和迎角)自动偏转。以 F-5E 为例,在起飞和降落时,前襟下偏 24°,后襟下偏 20°;中速机动时,前襟下偏 24°,后襟下偏 8°;超声速时前后襟都处于 0°状态,如图 7-9-1 所示。随着主动控制技术的提高,F-14 和 F-16 等飞机上的机动襟翼,已做到可根据 Ma 和迎角自动连续调节。

机动襟翼的基本原理同变弯度技术相同,亦即利用机动襟翼,改变机翼的弯度,改善机翼表面的气流特性,延缓气流分离,从而提高升阻比,增大最大升力系数,因而可提高可用过载,增大航程和升限。

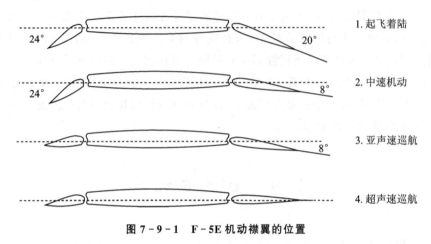

图7-9-1 F-5E机动襟翼的位置

本章小结

飞机气动布局主要是指飞机的外部形状,包括各部件的形状及相互搭配关系,通常指机翼、平尾、垂尾等的形状与布置。现代战斗机常用的气动布局形式主要采用边条翼、变后掠翼、鸭式布局、无尾布局、翼身融合体、双三角翼、前掠翼、三翼面等,在满足气动性能要求的基础上,以适用于不同的用途。

思考题

1. 什么是边条翼？它的气动特性有何特点？
2. 什么是变后掠翼？它的气动特性有何特点？
3. 什么是鸭式布局？它的气动特性有何特点？
4. 什么是无尾布局？它的气动特性有何特点？
5. 什么是翼身融合体？它的气动特性有何特点？
6. 什么是双三角翼？它的气动特性有何特点？
7. 什么是前掠翼？它的气动特性为什么优于后掠翼的气动特性？
8. 什么是三翼面布局？它与二翼面布局相比有何优点？
9. 隐身飞机是如何减小雷达散射截面(RCS)的？
10. 什么是自适应机翼？它的主要功能有哪些？

扩展阅读　飞机的分类及特点

按用途分类

飞机按用途可分为军用飞机和民用飞机两大类。前者是按各种军事用途设计的飞机;后者则是指各种非军事用途的飞机,包括旅客机、货机、农业机、运动机、救护机以及试验研究机等。其中,旅客机、货机及客货两用机又统称为运输机。下面主要介绍军用飞机的分类以及各自的特点。

1. 歼击机

歼击机又称战斗机,主要任务是与敌方歼击机进行空战,夺取空中优势(制空权);其次是拦截敌方轰炸机、强击机和巡航导弹;还可携带一定数量的对地攻击武器,执行对地攻击任务。第二次世界大战后喷气式歼击机普遍代替了活塞式歼击机。至今喷气式歼击机已经历了 4 次更新换代。

第一代歼击机均为高亚声速歼击机,其飞行速度和垂直机动能力比螺旋桨飞机有很大提高。这一代主要靠机炮进行尾后攻击,并以中空突防为主,以避开地面高射炮火。

第二代歼击机强调飞机的高空高速性能,其最大飞行 Ma 都在 2 以上,但巡航速度一般为 $Ma=0.9$,升限可达约 18 km,机动性与第一代歼击机相当。这类飞机主要依靠机炮和红外格斗导弹来实施攻击。由于当时地空导弹的精度还不太高,飞机以高空突防为主。

第三代歼击机是 20 世纪 60 年代末发展的高机动性歼击机。实战表明,当时空战仍以近距格斗为主,作战大都在中空、亚声速范围内做大机动,以便达到有利战位。大飞行速度和高飞行高度在近距格斗中不能发挥作用,而高机动性则是空战制胜的关键。这代飞机以中程半主动导弹和格斗导弹为主要作战武器,以低空突防为主,以便避开地面防空雷达及导弹攻击。图 7 - A - 1 所示为 F - 15 的三视图。海湾战争中主要使用第三代歼击机作战。

第四代歼击机是正在发展中的新一代歼击机,其典型代表是美国的 F - 22 空中优势战斗机。这一代战斗机具有隐身、过失速机动、不加力超声速巡航、短距起降、超视距多目标攻击和装备更先进的航空电子与武器系统等特点,较之第三代具有全面优势。

2. 截击机

截击机又称为拦截歼击机,是专门用于在空中截击入侵的敌方轰炸机、侦察机或巡航导弹的歼击机。它的主要任务是保卫我方政治经济中心、军事要地、交通枢纽等战略要地不受敌机的轰炸。截击机通常由地面雷达站或预警机引导至目标区,再用机载雷达截获并跟踪目标,处于有效攻击位置时对目标实施攻击。截击机应具有快速反应能力,不论何时,在接到警报后,能迅速起飞并到达指定空域。20 世纪 50 年代相继出现的美国 F - 102、F - 106、法国幻影Ⅲ等是最具代表性的截击机。20 世纪 50 年代末,由于超声速轰炸机的出现,研制了三倍声速的截

图 7‑A‑1　F‑15 的三视图

击机,如美国的 YF‑12,苏联的米格‑25。到 20 世纪 70 年代中期,随着电子技术的发展,机载雷达的性能和可靠性大大提高了,而且不断小型化,因而在不断研制的歼击机(如美国的 F‑15、F‑16 等)上都装有先进的雷达。它们的速度、爬升率、升限以及机动能力均超过了截击机,既具备截击能力,又具备轰炸能力,因此不再继续发展截击机。图 7‑A‑2 所示为苏联的米格‑25 截击机。

3. 歼击轰炸机

　　歼击轰炸机又称战斗轰炸机,是以攻击战线附近(有时深入敌后)的敌方地面目标,支援地面战斗为主,投掷外挂武器后具有空战能力的军用飞机。它与歼击机相比,载弹量大,航程远;与轰炸机相比,机动能力好,突防能力强,并具有一定的空中格斗能力。它主要装备(一般采用外挂)对地攻击武器——航空炸弹、火箭、机关炮和空地导弹等;具有良好的高速和低速飞行性能(现代歼击轰炸机常用变后掠机翼);装有完备的火控及导航设备。现代歼击轰炸机起飞质量可达 30～40 t,作战半径可超过 1 000 km,载弹量可达 6～8 t,因而可以取代轻型轰炸机执行各种战术轰炸任务。图 7‑A‑3 为苏联的苏‑20 变后掠机翼战斗轰炸机。

图 7‑A‑2　米格‑25 截击机

图 7‑A‑3　苏‑20 变后掠翼战斗轰炸机

4. 强击机

强击机又称攻击机,主要从低空、超低空对地面(水面)目标进行攻击,用于直接支援地面部队作战,摧毁战术和战役纵深的有生力量、防御工事、坦克、地面雷达、炮兵阵地、前线机场、交通枢纽等。它装备的武器有机关炮、炮、火箭、炸弹(或制导炸弹等)、鱼雷以及空地、空空导弹等。它的特点是具有良好的低空、超低空稳定性及操纵性;向下具有良好的视界,便于搜索地面小型隐蔽目标;装有强大的对地攻击武器;飞机的要害部位都有装甲保护,以提高飞机在地面炮火攻击下的生存能力;具有优良的起飞着陆性能(有的具有垂直和短距起落能力),可在接近前线的简易机场起降,以扩大支援作战的范围。现代强击机有亚声速的,也有超声速的,载弹量可达 3~7 t,装有光电搜索、瞄准设备和激光测距、火控系统等。图 7-A-4 所示为美国的 A-10 亚声速攻击机。

5. 轰炸机

轰炸机是从空中对敌方前线阵地、战略要地、海上目标进行轰炸的军用飞机。按质量、航程、载弹量的大小,它可分为重、中、轻型三种;按作战使命可分为战术、战略两种。

① 重型轰炸机(远程战略轰炸机),起飞质量一般在 100 t 以上,航程在 8 000 km 以上,载弹量大(在 10 t 以上),大都可携带核弹和空地导弹,而且自卫能力强。它主要用于深入敌后,对政治经济中心、战略要地、交通枢纽进行轰炸。20 世纪 70 年代研究成功的战略轰炸机速度已达两倍声速以上。20 世纪 80 年代研制的战略轰炸机的特点是采用隐身技术,从气动布局、发动机及材料选用等方面采取措施,可以有效减小雷达波的反射以及红外辐射。图 7-A-5 所示为美国的 B-2 隐身战略轰炸机。

② 中型轰炸机,主要任务是进行战略轰炸,但航程比重型的短。起飞质量一般为 40~90 t,航程为 3 000~6 000 km。载弹量为 5~10 t,也可携带核弹及空地导弹,如美国的 B-58,苏联的图-16、图-22 等。

③ 轻型轰炸机,主要任务是配合地面部队对敌方供应线、前沿阵地和各种活动目标进行战术轰炸,起飞质量一般为 15~30 t,航程在 3 000 km 以下,载弹量为 3~5 t。苏联的 IL-28 即属于此类轰炸机。如上所述,有些国家目前已用歼击轰炸机代替轻型(战术)轰炸机。

 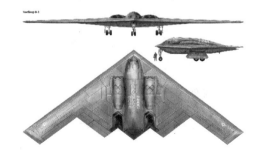

图 7-A-4　A-10 亚声速攻击机　　　　　　　图 7-A-5　B-2 隐身战略轰炸机的外形示意图

6. 侦察机

侦察机是专门用于进行空中侦察、搜集敌方军事情报的军用飞机。按任务性质,它可分为战略侦察机和战术侦察机两种。前者具有高空、高速飞行性能,装有复杂的电子侦察和摄影设备,深入敌后进行侦察飞行。图 7 - A - 6 所示为美国的 SR - 71 高空高速战略侦察机。它可以在 24 km 高度,以 $Ma=3$ 的速度,每小时对 15 万平方千米的面积实施侦察。

战术侦察机则在敌方战线附近进行侦察,可由歼击机或战术轰炸机改装而成,如美国的 RF - 4C 战术侦察机就是战斗机 F - 4 的改型。

20 世纪 60 年代无人驾驶侦察机投入使用,广泛应用于军事侦察活动。20 世纪 70 年代以来,由于航天技术的迅速发展,已广泛应用人造卫星承担军事侦察任务。

7. 预警机

预警机是装有远程搜索雷达用以搜索或监视空中、地面或海上目标,并指挥引导己方飞机遂行作战任务的军用飞机。其作用相当于将雷达站放在高空,可以克服地面雷达站难以发现低空、超低空目标的缺陷,大大增加了雷达搜索的范围和距离,并具有机动性强和生存力高等优点。图 7 - A - 7 所示为美国的 E - 3A 预警指挥机,该机的最大特征就是在机背上驮着一个大圆盘。这就是远距离大型搜索雷达旋转天线罩,内装雷达天线。飞机能在 9 140 m 巡航高度上连续飞行 11.5 h;对中高空目标的探测距离为 600 km,对低空目标的探测距离为 350 km;可探测、跟踪 600 个目标,同时可引导 100 架飞机对来袭目标进行拦截。

图 7 - A - 6　SR - 71 高空高速战略侦察机　　　　图 7 - A - 7　E - 3A 预警指挥机

8. 其他军用机

其他军用机包括反潜机、电子战飞机、军用运输飞机、空中加油机、舰载飞机等,由于篇幅所限,不再一一介绍。

按飞机的构造分类

1. 按机翼形式分类

(1) 按机翼数量,可分为多翼机与单翼机;

(2) 按机翼相对于机身的位置,可分为上单翼机、中单翼机及下单翼机;

(3) 按机翼的平面形状,可分为平直翼、后掠翼、三角翼等。

2. 按机身形式分类

按机身形式分类可分为单机身飞机及双尾撑飞机。

3. 按尾翼形式分类

① 按水平尾翼的类型,可分为平尾与 V 形尾翼;

② 按有无水平尾翼或尾翼相对于机翼的位置,可分为鸭式、正常式及无尾式。

4. 按推进系统分类

① 按动力装置的类型,可分为螺旋桨(又可分为活塞式及涡轮螺旋桨)式及喷气式;

② 按发动机的安装位置,可分为翼内、翼上、翼下、翼下吊舱、机身内、机身尾吊等;

③ 按发动机数量,可分为单、双、三、四发动机飞机。

5. 按起飞着陆地点分类

按起飞着陆地点分类可分为水上飞机(又可分为船身式及浮筒式)、陆上飞机(又可分为轮式及滑橇式,其中轮式又可分为前三点式、后三点式和自行车式等)以及水陆两用飞机。

我们为自己能够有机会、有能力为航母舰载事业发展贡献力量感到光荣和自豪,但我们的内心深处,时刻都有一种担心和恐慌,怕因为自己的懈怠与放松,迟缓了事业的进步,影响了团队的发展。因此,大家形成了积极训练、努力提高的氛围。

现在,事业的接力棒传到了你们手里。作为曾经的舰载战斗机飞行员,我希望大家无论装备如何先进、技术有多进步,都要秉持忠诚、专业、创新、坚韧的航母舰载精神,发挥出我们最大的主观能动性。

中国海军"尾钩俱乐部"的新成员们,让我们一起奋飞,圆满完成任务返航,精准地降落在新型航母上,稳稳地钩住第3索,完美地得到一个"满分"。[①]

——航母战斗机飞行员徐英谈航母舰载事业和发挥主观能动性问题

第8章　空气动力学实验

空气动力学实验的目的是通过模型实验来研究飞机上空气动力的变化规律。因此,不仅要有相应的实验设备,而且在实验过程中还应遵循一定的规律,以保证模型实验能模拟真实的飞机飞行情况,从而使模型实验的结果能应用到真实飞机上。对飞机空气动力特性的实验研究而言,风洞是最常用的空气动力学实验设备。

本章将重点介绍风洞及其测试设备、空气动力学实验的流动相似理论以及空气动力学中的典型实验项目。

8.1　风洞及其测试设备

根据流体运动的相对性和相似性,人们专门设计了风洞用来进行各种类型的空气动力学实验。风洞实际上就是能够产生均匀人工气流的管道系统。

8.1.1　风洞的分类

风洞的类型有很多,根据其实验段的气流速度基本可以分为以下 6 种:

① 低速风洞:实验段中气流速度一般小于 $100\ \mathrm{m/s}(Ma<0.3)$,有回流式和直流式两种,如图 8-1-1 和图 8-1-2 所示。

① 高立英,曾茜,唐建平. 读懂舰载机飞行员,走进"刀尖舞者"的字里行间[OL]. (2018-11-24). www.81.cn/jmywyl/2018-11/24/content_9354621_3.htm.

② 高亚声速风洞:气流 Ma 的范围是 $0.3 \leqslant Ma < 0.8$,从外观上看,与低速风洞没有很大区别,基本上是回流式,大多采用两级以上轴流式风扇。

③ 跨声速风洞:气流 Ma 范围为 $0.8 \leqslant Ma < 1.4$,其显著特点是工作段必须是双层的,外层与大气隔绝,内外层间的压力可以调节,另外内层壁面上开有孔或槽,一方面消除模型在跨声速时所产生的激波反射现象,另一方面用来防止低超声速时不能工作。

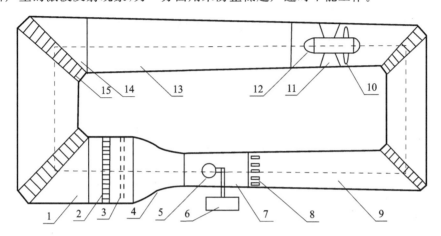

1—安定段;2—蜂窝器;3—阻尼网;4—收缩段;5—模型;6—天平;7—实验段;8—压力平衡孔;
9—扩压段;10—风扇;11—反扭导流片;12—整流体;13—回流段;14—拐角;15—导流片。

图 8 - 1 - 1　低速回流式风洞结构示意图

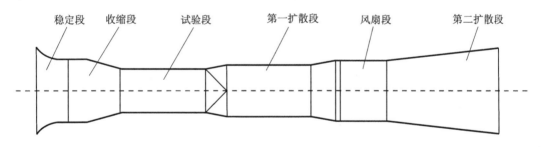

图 8 - 1 - 2　低速直流式风洞结构示意图

④ 超声速风洞:Ma 的范围为 $1.4 \leqslant Ma < 5.0$,为节省动力,一般为暂冲式,采用下冲或抽吸的方法造成较高的压力比,结构如图 $8 - 1 - 3$ 所示。

⑤ 高超声速风洞:Ma 的范围在 $5.0 \leqslant Ma < 10$,这类风洞需要高压气源和真空罐,由于气流在加速过程中膨胀得极为厉害,使实验段气流的静温极低,需要装有空气加热器,预先提高收缩段的气体温度,以防止空气液化。

⑥ 高焓量高超声速风洞:气流 Ma 的范围为 $Ma \geqslant 10$,其利用氧氢燃烧产生高压来压缩空气而产生激波,激波后的高温高压气体再经拉瓦尔喷管膨胀加速后产生极高速的气流。这类风洞的 Ma 高达 20,但实验段空气极为稀薄,相当于极高速的洲际导弹在高空飞行状态。

此外,按风洞的特殊用途可以分为低湍流度风洞、变密度风洞、叶栅风洞、环境风洞、计量风洞、烟风洞等;按工作方式可以分为连续式和暂冲式;按实验段的构造可分为二元的和三元的、开口的和闭口的。

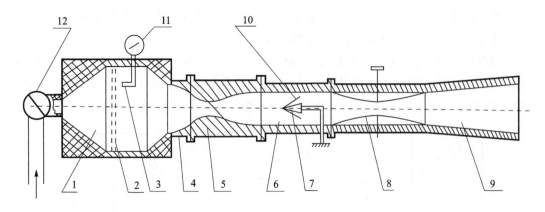

1—安定段;2—整流段;3—总压段;4—收缩段;5—拉瓦尔喷管;6—工作段;7—模型;
8—第二喉道;9—亚声速扩压段;10—激波;11—压力计;12—调压阀。

图 8 - 1 - 3　超声速风洞结构示意图

实验段的气流速度不同决定了风洞的工作原理、构造和尺寸等方面的差异。下面仅对回流式低速风洞作简要介绍。

1. 构造原理

低速风洞的实验段气流速度小于 100 m/s,Ma 小于 0.3,空气仍然可当作不可压缩的,目前已发展得比较完善,其形式很多,而使用最广泛的是回流式风洞(见图 8 - 1 - 1)。下面分别介绍其各部分的结构和功用。

① 实验段:实验段是安装模型的地方,要求流速最快最均匀,风洞的设计首先要保证实验段的流速和一个均匀的、湍流度较低的流场。实验段有开口、闭口之分。开口式实验段的周围无洞壁,安置模型方便且容易观察流动现象,但气流的能量损失大,气流品质较差;由于气流和外界静止空气混合后容易产生脉动,为保证实验的准确性,模型不但要安装在圆锥形的等速区内,还要求最好位于等湍流区内。闭口式实验段四周有洞壁,装有观察窗,实验段内气流与外界空气无对流,因此能量损失小,气流品质高,大多风洞采用闭口实验段。开口风洞实验段的长度取直径的 1～1.5 倍,闭口风洞实验段的长度取直径的 2～2.5 倍。要进行合乎要求的模型实验,还须限制模型的几何尺寸,模型迎风面积与实验段面积的比值不得超过 4%～5%,否则数据修正比较困难;对于机翼一类的实验,模型的展长还不能超过实验段宽度的 80%。

② 扩压段与平衡孔:扩压段是一段截面逐渐扩大的管道,其作用是把气流的动能转变为压力能。由于风洞的功率损失与流速的三次方成正比,因此气流通过实验段后,要尽可能地降低速度。大量实验研究得到扩压段全锥角的最佳值为 5°～6°;过大,容易造成气流分离,产生新的旋涡损失;过小,管道长度增大,不但摩擦损失增大,而且增加建造费用。为了使实验段中的压力等于风洞外的大气压,还必须在扩压段的进口处开一些压力平衡孔。如果没有这些孔,一般情况下闭口实验段内的压力会小于外界大气压力,再加上风洞观察窗和模型支杆通过洞壁等处的气密性较差,外界的空气会通过缝隙流进实验段,破坏流场的均匀性。

③ 回流段:回流段实际上也是一个面积逐渐扩大的扩压段,但是在回流风洞中,除了起扩

压的作用外,主要还是作为气流的回路。

④ 拐角和导流片:在回流式风洞中,气流沿着洞身循环一次需要转过 360°,气流在拐角处转过 90°的直角时容易产生分离,产生旋涡,造成流动很不均匀并产生脉动;另外,气流在拐角处的能量损失很大,约占风洞总损失的 40%～60%。因此,为了改善气流的性能和减小损失,在拐角处布置一列导流片,把拐角处的通道分隔成许多狭小的通道,导流片的形状一般采用大弯度的翼型。

⑤ 安定段与整流网:气流从实验段流出后,经过扩压段、回流段、动力段及四个拐角后,无论是流动的方向还是气流的速度都不均匀了,而且会夹带旋涡。为了保证到达收缩段的气流比较平直、均匀,需要在收缩段之前布置一个安定段。这一段通常是等截面的,其面积大小是根据风洞的收缩比的要求来确定的。由于其截面积大,气流流经此段时流速变小,气流在安定段内慢慢地流过,从而调整了流动方向和速度分布。此外,在安定段中还安装了整流网,它用比较细的铜丝编成网眼较小的网,可以粉碎大旋涡,降低湍流度,而且层数越多,湍流度就降得越低。整流网还使网前的气流产生横向的慢流,迫使气流均匀。

⑥ 收缩段:收缩段将对安定段流过来的气流加速,使进入实验段的气流达到所需要的、稳定的速度,并且具有均匀的气流速度分布和平直的流动方向。一般来说,收缩比越大,出口段气流的速度分布也越均匀,气流的湍流度也越低。但收缩比大,洞身加长,造价增加,因此一般收缩比都在 4～10。决定收缩比后,收缩段设计的一个关键问题是选择一条光滑过渡的收缩曲线,这条曲线的好坏直接影响出口气流的均匀程度。已有许多学者做过这方面的工作,其中维托辛斯曲线是一种比较常用的收缩曲线,其数学表达式为

$$R = \frac{R_0}{\sqrt{1 - \left[1 - \left(\dfrac{R_0}{R_1}\right)^2 \times \dfrac{\left(1 - \left(\dfrac{x}{l}\right)^2\right)^2}{\left(1 + \dfrac{x^2}{3l^2}\right)^3}\right]}} \qquad (8-1-1)$$

式中,R_0 为收缩段出口半径;R_1 为收缩段进口半径;l 为总长,由设计选定;R 为任意点半径;x 为到进口段的垂直距离。

⑦ 风扇段:气流在风洞内循环一周时,气流与洞壁的摩擦,以及气流拐弯、分离等都伴随有能量损失。为了在实验段中维持稳定的流速,必须给气流不断地补充能量,风扇段中的风扇就是起这个作用的。用电动机带动风扇对气流做功,从而克服黏性损失所造成的压力降落。为了使流过风扇的气流恢复平直并提高风扇的工作效率,在风扇段内还安装了反扭导流片和整流体。实验时,通过调节风扇的转速来控制实验段的流速,通常都用直流电动机来带动风扇,因为直流电动机可以进行无级调速。

2. 低速风洞气流品质的要求

一个风洞建成后,如何评判该风洞的质量,就要进行一系列的测试来测定实验段的气流品质。一个比较好的风洞应达到以下几个主要指标的要求。

① 气流稳定性。可用风速的相对波动来表示气流稳定性,动量为

$$\frac{\Delta V}{V'} = \frac{V - V'}{V'} \tag{8-1-2}$$

式中，V 为瞬时速度；V' 为时均速度。一般要求在 10 s 之内，波动量不超过 $\pm 0.25\%$。

若用动压头的相对波动量来表示的话，定义为

$$\eta = \frac{q - q'}{q'} \tag{8-1-3}$$

这里，要求 $\eta \leqslant 0.5\%$，特别在风洞的常用速度范围内（一般在风洞最高速度的 $50\% \sim 80\%$ 之间）要达到这个指标要求。为了达到气流稳定性的要求，首先要求风扇的转速稳定，其次是风洞要有良好的气动特性。

② 速度均匀性。实验段内的各点要达到速度完全一样是很困难的，这是因为气流毕竟是人为造成的，而且流经的风扇、拐角和导流片等部件都会造成气流速度的不均匀性；另外，收缩段曲线加工不当或设计欠妥，也会对气流速度的均匀性产生很大的影响。一个良好的风洞，要求在模型区内各个截面上各点的气流速度与该截面气流平均速度的均方根偏差满足

$$\sigma_V = \sqrt{\frac{1}{n-1} \sum_{i=1}^{n} \left(\frac{\Delta V}{V'}\right)^2} \leqslant \pm 0.25\% \tag{8-1-4}$$

式中，$\Delta V = V_i - V'$；$V' = \frac{1}{n} \sum_{i=1}^{n} V_i$；$V_i$ 为第 i 个测点上的气流速度；n 为测点数。

如果用动压头的均方根偏差来表示，则上式变为

$$\sigma_q = \sqrt{\frac{1}{n-1} \sum_{i=1}^{n} \left(\frac{\Delta q}{q'}\right)^2} \leqslant \pm 0.5\% \tag{8-1-5}$$

式中，$\Delta q = q_i - q'$；$q' = \frac{1}{n} \sum_{i=1}^{n} q_i$。

③ 方向均匀性。在进行精确的风洞实验时，要求气流的流动方向与风洞轴线夹角不大于 $\pm 0.5°$，然而很多风洞的气流偏角达到 $\pm 0.75°$，甚至 $\pm 1°$。

④ 湍流度。对于一个风洞来说，气流的原始湍流度应该限制在什么范围内，要视风洞主要用于什么用途而定。如果风洞主要用于研究湍流，那么风洞气流的原始湍流度应该很低，这时希望湍流度 $\varepsilon \leqslant 0.08\%$。对于一般的低速风洞来说，气流原始湍流度的要求可以降低到 $\varepsilon \leqslant 0.16\%$。如果 ε 再高，就要对实验数据进行湍流度修正。

⑤ 轴向静压梯度。由于实验段壁面上的边界层顺着气流流动方向发展，并且其厚度逐渐增加，如果对实验段截面积不作有效的修正，则沿着轴向实验段的有效截面积会逐渐减小，气流的速度因此会逐渐增加，沿轴向就存在一个静压梯度 dp/dx。对于飞行器实验，要求

$$\left|\frac{dC_p}{dx}\right| \leqslant 0.002/\text{m}$$

式中，$C_p = \dfrac{p}{2\rho V^2}$。

如果适当调整实验段的截面积（进行边界层修正）使其有一定的扩散角（约为 $0.5°$），就可望达到

$$\frac{\mathrm{d}C_p}{\mathrm{d}x} = 0 \qquad\qquad (8-1-6)$$

8.1.2　测量仪器

1. 测压仪器

在流体力学中,压力是描述流动状态的重要参数之一,通过压力的测量,可以得到流动的速度、流量以及许多力学量。所以,压力的测量是流体力学实验中最基本的测量。由于测量压力的探头不可能做得无限小,因此用它测到的只是空间微小面积上的平均压力。直接能测到的压力有静压和总压。静压是流体在流动过程中作用在流管壁上的压力,也即在不引起流线变形或者与流体以同样速度移动的物体所感受到的压力。实际测量时,必须注意所采用的测量手段,必须尽可能地减少对当地流线产生影响。总压也称为驻点压力,即流动受到滞止,速度降到零的那点的压力。下面介绍几种常用的测压仪器。

(1) U 形管压力计

在一根 U 形的玻璃管中放入某种液体,视所测压力的大小和分辨率的要求,管内液体可以选择水、酒精或水银等,如图 8-1-4 所示。测量时,压力计的一端通待测压力 p,另一端通大气,把 U 形管垂直放置时,有

$$p - p_a = \rho g \cdot \Delta h \qquad\qquad (8-1-7)$$

式中,p_a 为大气压力,Pa;p 为所测点的压力,Pa;ρ 为管内液体密度;Δh 为两液面的垂直高度差。

使用 U 形管测量液体压力时,还必须计及液体由于高程差所引起的压力差;而在测量气体压力时,该压力差可以忽略。

(2) 多管压力计

在许多实验中,往往要同时测量很多点的压力,如压力分布实验,就要采用多管压力计,其工作原理与倾斜式微压计相同。如图 8-1-5 所示,将多根平行排列的玻璃管装在一个平板上,各测压管都与一个公共的储液杯连通,为了提高精度,可将平板倾斜一个角度 α,所测得的压力满足

$$p_i - p_a = \rho g \cdot \sin \alpha \cdot (l_a - l_i) \qquad\qquad (8-1-8)$$

由于各测压管的内径不可能都一样,由毛细现象所造成的各测压管的初读数也不一致,所以在实验前要读出每根测压管的初读数,并作适当的修正。

2. 测流量仪器

单位时间内通过管道或渠道某一截面的流体的量为流量。流量有体积流量 $Q_V(\mathrm{m^3/s})$ 和质量流量 $Q_m(\mathrm{kg/s})$,它们分别表示单位时间内流过流体的体积和质量,两者关系为 $Q_m = \rho Q_V$。流量也可分为瞬时流量和平均流量,这里只讨论平均流量的测量问题。

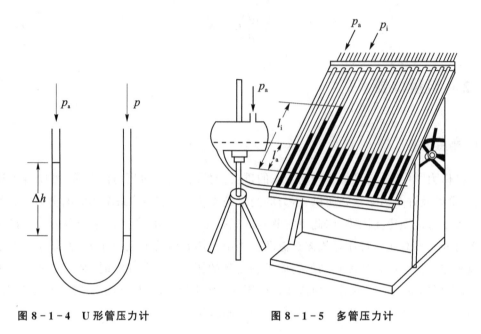

图 8-1-4　U形管压力计　　　　　　图 8-1-5　多管压力计

（1）称量法或容积法

这种方法是最准确和最直接的方法,但比较繁琐,不适宜当作流量仪表用,常用于校正别的流量计或教学实验。

在一定的时间间隔 Δt 内采集一定量的流体,用秤称出它的总质量 m 或用量筒量出它的总体积 V,得到 $Q_m = m/\Delta t$,$Q_V = V/\Delta t$。

（2）文丘里流量计

文丘里流量计是一种利用压差来测量流量的流量计,其结构如图 8-1-6 所示。它是一个先收缩后扩张的管道,上游进口截面的直径为 D,截面积为 F_1;然后是一个收缩段,收缩角 β 一般为 $19°\sim23°$;中间有一段平直的喉道,直径为 d,截面积为 F_2,喉道平直段的长度 L 等于 d;最后是一段扩张段,扩张角为 $5°\sim10°$,使得流量计的管道逐渐过渡到原来管道截面一样大小。

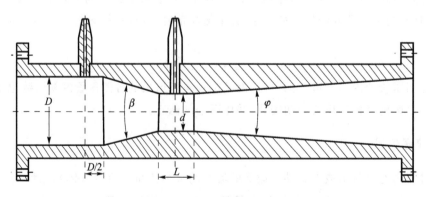

图 8-1-6　文丘里管流量计

流体经过收缩段时加速减压,使喉道处的静压小于上游进口截面的静压,流速越大,喉道与上游截面之间的静压差就越大,静压反映了管道内流量的大小。在进口段规定位置处取静压 p_1,在喉道中间取静压 p_2,为了取得管道截面上的平均压力,应沿测试截面的圆周方向均匀地开若干个小孔,把这几点的压力并联在一起接到压力计上。为了使流量计中有较好的流动品质,在文丘里管的前后要分别有长为 $8D$ 与 $5D$ 的光滑直管段,喉道截面与管道截面之比 $m = F_2/F_1$,一般宜取在 $0.2 \sim 0.5$ 之间。

3. 测速度仪器

流速是描述流体运动的重要参数。流速是矢量,测量时应包括其方向和大小。用三孔圆柱形探针或五孔球形探针可以测量平面或空间的速度方向。速度大小的测量方法很多,以下介绍几种常用的测速方法。

(1) 毕托管测速

在理想、定常、不可压缩流体、水平方向流动或测风速时不计流体重力的流动中,沿流线满足伯努利方程

$$p_0 = p + \frac{1}{2} \rho V^2 \qquad (8-1-9)$$

由此可导出

$$V = \sqrt{\frac{2}{\rho}(p_0 - p)}$$

因为假定流体是不可压缩的,流体的密度取决于压力和温度,所以流场中各点的密度相同,流体的密度尤其是气体的密度取决于压力和温度。对于空气来说,其密度满足

$$\rho = \frac{p_a}{287(273 - T_a)} \qquad (8-1-10)$$

因此,只要测出流场中某点的总压 p_0 和静压 p,就可以得到流场中该点的速度。毕托管常见的结构如图 $8-1-7$ 所示。

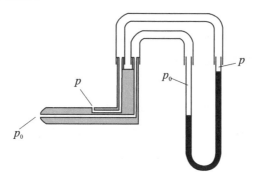

图 8 - 1 - 7 毕托管基本结构示意图

用毕托管测量流速时,由于测量总压、静压所带来的误差,以及每个毕托管制作过程中的差异,再加上是用理想流体的伯努利方程来近似地描述黏性流体的运动规律,所以用测得的总压、静压来计算流速时要进行修正,其计算公式为

$$V = \sqrt{\frac{2}{\rho}\xi(p_0 - p)} \qquad (8-1-11)$$

式中，ξ 为毕托管的校正系数，由实验定出。

在测量气体速度时，气流速度很低时，不考虑气体的可压缩性，用上述方法比较方便。当 $Ma > 0.3$ 时，就不能简单用以上测速公式，但仍可使用同样的空速管，只是要按可压缩等熵的关系式来计算 Ma，并根据来流静温算出声速 a，最后换算成速度，即

$$Ma = \sqrt{\frac{2}{\gamma - 1}\left[\left(\frac{p_0}{p}\right)^{\frac{\gamma-1}{\gamma}} - 1\right]} \qquad (8-1-12)$$

$$V = a \cdot Ma$$

另外，在高亚声速流动中，为防止空速管头部产生局部超声速区，空速管头部应改成圆锥形。

(2) 用压力落差法测低速风洞的风速

设风洞收缩段进口截面和出口截面的静压分别为 p_A 和 p_B，并假定进出口截面的速度分布是均匀的，分别为 V_A 和 V_B，根据有损失的伯努利方程和连续性方程，有

$$p_A + \frac{1}{2}\rho V_A^2 = p_B + \frac{1}{2}\rho V_B^2 + \xi \frac{1}{2}\rho V_B^2$$

$$V_A \cdot F_A = V_B \cdot F_B$$

式中，ξ 为气流从截面 A 流到截面 B 的损失系数；F_A 为进口截面的面积；F_B 为出口截面的面积。

将以上两式求解，并令

$$\mu = \frac{1}{1 + \xi - \left(\dfrac{F_B}{F_A}\right)^2}$$

则实验段的平均流速为

$$V_B = \sqrt{\frac{2}{\rho}(p_A - p_B) \cdot \mu} \qquad (8-1-13)$$

式中，μ 为压力落差系数，与风洞的收缩比以及损失系数有关，由实验定出。本方法突出的优点是不需要在实验段内安装任何设备就可以测量风速，以避免空速管对模型绕流的干扰。

(3) 热线风速仪

以上介绍的测量流速的方法都基于压力的测量。这些方法只能用来测定常流中的时均速度，而无法测量不稳定的流动。在实际中，随时间变化的速度是经常遇到的，即使在定常流场中，流速也只是在统计意义上的时均值是常数，而瞬时值仍在波动。如对湍流度的测试，要测量这种脉动的速度就必须用电子仪器。热线风速仪是一种既能测气流的平均流速，又能测气流脉动的仪器，已有相当长的发展历史。

将直径 D 只有 $5\sim10~\mu m$、长度 l 为几毫米的铂钨丝的两头焊在支架上制作成热线探头，如图 8-1-8 所示。通电时，铂钨丝发热，温度高于周围介质的温度，介质流过探头时带走一部分热量，于是热线的温度随流速的大小而变化。除极小的流速（与由温度差引起的自然对流

流速相当的流速)外,可以认为热线的热损失主要是与强迫对流有关,也即损失的热量主要被气流带走。

　　King 氏研究了在强迫对流的情况下,流过无限长圆柱的热损失方程,用无量纲参数形式则表示为

$$Nu = A + B \sqrt{Re} \qquad (8-1-14)$$

式中,Re 为雷诺数;A、B 为校正常数;Nu 为努赛尔数。

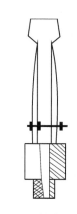

图 8-1-8　热线风速仪探头

　　一般来说,热线的长径比(l/D)总超过 200,因此可以应用 King 氏公式,这里 Nu 定义为

$$Nu = \frac{Q}{\pi \lambda l (T_\omega - T)} \qquad (8-1-15)$$

式中,λ 为流体的热传导系数;T 为温度;Q 为流量;ω 为下标,表示该物理量属于热线探头的参数。

　　式$(8-1-15)$写成有量纲的形式,为

$$Q = \pi \lambda l (T_\omega - T)(A + B \sqrt{Re}) \qquad (8-1-16)$$

对于已知的流体介质和探头,λ 和 l 都是常数,可放到常数 A、B 中,于是

$$Q = (T_\omega - T)(A' + B' \sqrt{Re}) \qquad (8-1-17)$$

电流通过探头所提供的热量为

$$Q_1 = I_\omega^2 R_\omega^2 \qquad (8-1-18)$$

式中,R_ω 为探头的电阻;I_ω 为通过探头的电流。根据热平衡,当达到平衡状态时,气流带着的热量应等于电流为 I_ω 时金属丝所加的热量,即 $Q=0$。于是有

$$I_\omega^2 R_\omega = (\theta_\omega - \theta)(A + B \sqrt{Re}) \qquad (8-1-19)$$

　　金属丝的电阻与温度之间的关系为

$$R_\omega = R_f [1 + \alpha (\theta_\omega - \theta_f)] \qquad (8-1-20)$$

式中,α 为温度为 θ_f 时热线材料的电阻温度系数;下标 f 表示属于流体介质的参数。因此,

$$\theta_\omega - \theta_f = \frac{R_\omega - R_f}{\alpha_f \cdot R_f} \qquad (8-1-21)$$

所以

$$\frac{I_\omega^2 R_\omega}{R_\omega - R_f} = \frac{1}{\alpha_f \cdot R_f}(A + B \sqrt{Re}) \qquad (8-1-22)$$

同样,若给定探头和流体介质,则许多参数为常数,可归并于常数 A、B 中去,所以有

$$\frac{I_\omega^2 R_\omega}{R_\omega - R_f} = A + BV_\infty^{0.5} \qquad (8-1-23)$$

　　式$(8-1-23)$就是用热线风速仪测量风速的基本关系式。当保持热线电阻 R 固定时,电流 I 和流速 V 有一一对应关系,这就是恒温式热线风速仪的测速原理。把式$(8-1-23)$化成电压 E 与风速之间关系式,有

$$E^2 = A + BV_\infty^2 \qquad (8-1-24)$$

　　当然,热线的原理很复杂,特别是在研究其动态响应特性等问题时更为复杂,具体内容可

在专业的流体力学实验书中找到。特别要注意的是,在实际测量时,必须将热线探头进行校正,建立起风速和电压之间的关系曲线。每一个探头各自有校正曲线,探头热线吹断后,必须再一次进行校正。

8.2 相似理论

风洞实验是以绕模型的流动与绕实物的流动相似为基础的,也即要求这两个流动的对应点在对应时刻所有表征流动状况的相应物理量的比例关系保持不变。如果物理量是矢量,还应包括方向相同。一般情况下,只有保持几何相似、运动相似、动力相似、热力学相似以及质量相似,两个流动才能完全相似。如果只是某些物理量满足相似条件,则称为部分相似。

几何相似是流动相似最基本的条件。一个物体经过各向等比例变形后能与另一个物体完全重合,则称这两者几何相似。变形后能够相互重合的点称为对应点,同一物体上对应点之间的连线称为对应线。两个几何相似物体的对应线长度成比例。对风洞实验而言,这个比例就是模型的缩尺比。

在两个几何相似的流动中,流体微团流过任意对应流线的时间之比为一常数,则称两者为运动相似。运动相似意味着速度场、加速度场的几何相似,即对应点的速度和加速度之比保持不变。

在两个几何相似的流动中,如果各对应点对应流体微团上所受的同名作用力的大小之比为常值,而且方向相同,则称为动力相似。

在两个几何相似的流动中,如果各对应点的温度之比为常值,则称为热力学相似。如果各对应点的密度之比为常值,则称为质量相似。

在低速风洞实验中,主要是实现模型实验和实物飞行的几何相似、运动相似和动力相似。

8.2.1 相似定理

如何判断模型实验和实物飞行的流动是否相似? 实际上,不可能根据相似现象的定义来判断,只有依据相似理论来解决流动相似的判别问题。

(1) 相似的正定理

相似的现象,其同名相似准则的数值相同。

该定理给出了相似现象的必要条件。这是因为如果两个流动现象相似,按定义则这两者的无量纲形式的方程组及初始条件和边界条件应该相同,具有相同的无量纲形式解。因而,出现在这两者的无量纲形式的方程组及初始条件和边界条件中所有无量纲组合数对应相等。这些无量纲组合数称为相似准则,如雷诺数、马赫数等。

反过来说,如果两个流动的相似准则相等,初始条件和边界条件相似,则这两者的无量纲形式的方程组及初始条件和边界条件完全相同,因而具有相同的无量纲形式解,也就是说这两个流动是相似的。这就是相似的逆定理的内容。

（2）相似的逆定理

两个现象的单值条件相似,而且由单值条件组成的同名相似准则的数值相同,则这两个现象相似。

该定理给出了相似现象的充分必要条件,即两个现象满足这些条件就必定相似。

单值条件涵盖了初始条件和边界条件,而且有更广的含义,是指满足同一物理方程的各种现象单一地区分开来所必须具有的基本条件,包括:

① 几何条件:流动现象发生的空间几何形状和大小,如流动边界的形状。例如,在风洞中进行飞机的模型实验,模型的形状和大小就是几何条件。

② 物理条件:流场中各种介质的状态和性质,如介质的密度、黏性系数等。

③ 边界条件:同周围介质相互作用的条件,即边界的流动情况和边界的性质等。边界条件可分为流体与固体接触面条件、不同流体的分界面条件和流动的入口和出口断面条件。

④ 时间条件:非定常运动起始时刻的流速、压力和温度等。

在进行风洞实验时,应根据相似理论安排实验,保证绕模型流动和实际流动相似。值得注意的是,在各种相似准则中,单值条件组成的相似准则对于现象相似是决定性的相似准则。在相似现象之间,有些非单值条件组成的相似准则数值相同,这是现象相似的必然结果,如空气动力系数、欧拉数、牛顿数。按这些相似准则整理实验数据,即可把模型实验数据用到实际流动中去。

8.2.2　相似准则的导出

导出相似准则常用的方法有两种:量纲分析法和方程分析法。

若所研究的现象十分复杂,不能用物理方程组来描述,只能一般地写出影响现象的准则,则采用量纲分析法来导出相似准则。

若所研究的现象可以用物理方程组来描述,则通常采用方程分析法来导出相似准则:首先列出描述相似现象的方程,然后列出各物理量成比例的关系式并代入物理方程,从而得到由相似常数组合而成的相似系数,并令其为1,经整理即可得到相似准则。

8.2.3　风洞实验中常用的相似准则

在风洞实验中常用的物理量有空气密度 ρ、速度 V、黏性系数 μ、压力 p 等。物体的特征长度用 l 表示。

1. 雷诺数（Reynolds number）

雷诺数 Re 表示惯性力 F_i 与黏性力 F_v 之比,即

$$Re \sim \frac{F_i}{F_v} \sim \frac{\rho V h^2 l^2}{\mu V l} \sim \frac{\rho V l}{\mu} \tag{8-2-1}$$

它是一个表征流体的黏性对流动影响的相似准则。凡是与流体的黏性有关的物理量,如阻力、最大升力、抖振起始点等都与 Re 有关。

2. 马赫数(Mach number)

马赫数 Ma 是表征惯性力 F_i 与弹性力 F_e 之比的相似准则,对于完全气体有

$$\frac{F_i}{F_e} = \frac{\rho V^2 l^2}{p l^2} = \frac{V^2}{\dfrac{p}{\rho}} \propto \frac{V^2}{a^2} = Ma^2$$

$$Ma = \frac{V}{a} \qquad\qquad (8-2-2)$$

式中,a 为声速。

马赫数是气体的压缩性对流动影响的一个量度。对低速流动,气体的压缩性可以忽略不计,即不考虑 Ma;但当流速较高($Ma > 0.3$)时,不能忽略气体压缩性影响。Ma 是一个十分重要的相似准则,几乎对所有高速流动现象都有影响。在低速风洞进行喷流实验和直升机旋翼实验时,对局部高速流动要模拟 Ma。

3. 弗劳德数(Froude number)

弗劳德数 Fr 是表征惯性力 F_i 与重力 F_g 之比的相似准则,即

$$\frac{F_i}{F_g} = \frac{\rho V^2 l^2}{\rho g l^3} = \frac{V^2}{g l} = Fr^2$$

$$Fr = \frac{V}{\sqrt{g l}} \qquad\qquad (8-2-3)$$

Fr 是重力作用对流动影响的一个量度。对实验模型外挂物投放、模型自由飞及尾旋实验等,Fr 是主要的相似准则。

4. 斯特劳哈尔数(Strouhal number)

斯特劳哈尔数 Sr 是非定常运动惯性力 F_i' 与惯性力 F_i 之比,即

$$\frac{F_i'}{F_i} = \frac{\rho V^2 l^3 / t}{\rho V^2 l^2} = \frac{l}{V t} = Sr$$

$$Sr = \frac{l}{V t} = \frac{l f}{V} \qquad\qquad (8-2-4)$$

式中,f 为周期性的非定常流动的特征频率。

Sr 是表征流动非定常性的相似准则。当进行结构弹性振动、旋涡、螺旋桨、旋翼、旋转天平、马格努斯力及航空声学等模型实验时,要求模型与实物的 Sr 相等。

5. 欧拉数(Euler number)

欧拉数 Eu 表征流体的压力 F_p 与惯性力 F_i 之比,即

$$Eu = \frac{F_p}{F_i} = \frac{pl^2}{\rho V^2 l^2} = \frac{\Delta p}{\rho V^2} \qquad (8-2-5)$$

流体力学中的压力系数 C_p 即是欧拉数。如果模型实验流场与实物相似,那么两者表面各对应点的压力系数相等。

6. 牛顿数(Newton number)

牛顿数 Ne 代表作用在物体上的力 F 与惯性力 F_i 之比,即

$$Ne = \frac{F}{F_i} = \frac{F}{\rho V^2 l^2} \qquad (8-2-6)$$

空气动力系数本质上都是牛顿数。如果绕模型的流动与绕实物的流动相似,那么两者的空气动力系数相等。这样,就可以把风洞飞机模型实验的结果用于实际飞行。

除上述常用的相似准则外,有些风洞实验还要用到一些相似准则,如普朗特数(Prandtl number)Pr、努赛尔数(Nusselt number)Nu、拉格朗日数(Lagrange number)La、斯坦顿数(Stanton number)St 等。这些相似准则详见专门的论著。

8.2.4　完全模拟与部分模拟

按相似定理的要求,两个现象相似的条件是单值条件相似以及单值条件组成的相似准则完全相同。一般情况下,模型实验只能满足部分相似准则,做到部分模拟。例如,风洞模型实验就不可能同时模拟 Re 和 Fr。因为当模型尺寸比实物缩小 k_1,要保持 Re 相同,则气流速度应增加 $1/k_1$,而要保持 Fr 相同,则要求气流速度降低 $\sqrt{k_1}$。所以,风洞模型实验只能模拟主要的相似准则,忽略次要的相似准则,然后对实验数据进行修正后,才能应用于实物情况。因此,对于某一特定项目的实验,要针对实验的目的、要求,认真分析影响实验结果的相似准则,才能决定哪些是起决定作用的相似准则。

在风洞实验中,对于定常状态的实验,斯特劳哈尔数(Sr)可不考虑。由于空气介质本身的重力影响很小,如果不是研究与重力作用有关的实验,可以不考虑弗劳德数(Fr)。这样,对于低速风洞定常测力、测压实验,只要求模拟 Re;对于超声速定常实验主要模拟 Ma;对于跨声速定常实验,则需同时模拟 Ma 和 Re;对于非定常实验,必须模拟 Sr;对于外挂物投放实验,最重要的是模拟 Fr。即使如此,要实现风洞模型实验的主要相似准则与实际相同也不容易。因此,要不断改进风洞实验技术,提高模拟能力。例如,建设全尺寸风洞、增压风洞和低阻风洞,提高风洞 Re 的模拟能力。

8.2.5　自模性

自模性又称为自准性,其含义就是自动模拟。现象的自模性就是指在一定范围内某相似准则变化不再影响所研究的对象。这时,此相似准则就可以不予模拟,或者说此相似准则已经

进入自模区或说进入自准区。如当 Re 超过某一数值后,某些气动特性不再随 Re 的变化而变化,通常称此 Re 为临界雷诺数 Re_{cr},当 $Re > Re_{cr}$,则 Re 进入自模区(自准区)。当风洞模型的堵塞度 $\varepsilon < 1\%$(ε＝模型正投影面积/实验段横截面面积),风洞的洞壁干扰可以忽略不计;在模型采用尾支撑时,当尾支杆圆柱段长度与模型底部直径之比(l/D_b)超过某一数值时(亚、跨声速为 4、超声速为 2),模型的阻力系数和底部阻力不再变化。这些都可以认为进入自模区。利用现象的自模性可以明显简化风洞实验条件。例如,只要知道临界雷诺数 Re_{cr},则风洞模型实验时,只须保持实验的 Re 大于 Re_{cr} 即可,没有必要以高昂的代价,使模型实验 Re 与实际 Re 相同。

应当指出,各种气动力现象进入自模区的临界准则一般是各不相同的,故通常通过实验来确定。

在空气动力学研究中,气动力和力矩都是相对于一定的坐标轴系给出的。不同的研究目的需要气动力和力矩在不同坐标轴系的数据,因此常常需要将相对于某一坐标轴系的数据转换为相对另一坐标轴系的数据。

8.3　坐标轴系

描述飞机在空中运动常用的直角坐标轴系有地面坐标轴系、机体坐标轴系、气流坐标轴系(速度坐标轴系)、航迹坐标轴系等。这几个坐标轴系除地面坐标轴系外,都是动坐标轴系,随飞机的运动而变化。坐标轴系的原点都定在飞机的质心上,各轴在空间的方向和位置按右手定则组成,称为右手直角坐标系。

8.3.1　地面坐标轴系

以地面为基准,原点 O_g 位于地面任意选定的某固定点(例如飞机的起飞点),通过该点画出三条互相垂直的坐标轴,称为地面坐标轴系($O_g x_g y_g z_g$),它是固定在地球表面的一种坐标系,如图 8-3-1 所示。

地面纵轴 $O_g x_g$——平行于海平面(地平面),以指向某一方向为正(例如航行起始方向)。

地面立轴 $O_g y_g$——垂直于海平面(地平面),指上为正,指下为负。

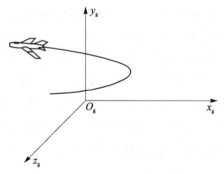

图 8-3-1　地面坐标轴系

地面横轴 $O_g z_g$——垂直于 $O_g x_g y_g$ 平面,顺着 Ox_g 的正方向,指向右为正,指向左为负。

描述飞机的运动轨迹(相对于地面的运动速度的大小和方向)和姿态,要用到地面坐标轴系。为了方便讨论地面坐标轴系与其他坐标系之间的关系,通常将地面坐标系平移,使原点

O_g 与其他坐标系的原点 O(飞机质心)重合。

8.3.2　机体坐标轴系

以飞机机体为基准,原点位于飞机的质心 O,通过该点画出三条互相垂直的坐标轴,称为机体坐标轴系($Ox_1y_1z_1$),它是固联于飞机上并随飞机运动的一种动坐标系,如图 8-3-2 所示。

机体纵轴 Ox_1——位于飞机对称面内,通过飞机质心与机身轴线(或机翼平均空气动力弦)平行,指向机头方向为正,指向机尾方向为负。

机体立轴 Oy_1——在飞机对称面内,通过飞机质心与机体纵轴垂直,指向座舱上方为正,指向座下方为负。

机体横轴 Oz_1——通过飞机质心与 Ox_1y_1 平面垂直,指向右翼方向为正,指向左翼方向为负。

研究飞机绕各轴的转动问题常采用机体坐标轴系。飞机绕机体纵轴、立轴和横轴的转动分别称为滚转、偏转和俯仰转动。绕各轴的气动力矩三个分量分别称为滚转力矩 M_x、偏转力矩 M_y 和俯仰力矩 M_z。

根据机体坐标轴系与地面坐标轴系之间的角度关系,可以确定飞机在空间的姿态。飞机的俯仰角、坡度(滚转角)和偏航角三个角度称为飞机的姿态角。

1. 俯仰角 ϑ

俯仰角是指机体纵轴 Ox_1 与水平面之间的夹角。一般规定,纵轴指向水平面上方为正,称为仰角;纵轴指向水平面下方为负,称为俯角,如图 8-3-3 所示。飞行中,飞行员可根据机头与天地线的关系位置或地平仪的指示来判断飞机的俯仰角大小。

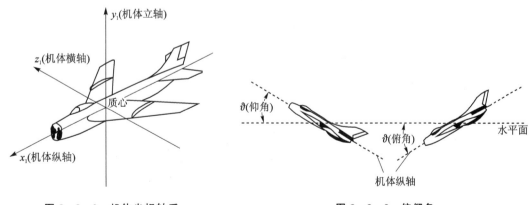

图 8-3-2　机体坐标轴系　　　　　　　　　　　图 8-3-3　俯仰角

2. 坡度(滚转角)γ

坡度是指飞机对称面与包含机体纵轴 Ox_1 的铅垂面之间的夹角,也称为滚转角或倾斜角,如图 8 - 3 - 4 所示。一般规定,右坡度为正,左坡度为负。在飞行中,飞行员可根据风挡与天地线的关系位置或地平仪指示来判断飞机的坡度的大小和方向。

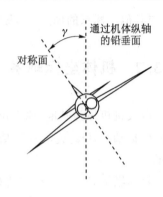

图 8 - 3 - 4　坡度(滚转角)

3. 偏航角 ψ

偏航角是指机体纵轴 Ox_1 在水平面 Ox_gz_g 上的投影与地面纵轴 Ox_g 之间的夹角。绕地面立轴 Oy_g 按右手定则,以机头左偏航为正,机头右偏航为负。

如图 8 - 3 - 5 所示,使地面坐标轴系与机体坐标轴系的原点重合,依次使地面坐标轴系绕 Oy_g 轴转过 ψ 角、绕 Oz' 轴转过 ϑ 角、绕 Ox_1 轴转过 γ 角,可最终到达机体坐标轴系。

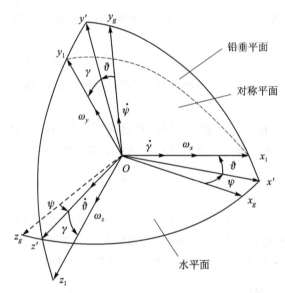

图 8 - 3 - 5　机体坐标轴系与地面坐标轴系的角方位关系

8.3.3　气流坐标轴系

以飞行速度(空速)方向为基准,通过飞机质心 O 画出三条互相垂直的坐标轴,称为气流坐标轴系($Oxyz$),又称速度坐标轴系或风轴系,如图 8 - 3 - 6 所示。

气流纵轴 Ox——通过飞机质心与飞行速度方向一致,指向飞行速度方向为正,指向相对气流方向为负。飞机阻力则规定为指向相对气流方向为正,反之为负。

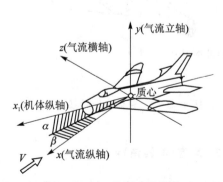

图 8 - 3 - 6　气流坐标轴系

气流立轴 Oy——在飞机对称面内,通过飞机质心与气流纵轴 Ox 垂直,指向座舱上方为正,反之为负。

气流横轴 Oz——通过飞机质心与 Oxy 平面垂直。指向右翼方向为正,指向左翼方向为负。

气动力的三个分量,即升力 Y、阻力 X 和侧力 Z 都是在气流坐标轴系中定义的,所以用气流坐标轴系来分析飞机的移动问题比较方便。

根据气流坐标轴系与机体坐标轴系之间的关系(飞行速度方向相对于机体的方位),可以确定飞机的迎角和侧滑角。

1. 迎角 α

迎角在 3.2.1 小节中已有定义,即相对气流方向与弦线之间的夹角称为迎角,但这个迎角仅指机翼的迎角。

飞机的迎角则为飞行速度矢量在飞机对称面内的投影与机体纵轴 Ox_1 之间的夹角。当飞行速度矢量沿机体立轴 Oy_1 的分量为负时,迎角为正,反之为负。

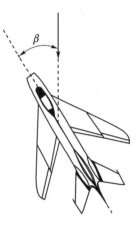

2. 侧滑角 β

侧滑角在 3.4.1 小节中也有定义,即飞行速度方向与飞机对称面之间的夹角称为侧滑角,如图 8-3-7 所示。一般规定右侧滑为正,左侧滑为负。飞行中,飞行员可以通过侧滑仪小球位置来判断飞机有无侧滑角和侧滑方向。

图 8-3-7　侧滑角

8.3.4　航迹坐标轴系

将飞机看成质点来研究时,采用航迹坐标轴系($Ox_c y_c z_c$)较为方便,可参照图 8-3-8。该坐标系原点位于飞机的质心 O,三个坐标轴是:

航迹纵轴 Ox_c——与飞行速度(地速)方向一致;

航迹立轴 Oy_c——位于包含 Ox_c 轴的铅垂面内,并与 Ox_c 轴垂直,指向上方为正;

航迹横轴 Oz_c——位于包含飞机重心的水平面内,垂直于 $Ox_c y_c$ 平面,指向右翼为正。

航迹坐标轴系与地面坐标轴系之间的关系:根据两坐标轴系的定义,其中立轴 Oy_g 和 Oy_c 均位于铅垂面内,故可以确定航迹偏角和航迹倾斜角。

1. 航迹(轨迹)偏角 ψ_s

航迹偏角是指航迹纵轴 Ox_c 在水平面 $Ox_g z_g$ 上的投影与 Ox_g 轴之间的夹角。绕地面立轴 Oy_g 按右手定则,飞机左偏航为正,右偏航为负。

2. 航迹(轨迹)倾斜角 θ

航迹倾斜角是指航迹纵轴 Ox_c 与水平面 $Ox_g z_g$ 之间的夹角,又称为上升角。规定轨迹向上倾斜时，θ 为正。

　　航迹坐标系与气流坐标系之间的关系：在无风情况下，其纵轴 Ox 和 Ox_c 是同轴，故只有一个角可确定。

3. 航迹滚转角 γ_s

　　航迹滚转角是指飞机对称面 Ox_1y_1 与包含空速矢量（Ox 轴）铅垂面之间的夹角，也就是 Oy 与 Oy_c 之间的夹角。规定 γ_s 绕 Ox 轴右滚为正，左滚为负。显然，当迎角和侧滑角为零时，$\gamma_s = \gamma$。

　　地面坐标系、航迹坐标系及气流坐标系之间的角方位关系如图 8 - 3 - 8 所示。依次使地面坐标轴系绕 Oy_g 轴转过 ψ_s 角、绕 Oz_c 轴转过 θ 角，达到航迹坐标系，再绕 Ox_c 轴转过 γ_s 角，最终到达气流坐标轴系。

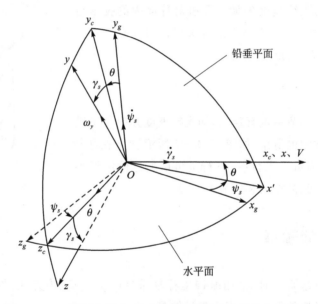

图 8 - 3 - 8　地面坐标系、航迹坐标系及速度坐标系之间的关系

8.4　典型实验项目

8.4.1　雷诺实验

1. 实验目的

① 观察层流、湍流的流态及其转捩特征；

② 测定临界雷诺数,掌握圆管流态判别准则;

③ 学习古典流体力学中应用无量纲参数进行实验研究的方法,并了解其实用意义。

2. 实验设备

① 自循环雷诺实验装置;

② 量杯;

③ 秒表。

自循环雷诺实验装置如图 8 - 4 - 1 所示。

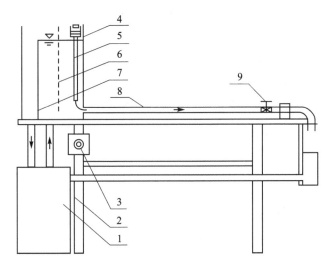

1—自循环供水器;2—实验台;3—可控硅无级调速器;4—恒压水箱;

5—有色水水管;6—稳水隔板;7—溢流板;8—实验管道;9—实验流量调节阀。

图 8 - 4 - 1　自循环雷诺实验装置图

供水流量由无级调速器调控使恒压水箱 4 始终保持微溢流的程度,以提高进口前水体稳定度。本恒压水箱还设有多道稳水隔板,可使稳水时间缩短到 3~5 min。有色水经有色水水管 5 注入实验管道 8,可根据有色水散开与否判别流态。为防止自循环水污染,有色水采用自行消色的专用色水。

3. 实验原理

流体在管道中流动存在两种流动状态,即层流与湍流。从层流过渡到湍流状态称为流动的转捩,管中流态取决于雷诺数的大小,原因在于雷诺数具有十分明确的物理意义,即惯性力与黏性力之比。当雷诺数较小时,管中为层流,当雷诺数较大时,管中为湍流。转捩所对应的雷诺数称为临界雷诺数。由于实验过程中水箱中的水位稳定,管径、水的密度与黏性系数不变,因此可用改变管中流速的办法改变雷诺数。

雷诺数计算式为

$$Re = \frac{Vd}{\nu} = \frac{4Q}{\pi d\nu} = KQ, \quad K = \frac{4}{\pi d\nu}$$

4. 实验方法与步骤

（1）测量并记录实验的有关常数

（2）观察两种流态

打开开关 3 使水箱充水至溢流水位。经稳定后，微微开启调节阀 9，并注入颜色水于实验管内使颜色水流成一直线。通过颜色水质点的运动观察管内水流的层流流态。然后逐步开大调节阀，通过颜色水直线的变化观察层流转变到湍流的水力特征。待管中出现完全湍流后，再逐步关小调节阀，观察由湍流转变为层流的水力特征。

（3）测定下临界雷诺数

① 将调节阀打开，使管中呈完全湍流，再逐步关小调节阀使流量减小，当流量调节到使颜色水在全管刚呈现出一稳定直线时，即为下临界状态；

② 待管中出现临界状态时，用质量法测定流量；

③ 根据所测流量计算下临界雷诺数，并与公认值（2 320）比较，偏离过大，须重测；

④ 重新打开调节阀，使其形成完全湍流，按照上述步骤重复测量不少于三次；

⑤ 同时用水箱中的温度计测记水温，从而求得水的运动黏度。

注意：

① 每调节阀门一次，均需要等待稳定几分钟；

② 关小阀门过程中，只许渐小，不许开大；

③ 随出水流量减小，应适当调小开关（右旋），以减小溢流量引发的扰动。

（4）测定上临界雷诺数

逐渐开启调节阀，使管中水流由层流过渡到湍流，当色水线刚开始散开时，即为上临界状态，测定上临界雷诺数 1～2 次。

5. 实验报告要求

（1）记录、计算有关常数

实验装置台号 No：_____

管径 $d=$ ____ cm；

水温 $t=$ ____ ℃；

运动黏度 $\nu=\dfrac{0.017\ 75}{1+0.033\ 7t+0.000\ 221t^2}=$ ____ $\mathrm{cm^2/s}$；

计算常数 $K=$ ____ $\mathrm{s/cm^3}$。

（2）整理、记录计算表（见表 8 - 4 - 1）

6. 实验分析与讨论

① 流态判据为何采用无量纲参数，而不采用临界流速？

② 分析由层流过渡到湍流的机理何在?

表 8-4-1　雷诺实验数据记录表

实验次序	颜色水线形态	水质量/g	时间/s	流量/$(m^3 \cdot s^{-1})$	雷诺数	阀门开度 增(↑)或减(↓)	备　注
实测下临界雷诺数(平均值)$Re_c=$							

注:颜色水形态指稳定直线,稳定略弯曲,直线摆动,直线抖动,断续,完全散开等。

8.4.2　翼型表面压强分布测量实验

1. 实验目的

① 掌握翼型表面压力系数的测定方法;
② 绘出某迎角下翼型的压力分布图;
③ 根据压力系数分布图,说明机翼各个部位对升力贡献的大小。

2. 实验设备

① HY-750 低速风洞;
② 钻有测压孔的翼型模型;
③ 排管压力计;
④ 红色酒精液。

3. 实验原理

参看图 8-4-2,各测点的剩余压力为

$$\Delta p_i = p_i - p_\infty = -\gamma(h_i - h_\infty) = -\gamma \Delta h_i \qquad (8-4-1)$$

各测点的压强系数

$$\bar{p}_i = \frac{\Delta p_i}{\frac{1}{2}\rho_\infty V_\infty^2} = -\frac{\gamma(h_i - h_\infty)}{\frac{1}{2}\rho_\infty V_\infty^2} = -\frac{\gamma \Delta h_i}{\frac{1}{2}\rho_\infty V_\infty^2} \qquad (8-4-2)$$

式中,γ 为酒精液的密度,kg/m^3;h_i 为连接翼型模型各测点的玻璃管液面高度,m;$h_{静}$ 为与模型前方相通的玻璃管液面的高度,m;ρ_∞ 为空气密度,kg/m^3;V_∞ 为风洞风速,m/s。

4. 实验步骤

实验前记录如下数据:

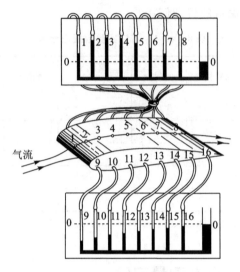

图 8 - 4 - 2　实验装置图

① 空气密度(ρ_∞)。一般取海平面标准大气状态下的空气密度,即 $\rho = 1.225$ kg/m³。

② 相对气流速度(V_∞)。

③ 酒精液比重(γ),取 $\gamma = 7\ 840$ N/m³。

④ 各测点至翼型前缘的相对距离 $\bar{x}_i = x_i / b$。

将翼型模型安装于风洞实验段内,调好迎角并将多管压力计各玻璃管与连接翼型模型各测压孔的软管相连。开车,待风速稳定后,从多管气压计上记下 h_i、$h_静$。

5. 数据处理

① 列表,求出 $\bar{p}_i$,见表 8 - 4 - 2。注意:表中 h_i、Δh_i 的单位可用 mm,但按式(8 - 4 - 2)计算 $\bar{p}_i$ 时,需换算成 m。

表 8 - 4 - 2　实验数据记录表

上表面								
$\bar{x}_i$								
h_i								
Δh_i								
$\bar{p}_i$								
下表面								
$\bar{x}_i$								
h_i								
Δh_i								
$\bar{p}_i$								

② 根据表中 $\bar{x}_i$、$\bar{p}_i$ 绘出坐标表示法的翼型压力系数分布图。$\bar{x}_i$ 为横坐标,$\bar{p}_i$ 为纵坐标。

③ 根据翼型压力系数分布图,说明机翼各个部位对升力贡献的大小。

8.4.3　全机气动力系数测量实验

1. 实验目的

① 掌握不同迎角下飞机空气动力系数的测定方法;
② 绘出某飞机模型空气动力系数随迎角(α)变化曲线。

2. 实验设备

① HY - 750 低速风洞;
② 某飞机模型;
③ 应变天平;
④ 计算机数据自动处理设备。

3. 实验原理

如图 8 - 4 - 3 所示,根据所测飞机模型各迎角(α)下的升力(Y)、阻力(X)、力矩(M_z)的大小,利用公式,求出对应迎角的升力系数(C_y)、阻力系数(C_x)、力矩系数(m_z),即

$$C_y = \frac{2Y}{\rho_\infty V_\infty^2 S}$$

$$C_x = \frac{2X}{\rho_\infty V_\infty^2 S}$$

$$m_z = \frac{2M_z}{\rho_\infty V_\infty^2 S b_A}$$

式中,ρ_∞ 为空气密度,kg/m³;V_∞ 为风洞风速,m/s;S 为飞机模型翼面积,m²;b_A 为飞机模型平均空气动力弦长,m。

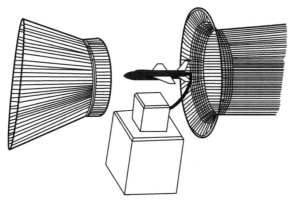

图 8 - 4 - 3　实验装置图

4. 实验步骤

① 实验前记录如下数据：

- 飞机模型翼面积(S)；
- 飞机模型平均空气动力弦长(b_A)；
- 风洞风速(V_∞)；
- 空气密度(ρ_∞)。取海平面标准大气状态下空气密度$\rho_\infty=1.225\ \text{kg/m}^3$。

② 将飞机模型安装在风洞实验段的天平上。开车，待风速稳定后，调整飞机迎角，记下各迎角下的升力、阻力和俯仰力矩。

5. 数据处理

① 列表，按公式求出所测飞机模型各迎角的升力系数(C_y)、阻力系数(C_x)、力矩系数(m_z)，并填入表$8-4-3$中。

② 绘出所测飞机模型的升力系数、阻力系数、力矩系数曲线。

③ 确定该飞机模型的零升迎角(α_0)、零升阻力系数(C_{x0})、临界迎角(α_{cr})、最大升力系数$(C_{y,\max})$和线性段的升力系数斜率(C_y^α)。

表 8 - 4 - 3　实验数据记录表

参　数	气动特性数据											
α	$-2°$	$0°$	$2°$	$4°$	$6°$	$8°$	$10°$	$12°$	$14°$	$16°$	$18°$	$20°$
Y												
C_y												
X												
C_x												
M_z												
m_z												

本章小结

空气动力学实验是在相似理论的指导下，建立模拟实验装置（风洞和水洞等），用流体测量技术测量流动参数（压强、速度和流量等），处理分析数据，从而获得反映流动规律的特定关系，发现新现象，检验理论结果。它与理论研究是相辅相成，互为补充的关系。在实验过程中，主要考虑实现几何相似、运动相似和动力相似，同时注意实验结果误差的消除。

思考题

1. 风洞按速度可以分为哪几类?
2. 空气动力学实验中,测量流体压强的仪器有哪些?
3. 空气动力学实验中,测量流体速度的仪器有哪些?
4. 空气动力学实验中,测量流体流量的仪器有哪些?
5. 在低速风洞实验中,主要考虑模型试验和实物飞行的哪几个方面相似?
6. 空气动力学实验中,误差来源于哪些方面?
7. 空气动力学实验中,常用到哪几个坐标轴系?

扩展阅读　HY-750 开口回流低速风洞简介

海军航空大学开口回流低速风洞(HY-750 风洞)是由中国航空工业空气动力研究院按国军标标准设计安装调试而成。全部工程从 2000 年 5 月开始,2000 年 10 月完工,历时 6 个月。

HY-750 风洞主要应用于空气动力学的教学演示实验。可进行各种航空器模型及相关空气动力项目的测力、测压、流态观察等。

HY-750 风洞完全按国军标标准设计,在结构及各系统上采用了一些较成熟的设计和先进的实用技术。比如动力系统采用交流变频矢量控制,这是国内风洞首家投入使用;采用镶嵌式结构,加装二层阻尼网及一层蜂窝器,以确保流场品质;软件采用最新工作平台,窗口式操作及数据历程显示等,使得该风洞在结构、流场、动力系统、控制及软件等方面在国内同类风洞中较为先进。该风洞实验段口径为 750 mm,长为 1 200 mm,最大风速 42.5 m/s,实验风速 5~40 m/s,并且可以连续可调,如图 8-A-1 所示。

图 8-A-1　HY-750 开口回流低速风洞

动力系统为交流变频,驱动三相交流电机,控制方式为无速度传感器矢量控制。

模型支撑方式为尾撑式,由步进电机驱动角度机构带动模型角度变化。

测力采用杆式六分量应变天平,测压则可用管排压力计及压力传感器进行。

数据采集应用高可靠性高精度 12 位 A/D 转换卡;留有多达 32 位之多的 I/O 数字口,以备扩充其他实验任务。

该风洞各控制参数及实验过程全部由计算机联机控制,同时亦可进行手动分调。

实验结果数据曲线可同时由屏幕显示及宽幅打印机输出,并可进行硬盘存储。

软件平台采用 Labview。利用上述平台,采用组件式编程,在 Windows 环境中进行。窗口式鼠标操作,应用方便简捷。各实验参数全屏幕显示。新增加的动态采集时间历程显示使实验数据更加可靠直观。

HY－750 风洞经过认真调试运行,各系统运行稳定、可靠,操作简捷,方便使用。各技术指标完全达到或超过设计指标,是一座完全满足院校空气动力教学演示及项目研究的风洞。

附 录

附录 1 标准大气

包围整个地球的空气层总称为大气。按其特征,大气可以划分为五层。从海平面算起,最低的一层称为对流层,它的平均高度为 11 km,对流层集中了整个大气质量的 3/4 左右;对流层的上一层称为平流层,它的高度平均可取 11~32 km,其质量约占整个大气的 1/4;从 32~80 km 称为中间大气层,其空气质量仅占整个大气的千分之一;再往外,是高温层和外层大气。普通飞机主要是在对流层或平流层飞行。

低层大气状态参数(p、ρ、T)是很不稳定的,在地球不同的地方、不同的时间,其值是不同的。而任何飞机的飞行性能都与大气状态密切相关。为了便于比较飞机的性能,就必须以一定的大气状态作为衡量标准。该标准确认大气参数只随高度变化,不随地点和时间变化,这种大气状态称为标准大气。

标准大气以海平面为零高度,规定在海平面上大气温度 $T_0 = 288.15$ K,压强 $p_0 = 101\,325$ Pa(760 mm 汞柱),密度 $\rho_0 = 1.225$ kg/m^3。

在对流层内,每升高 1 km,温度降低 6.5 ℃,对流层顶 $T = 216.65$ K($t = -56.5$ ℃),高度 H 米处

$$T(\mathrm{K}) = 288.15 - 0.006\,5H$$

或

$$t(\text{℃}) = 15 - 0.006\,5H$$

高度在 11~20 km 之间,气温保持不变。

高度在 20~32 km 之间,每升高 1 km,温度上升 1 ℃,即

$$T(\mathrm{K}) = 216.65 + 0.001(H - 20\,000)$$

或

$$t(\text{℃}) = -56.5 + 0.001(H - 20\,000)$$

某一高度上的大气压强可以看作是面积为 1 m^2 的一根上端无界的空气柱的重量所致,通过受力分析可得压强随高度的变化为 $\mathrm{d}p/\mathrm{d}H = -\rho g$。根据气体状态方程 $p = \rho RT$,并考虑上述温度-高度关系式,可以得到压强-高度(或温度)关系式如下:

在对流层,压强比和密度比分别为(取气体常数 $R = 287$ J/kg·K)

$$\frac{p_H}{p_0} = \left(\frac{288.15 - 0.006\,5H}{288.15}\right)^{5.255\,88} = \left(\frac{T_H}{T_0}\right)^{5.255\,88}, \quad \frac{\rho_H}{\rho_0} = \left(\frac{T_H}{T_0}\right)^{4.255\,88}$$

在平流层内,到 20 000 m 高度为止,$T = 216.65\text{K}$,压强比和密度比为

$$\frac{p_H}{p_{11}} = \frac{\rho_H}{\rho_{11}} = \exp\left(\frac{H - 11\,000}{6\,341.62}\right)$$

式中,11 000 m 处的参数 $p_{11} = 22\,638.2\ \text{Pa}$,$\rho_{11} = 0.363\,92\ \text{kg/m}^3$。

在 20~32 km 之间,关系式为

$$\frac{p_H}{p_{20}} = \left(\frac{T_H}{216.65}\right)^{-34.163\,2}, \qquad \frac{\rho_H}{\rho_{20}} = \left(\frac{T_H}{216.65}\right)^{-35.163\,2}$$

式中,20 000 m 处的参数 $p_{20} = 5\,519.6\ \text{Pa}$,$\rho_{20} = 0.088\,03\ \text{kg/m}^3$。

这样可求出不同高度的大气温度,并算出大气状态的其他参数,列成表格,称为标准大气表,如附表 1 所列。

附表 1　标准大气表

高度 H/m	气温		气压 p_H		密度 ρ_H /(kg·m^{-3})	相对密度 $\Delta = \frac{\rho_H}{\rho_0}$	$\sqrt{\Delta}$	声速 a /(m·s^{-1})	黏性系数 μ/(×10^{-5} N·s·m^{-2})
	T_H/K	t_H/℃	毫米汞柱	Pa					
0	288.15	15.00	760.0	101 325	1.225 00	1.000 0	1.000 0	340.294	1.789 4
500	284.90	11.75	716.0	95 459	1.167 29	0.952 8	0.976 1	338.369	1.773 6
1 000	281.65	8.5	674.1	89 872.8	1.111 68	0.907 5	0.952 6	336.434	1.757 8
1 500	278.40	5.25	634.2	84 553.2	1.058 04	0.863 7	0.929 3	334.487	1.741 9
2 000	275.15	2.00	596.3	79 500.3	1.006 46	0.821 6	0.906 4	332.529	1.726 0
2 500	271.90	−1.25	560.2	74 687.3	0.956 83	0.781 1	0.883 8	330.559	1.709 9
3 000	268.65	−4.50	525.9	70 114.4	0.909 17	0.742 2	0.861 5	328.578	1.693 7
3 500	265.40	−7.75	493.3	65 768.1	0.863 28	0.704 7	0.839 5	326.584	16 775
4 000	262.15	−11.00	462.3	61 635.1	0.819 15	0.668 7	0.817 8	324.579	1.661 1
4 500	258.90	−14.25	433.0	57 728.7	0.776 78	0.634 1	0.796 3	322.560	1.644 7
5 000	255.65	−17.50	405.2	54 022.3	0.736 09	0.600 9	0.775 2	320.529	1.628 1
5 500	252.40	−20.75	378.8	50 502.6	0.697 15	0.569 1	0.754 4	318.485	1.611 5
6 000	249.15	−24.00	353.9	47 182.9	0.659 69	0.538 5	0.733 8	316.428	1.594 7
6 500	245.90	−27.25	330.3	44 036.5	0.623 80	0.509 2	0.713 6	314.358	1.577 9
7 000	242.65	−30.50	308.0	41 063.4	0.589 48	0.481 2	0.693 7	312.273	1.561 0
7 500	239.40	−33.75	286.9	38 250.3	0.556 63	0.454 4	0.674 1	310.175	1.544 0
8 000	236.15	−37.00	267.0	35 597.1	0.525 15	0.428 7	0.654 7	308.063	1.526 8
8 500	232.90	−40.25	248.3	33 104.0	0.495 14	0.404 2	0.635 7	305.935	1.509 6
9 000	229.65	−43.50	230.6	30 744.2	0.466 31	0.380 6	0.617 0	303.935	1.492 2
9 500	226.40	−46.75	213.9	28 517.7	0.438 95	0.358 3	0.598 6	301.636	1.474 7
10 000	223.15	−50.00	198.3	26 437.9	0.412 66	0.336 9	0.580 4	299.463	1.457 1
10 500	219.90	−53.25	183.6	24 478.0	0.387 75	0.316 5	0.562 6	297.274	1.439 4

续附表 1

高度 H/m	气温		气压 p_H		密度 ρ_H /(kg·m^{-3})	相对密度 $\Delta = \dfrac{\rho_H}{\rho_0}$	$\sqrt{\Delta}$	声速 a /(m·s^{-1})	黏性系数 μ/(×10^{-5} N·s·m^{-2})
	T_H/K	t_H/℃	毫米 汞柱	Pa					
11 000	216.65	−56.50	169.8	22 638.2	0.363 92	0.297 1	0.545 0	295.069	1.421 6
11 500	216.65	−56.50	156.9	20 918.3	0.336 37	0.274 6	0.524 0	295.069	1.421 6
12 000	216.65	−56.50	145.0	19 331.8	0.310 87	0.253 8	0.503 7	295.069	1.421 6
12 500	216.65	−56.50	134.0	17 865.2	0.287 24	0.234 5	0.484 2	295.069	1.421 6
13 000	216.65	−56.50	123.8	16 505.3	0.265 47	0.216 7	0.465 5	295.069	1.421 6
13 500	216.65	−56.50	114.4	15 252.1	0.245 36	0.200 3	0.447 5	295.069	1.421 6
14 000	216.65	−56.50	105.8	14 105.5	0.226 73	0.185 1	0.430 2	295.069	1.421 6
14 500	216.65	−56.50	97.8	13 039.0	0.209 57	0.171 1	0.413 6	295.069	1.421 6
15 000	216.65	−56.50	90.3	12 039.0	0.193 68	0.158 1	0.397 6	295.069	1.421 6
21 500	218.15	−55.00	32.4	4 319.7	0.069 07	0.056 4	0.237 4	296.089	1.429 8
22 000	218.65	−54.50	30.0	3 999.7	0.063 72	0.052 0	0.228 1	296.428	1.432 6
22 500	219.15	−54.00	27.7	3 693.0	0.058 81	0.048 0	0.219 1	296.767	1.435 3
23 000	219.65	−53.50	25.7	3 426.4	0.054 28	0.044 3	0.210 5	297.443	1.438 1
23 500	220.15	−53.00	23.8	3 173.1	0.050 11	0.040 9	0.202 3	297.443	1.440 8
24 000	220.65	−52.50	22.0	2 933.1	0.046 27	0.037 8	0.194 3	297.781	1.443 5
24 500	221.15	−52.00	20.3	2 706.4	0.042 73	0.034 9	0.186 8	298.118	1.446 2
25 000	221.65	−51.5	18.8	2 506.5	0.039 46	0.032 2	0.179 5	298.455	1.449 0
25 500	222.15	−51.00	17.4	2 319.8	0.036 46	0.029 8	0.172 5	298.791	1.451 7
26 000	222.65	−50.50	16.1	2 146.5	0.033 69	0.027 5	0.165 8	299.127	1.454 4
26 500	223.15	−50.00	15.00	1 999.8	0.031 13	0.025 4	0.159 4	299.463	1.457 1
27 000	223.65	−49.50	13.9	1 853.2	0.028 77	0.023 5	0.153 3	299.798	1.454 4
27 500	224.15	−49.00	12.8	1 706.5	0.026 61	0.021 7	01 474	300.133	1.462 5
28 000	224.65	−48.50	11.9	1 586.6	0.024 60	0.020 1	0.141 7	300.468	1.465 2
28 500	225.15	−48.00	11.0	1 466.5	0.022 75	0.018 6	0.136 3	300.802	1.467 9
29 000	225.65	−47.50	10.2	1 359.9	0.021 05	0.017 2	0.131 1	301.136	1.470 6
29 500	226.15	−47.00	9.5	1 266.6	0.019 47	0.015 9	0.126 1	301.469	1.473 3
30 000	226.65	−46.50	8.8	1 173.2	0.018 01	0.014 7	0.121 3	301.802	1.476 0
30 500	227.15	−46.00	8.2	1 093.2	0.016 67	0.013 6	0.116 9	302.135	1.478 7
31 000	227.65	−45.50	7.6	1 013.3	0.015 43	0.012 6	0.112 2	302.468	1.481 4
31 500	228.15	−45.00	7.0	933.3	0.014 29	0.011 7	0.108 0	302.800	1.484 1

附录 2　声速公式的推导

为简单起见,用一维例子来推导声速公式。参看附图 2-1(a),有一根很长的直管子,管内空气是静止的,左端有一活塞。将活塞向右推动一下,原来静止的空气受到微小扰动,扰动波以声速 a 向右传播。假设未受扰的空气的压力、密度、温度和微团运动速度分别是 p , ρ , T , $V(=0)$,在受扰与未受扰的分界面上取一矩形微控制区,选用与微控制区固连在一起的运动系统来推导声速公式,见附图 2-1(b)。

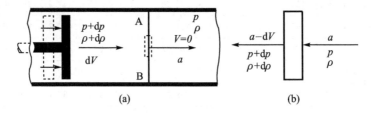

附图 2-1　声速公式推导

设微控制区的截面积为 A ,根据连续方程得

$$\rho a A = (\rho + \mathrm{d}\rho)(a - \mathrm{d}V)A$$

消去 A 并略去二阶小量,化简得

$$a\,\mathrm{d}\rho = \rho\,\mathrm{d}V \tag{1}$$

根据动量方程得

$$(p + \mathrm{d}p)A - pA = \rho a A[-(a - \mathrm{d}V) - (-a)]$$

消去 A 并化简得

$$\mathrm{d}p = \rho a\,\mathrm{d}V \tag{2}$$

由式(1)、式(2)消去 $\mathrm{d}V$,得

$$a^2 = \frac{\mathrm{d}p}{\mathrm{d}\rho}$$

所以

$$a = \sqrt{\frac{\mathrm{d}p}{\mathrm{d}\rho}} \tag{3}$$

式(3)是声速公式表达形式的一种。

由于声波是弱扰动波,其扰动过程是一个等熵过程,满足等熵关系式,由式(3)得

$$\frac{\mathrm{d}p}{\mathrm{d}\rho} = kRT$$

所以

$$a = \sqrt{kRT} \tag{4}$$

对于空气, $K = 1.4$, $R = 287\ \mathrm{J/(kg \cdot K)}$,所以有

$$a = 20\sqrt{T}$$

式中，T 为绝对温度。

附录3　激波传播速度公式的推导

　　下面用一维例子来推导激波传播速度公式。如附图 3-1 所示，设长管截面面积为 A，在 t_1 瞬间，压缩气体产生的激波前进到截面 C-C 处，再经过时间 $\mathrm{d}t$，激波传到截面 D-D 处，V_s 为激波的传播速度。在时间 $\mathrm{d}t$ 内，截面 C-C 和截面 D-D 间的气体运动速度由零增加到 V_g，压力、密度、温度由 p_1、ρ_1、T_1 增加到 p_2、ρ_2、T_2。显然截面 C-C 和截面 D-D 的气体质量增加了，动量也增加了。由质量守恒定理可知，两截面间的空气质量增量 $V_sA(\rho_2-\rho_1)\mathrm{d}t$ 应等于 $\mathrm{d}t$ 时间内从 C-C 截面流入的气体质量 $\rho_2AV_g\mathrm{d}t$，即

$$V_sA(\rho_2-\rho_1)\mathrm{d}t = \rho_2AV_g\mathrm{d}t$$

所以

$$V_g = V_s \cdot \frac{\rho_2-\rho_1}{\rho_2} \tag{1}$$

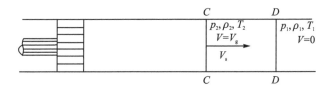

附图 3-1　激波传播速度公式的推导

　　由动量守恒定理可知，两截面间的动量增量 $\rho_1AV_s\mathrm{d}tV_g$ 应等于两截面处的压力差产生的冲量 $A(p_2-p_1)\mathrm{d}t$，即

$$\rho_1AV_s\mathrm{d}tV_g = A(p_2-p_1)\mathrm{d}t$$

所以

$$V_g = \frac{p_2-p_1}{V_s\rho_1} \tag{2}$$

　　由式(1)和式(2)得

$$V_g = V_s \cdot \frac{\rho_2-\rho_1}{\rho_2} = \frac{p_2-p_1}{V_s\rho_1}$$

所以

$$V_s = \sqrt{\frac{p_2-p_1}{\rho_2-\rho_1} \cdot \frac{\rho_2}{\rho_1}} \tag{3}$$

式(3)就是激波的传播速度公式。

附录4 薄板翼型的超声速气动力系数公式的推导

如附图4-1所示,在壁面的点 O 有一个无限小的外凸角 $\mathrm{d}\delta$,超声速气流在点 O 向外转折一个 $\mathrm{d}\delta$ 角度。转折点 O 为扰动源,对流场产生一道膨胀波 OL,膨胀波对应于 Ma 的马赫角 $\mu = (\arcsin(1/Ma))$ 气流外折时,流管截面面积变化量 $\mathrm{d}A$ 为

$$\mathrm{d}A = A'\sin(\mu + \mathrm{d}\delta) - A'\sin\mu =$$
$$A'(\sin\mu\cos\mathrm{d}\delta + \cos\mu\sin\mathrm{d}\delta - \sin\mu)$$

式中,A 为波前流管截面积;A' 为波面上流管截面积。

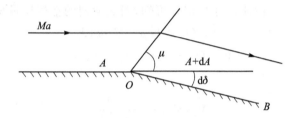

附图4-1 膨胀波前后流管截面积的变化

因为 $\mathrm{d}\delta$ 微小,所以 $\cos\mathrm{d}\delta \approx 1$,$\sin\mathrm{d}\delta \approx \mathrm{d}\delta$。这样

$$\mathrm{d}A = A'\cos\mu \cdot \mathrm{d}\delta = A\cot\mu\,\mathrm{d}\delta = A\sqrt{Ma^2 - 1}\,\mathrm{d}\delta$$

即

$$\frac{\mathrm{d}A}{A} = \sqrt{Ma^2 - 1}\,\mathrm{d}\delta \tag{1}$$

将式(4-2-2)$\mathrm{d}A/A = (Ma^2 - 1)\mathrm{d}V/V$ 代入式(1)得

$$\frac{\mathrm{d}V}{V} = \frac{\mathrm{d}\delta}{\sqrt{Ma^2 - 1}} \tag{2}$$

将微分形式的动量方程 $\mathrm{d}p = -\rho V\mathrm{d}V$ 代入式(2)得

$$\mathrm{d}p = -\rho V^2 \frac{\mathrm{d}\delta}{\sqrt{Ma^2 - 1}} \tag{3}$$

式(3)为超声速气流通过膨胀波后压力减小量公式。若超声速气流通过弱压缩波后,压力应有微量增加,其增加量可表示为

$$\mathrm{d}p = \rho V^2 \frac{\mathrm{d}\delta}{\sqrt{Ma^2 - 1}} \tag{4}$$

高速飞行的迎角很小,超声速气流流过薄板翼型可以看作是小角度转折。翼型前后缘对气流的扰动很弱,翼型上下表面的膨胀和压缩亦很弱,可近似看成是理想绝热(等熵)过程。这样,可由式(3)和式(4)得

$$\mathrm{d}p_{上} = p_{上} - p_\infty = -\rho_\infty V_\infty^2 \frac{\mathrm{d}\delta}{\sqrt{Ma^2 - 1}}$$

$$dp_{\text{下}} = p_{\text{下}} - p_\infty = \rho_\infty V_\infty^2 \frac{d\delta}{\sqrt{Ma^2 - 1}}$$

因转折角微小，可以认为 $d\delta = \alpha$，所以

$$p_{\text{上}} = p_\infty - \rho_\infty V_\infty^2 \frac{\alpha}{\sqrt{Ma^2 - 1}}$$

$$p_{\text{下}} = p_\infty + \rho_\infty V_\infty^2 \frac{\alpha}{\sqrt{Ma^2 - 1}}$$

这样，薄板翼型的总空气动力为

$$R = p_{\text{下}} S - p_{\text{上}} S = (p_{\text{下}} - p_{\text{上}}) S$$

$$= 2\rho_\infty V_\infty^2 \frac{\alpha}{\sqrt{Ma^2 - 1}}$$

所以

$$C_R = \frac{R}{\frac{1}{2}\rho_\infty V_\infty^2 \cdot 1} = \frac{4\alpha}{\sqrt{Ma_\infty^2 - 1}} \tag{5}$$

因为 $C_y = C_R \cos \alpha$，$C_{xw} = C_R \sin \alpha$，而迎角 α 较小，$\cos \alpha \approx 1$，$\sin \alpha \approx \alpha$，所以

$$C_y = C_R = \frac{4\alpha}{\sqrt{Ma_\infty^2 - 1}} \tag{6}$$

$$C_{xw} = C_R \cdot \alpha = \frac{4\alpha^2}{\sqrt{Ma_\infty^2 - 1}} \tag{7}$$

$$C_y^\alpha = \frac{4}{\sqrt{Ma_\infty^2 - 1}} \tag{8}$$

附录5　拉力公式的推导

在桨叶半径 r 处，取一宽度为 dr 的微元桨叶，该微元桨叶称为叶素，如附图 5-1 所示。

在叶素上产生空气动力 dR，其大小为

$$dR = C_R \frac{1}{2}\rho W^2 dS$$

式中，C_R 为桨叶空气动力系数；dS 为叶素面积，$dS = b\,dr$。

根据对桨叶运动所起的作用，可把桨叶空气动力分解为两个分力：一是与桨轴平行，拉着螺旋桨前进的拉力 dP；另一个是与桨轴垂直，阻碍螺旋桨旋转的旋转阻力 dQ。

各叶素上的拉力的总和就形成了螺旋桨的总拉力，可写为

$$P = K \int_{r_0}^{R} dp$$

式中，K 为桨叶数目；R 为螺旋桨的半径；r_0 为桨毂的半径。

如附图 5-2 所示，空气动力 dR 分解为垂直于合速度方向和平行于合速度方向的两个分

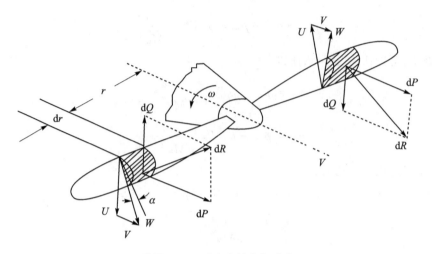

附图 5 - 1　叶素上的空气动力

力 $\mathrm{d}Y$ 和 $\mathrm{d}X$，其计算式为

$$\mathrm{d}Y = C_{y叶} \frac{1}{2}\rho W^2 b\,\mathrm{d}r$$

$$\mathrm{d}X = C_{x叶} \frac{1}{2}\rho W^2 b\,\mathrm{d}r$$

式中，$C_{y叶}$ 为桨叶垂直于合速度方向的空气动力系数；$C_{x叶}$ 为桨叶平行于合速度方向的空气动力系数。

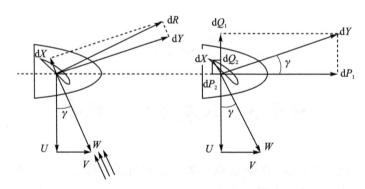

附图 5 - 2　叶素的空气动力及其分力

空气动力系数 $C_{y叶}$ 和 $C_{x叶}$ 由实验确定。根据几何关系可求得该叶素所产生的拉力为

$$\mathrm{d}P = \mathrm{d}P_1 - \mathrm{d}P_2 =$$
$$\mathrm{d}Y\cos\gamma - \mathrm{d}X\sin\gamma =$$
$$(C_{y叶}\cos\gamma - C_{x叶}\sin\gamma)\frac{1}{2}\rho W^2 b\,\mathrm{d}r$$

桨叶剖面的合速度 W 可表示为

$$W = \frac{U}{\cos\gamma} = \frac{2\pi rn}{\cos\gamma}$$

所以，整个螺旋桨的拉力为

$$P = K \int_{r_0}^{R} \mathrm{d}p =$$

$$K \int_{r_0}^{R} \left(C_{y\text{叶}} \cos \gamma - C_{x\text{叶}} \sin \gamma \right) \frac{1}{2} \rho \left(\frac{2\pi rn}{\cos \gamma} \right)^2 b \, \mathrm{d}r =$$

$$\frac{K}{4} \pi^2 \rho n^2 D^4 \int_{\bar{r}_0}^{1} \frac{C_{y\text{叶}} \cos \gamma - C_{x\text{叶}} \sin \gamma}{\cos^2 \gamma} b \bar{r}^2 \, \mathrm{d}\bar{r}$$

为了简便,令

$$C_P = \frac{K}{4} \pi^2 \int_{\bar{r}_0}^{1} \frac{C_{y\text{叶}} \cos \gamma - C_{x\text{叶}} \sin \gamma}{\cos^2 \gamma} b \bar{r}^2 \, \mathrm{d}\bar{r}$$

式中,C_P 为螺旋桨的拉力系数;$\bar{r}_0$ 为桨毂半径与螺旋桨半径之比,即 $\bar{r}_0 = r_0 / R$;$\bar{b}$ 为桨叶相对宽度,其大小为 $\bar{b} = b / D$;$\bar{r}$ 为桨叶剖面的相对半径,其大小为 $\bar{r} = r / R$;γ 为桨叶旋转面与合速度间的夹角。

于是,拉力公式可写为

$$P = C_P \rho n^2 D^4$$

参考文献

[1] 贾忠湖.飞行原理基础[M].北京:国防工业出版社,2016.

[2] 刘沛清.空气动力学[M].北京:科学出版社,2021.

[3] 刘沛清.流体力学通论[M].北京:科学出版社,2017.

[4] 刘沛清.空气螺旋桨理论及其应用[M].北京:北京航空航天大学出版社,2006.

[5] 刘永学.空气动力学[M].北京:航空工业出版社,2019.

[6] 曾明.空气动力学基础[M].北京:科学出版社,2018.

[7] 陈玉.飞机发展史上的空气动力学故事[M].北京:航空工业出版社,2017.

[8] 武文康,张彬乾.战斗机气动布局设计[M].西安:西北工业大学出版社,2005.

[9] 钱翼稷.空气动力学[M].北京:北京航空航天大学出版社,2004.

[10] 陆志良.空气动力学[M].北京:北京航空航天大学出版社,2013.

[11] 吴子牛.空气动力学[M].北京:清华大学出版社,2007.

[12] 王勋年.低速风洞试验[M].北京:国防工业出版社,2002.

[13] 王保国.空气动力学基础[M].北京:国防工业出版社,2009.